U0739123

李超（@bigbigli）—— 著

48课搞定
信息学奥赛

C++趣味编程

人民邮电出版社

北　京

图书在版编目（CIP）数据

48 课搞定信息学奥赛 ：C++ 趣味编程 / 李超（@bigbigli）著 . -- 北京 ：人民邮电出版社，2025.（图灵原创）. -- ISBN 978-7-115-67911-6

Ⅰ．TP312.8

中国国家版本馆 CIP 数据核字第 2025FL2318 号

内 容 提 要

本书是一本专为 CSP-J/S 参赛选手打造的备赛指南，旨在帮助读者从零基础起步，系统掌握 C++ 编程语言和竞赛算法，最终具备冲击信息学奥赛奖项的能力。全书内容编排科学合理，由浅入深，从最基础的 C++ 语法（如变量、数据类型、运算符、流程控制）讲起，逐步过渡到数组、字符串、排序算法等核心知识，再深入讲解枚举、递推、递归、二分查找等基础算法，并重点剖析贪心算法、深度优先搜索（DFS）、广度优先搜索（BFS）、动态规划（DP）等竞赛高频考点，最后系统介绍栈、队列、链表、树、图等数据结构及其应用。

本书适合 8 岁以上对信息学奥赛或 C++ 感兴趣的中小学生，也适合从事信息学奥赛教学的教师，或作为线下培训机构的教材。

◆ 著　　　　李　超（@bigbigli）
责任编辑　王军花
责任印制　胡　南

◆ 人民邮电出版社出版发行　　北京市丰台区成寿寺路11号
邮编　100164　电子邮件　315@ptpress.com.cn
网址　https://www.ptpress.com.cn
三河市君旺印务有限公司印刷

◆ 开本：800×1000　1/16
印张：21.5　　　　　　　　　2025 年 9 月第 1 版
字数：480 千字　　　　　　　2025 年 9 月河北第 1 次印刷

定价：99.80元

读者服务热线：(010)84084456-6009　印装质量热线：(010)81055316
反盗版热线：(010)81055315

前　　言

关于本书

小伙伴们，你们好！我是李超（B 站：bigbigli_大李）。

得益于我早年录制的"C++信息学奥赛"系列课程在 B 站的传播，我收到了不少想要获得文档的小伙伴的私信，也将电子文档共享给了大家。但该课程并不足以供大家参加 CSP-J，于是我萌生了写一本全面的教程的想法。

基于多年深耕教育领域的产品经理实战经验，我会不自觉地思考这些问题：写这本书的必要性是什么？能给用户带来什么价值？解决用户什么痛点？

2017 年，国内少儿编程刚刚兴起，同时信息学奥赛（简称"信奥"）也在这股浪潮中逐步为大家所熟知，并得以发展。但由于师资力量无法在短时间内复制，各个机构的教学水平参差不齐，部分学生没有接受到良好的信奥教育。

那时我就在想，能不能为这个行业做些什么，来直接或间接推动行业的发展。于是我做了与NOIP 相关的网站、论坛以及公众号。为了能够在公众号内插入网址，我还注册了一个营业执照。

时隔 8 年之久，到了 2025 年，我还是想为编程教育行业做点什么，这本书便是连接我和这个行业的一条纽带。

由于信息学奥赛涉及复杂的算法和数据结构的知识，初学者很难直接从繁杂的知识点中找到学习的路径。

而本书内容由易到难逐步推进，尽量以小学生能理解的语言描述问题，可以帮助学生从基础开始逐步了解信息学奥赛的知识体系，掌握编程语言、数据结构等基础知识，引导学生顺利入门。

授人以鱼不如授人以渔，本书注重培养学生的逻辑思维和解决问题的能力，通过合理的例题和练习引导学生学会分析问题，让学生在解决实际问题的过程中不断提升做题的思维能力，在遇到相关问题时能够举一反三。

面向群体

本书主要面向三个群体。

一是 8 到 14 岁想要参加信息学奥赛的学生。

二是在机构学习的学生，本书共 48 节，每周一节，刚好适配机构一年的教学任务。

三是想要了解 C++语言/算法/数据结构的编程爱好者。

内容概述

本书共 10 章 48 节，从 C++基础语法知识，到一些算法知识，再到赛事中涉及的数学和数据结构的知识，全方面为你的信奥学习保驾护航。

如何使用

本书共 48 节，每周花 2 到 4 小时的时间学习一节，除去假日给自己放个小长假，刚好能在一年内学完。本书能让学生在不耽误校内主干课的前提下，多学一门提升自己综合能力的学科。

在学习过程中一定要多实操，看懂了不代表完全学会了，在实操过程中你能发现更多的问题，比如中英文符号混用，单词等不小心打错了，又或者是漏掉了某些头文件。

在实操过程中难免会出现 bug，但千万不要害怕犯错，仔细观察书中代码，一步步跟着演示、对照，发现错误、改正错误，然后总结反思，这样更有助于编程学习能力的提升。

目　　录

第1章　顺序结构 ………………………………… 1

1.1　第1课：程序入门 …………………………… 1

1.1.1　C++简介 ……………………………… 1

1.1.2　软件使用 ……………………………… 2

1.1.3　标准输出语句 ………………………… 5

1.1.4　实例讲解 ……………………………… 6

1.2　第2课：初识变量 …………………………… 10

1.2.1　什么是变量 …………………………… 10

1.2.2　变量的定义 …………………………… 10

1.2.3　变量的赋值 …………………………… 11

1.2.4　变量的输出 …………………………… 12

1.2.5　标准输入 ……………………………… 12

1.2.6　实例讲解 ……………………………… 13

1.3　第3课：实数类型 …………………………… 16

1.3.1　实数类型的相关操作 ………………… 17

1.3.2　实例讲解一 …………………………… 17

1.3.3　格式化输出 …………………………… 18

1.3.4　实例讲解二 …………………………… 20

1.4　第4课：除法和求余 ………………………… 22

1.4.1　整数除法 ……………………………… 22

1.4.2　浮点数除法 …………………………… 23

1.4.3　实例讲解一 …………………………… 24

1.4.4　余数的定义及注意事项 ……………… 25

1.4.5　实例讲解二 …………………………… 27

1.5　第5课：强制类型转换 ……………………… 29

1.5.1　整型转换成浮点型 …………………… 29

1.5.2　实例讲解一 …………………………… 30

1.5.3　浮点型转换成整型 …………………… 32

1.5.4　实例讲解二 …………………………… 32

1.6　第6课：字符类型与ASCII码 ……………… 34

1.6.1　ASCII码 ……………………………… 34

1.6.2　字符类型 ……………………………… 35

1.6.3　字符转换成ASCII码 ………………… 36

1.6.4　ASCII码转换成字符 ………………… 37

1.6.5　字符的算术运算 ……………………… 38

1.6.6　大小写字母转换 ……………………… 39

1.7　第7课：顺序结构及复合运算 ……………… 40

1.7.1　顺序结构总结 ………………………… 40

1.7.2　变量的连续赋值 ……………………… 41

1.7.3　实例讲解一 …………………………… 42

1.7.4　变量的自增自减 ……………………… 42

1.7.5　复合运算符 …………………………… 43

1.7.6　实例讲解二 …………………………… 44

1.7.7　交换两个变量的值 …………………… 44

第2章　选择结构 ………………………………… 46

2.1　第8课：单分支结构 ………………………… 46

2.1.1　条件表达式和关系运算符 …………… 47

2.1.2　奇偶数问题 …………………………… 48

2.1.3　位数判断 ……………………………… 49

2.1.4　打折问题 ……………………………… 50

2.2　第9课：双分支结构 ………………………… 51

2.2.1　实例讲解 ……………………………… 52

2.2.2　逻辑运算符 ································· 53

2.2.3　字母大小写判断 ···················· 55

2.3　第 10 课：选择嵌套结构 ················· 56

2.3.1　选择嵌套框架 ························· 56

2.3.2　实例讲解一 ···························· 57

2.3.3　三角形的成立条件 ················ 59

2.3.4　实例讲解二 ···························· 59

2.4　第 11 课：多分支结构 ···················· 62

2.4.1　多分支结构的基本框架 ········ 63

2.4.2　实例讲解 ································· 64

2.4.3　不同三角形判断 ···················· 65

2.4.4　运算符优先级 ························· 66

2.5　第 12 课：switch 结构 ···················· 68

2.5.1　switch 语句的基本框架 ········ 68

2.5.2　switch 语句的执行过程 ········ 69

2.5.3　实例讲解 ································· 70

第 3 章　循环结构 ···································· 75

3.1　第 13 课：for 循环 ························· 75

3.1.1　程序执行的顺序 ···················· 76

3.1.2　死循环 ····································· 77

3.1.3　实例讲解 ································· 77

3.1.4　逆序输出 ································· 80

3.2　第 14 课：循环求和 ························· 81

3.2.1　循环求和的操作 ···················· 81

3.2.2　实例讲解 ································· 82

3.3　第 15 课：循环求积 ························· 85

3.3.1　循环求积的操作 ···················· 85

3.3.2　实例讲解 ································· 86

3.4　第 16 课：while 循环 ······················ 91

3.4.1　while 循环的基本框架 ··········· 91

3.4.2　while 中的死循环 ·················· 91

3.4.3　实例讲解 ································· 92

3.5　第 17 课：循环中断与继续 ············· 96

3.5.1　循环中断 break ······················ 96

3.5.2　实例讲解一 ···························· 97

3.5.3　循环继续 continue ················· 98

3.5.4　实例讲解二 ···························· 98

3.6　第 18 课：循环嵌套 ························ 100

3.6.1　循环嵌套的基本操作 ··········· 101

3.6.2　实例讲解 ······························ 101

第 4 章　数组与字符串 ························· 107

4.1　第 19 课：一维数组 ······················ 107

4.1.1　数组的概念及定义 ·············· 107

4.1.2　实例讲解 ······························ 108

4.2　第 20 课：二维数组 ······················ 112

4.2.1　二维数组的定义与操作 ······· 112

4.2.2　实例讲解一 ·························· 114

4.2.3　矩阵对角线 ·························· 117

4.2.4　实例讲解二 ·························· 118

4.3　第 21 课：字符串与字符数组 ········· 120

4.3.1　字符串 ··································· 121

4.3.2　字符数组 ······························ 122

4.4　第 22 课：字符数组的基本操作 ······ 126

4.4.1　输入和输出 ·························· 126

4.4.2　实例讲解 ······························ 127

4.4.3　复制与比较 ·························· 129

第 5 章　排序算法 ································· 134

5.1　第 23 课：选择排序 ······················ 134

5.1.1　选择排序的概念及步骤 ······· 134

5.1.2　演示及实现 ·························· 135

5.1.3　实例讲解 ······························ 136

5.2　第 24 课：冒泡排序 ······················ 138

5.2.1　冒泡排序的概念及步骤 ······· 138

5.2.2　演示及实现 ·························· 139

5.2.3　实例讲解 ······························ 140

5.2.4　冒泡排序优化 ······················ 141

5.3　第25课：插入排序……………… 143
　　5.3.1　插入排序的概念及步骤……… 143
　　5.3.2　演示及实现…………………… 144
　　5.3.3　实例讲解……………………… 145
5.4　第26课：计数排序……………… 147
　　5.4.1　计数排序的概念及步骤……… 147
　　5.4.2　演示及实现…………………… 147
　　5.4.3　实例讲解……………………… 148
　　5.4.4　计数排序的去重与计数……… 149

第6章　基础算法……………………… 152
6.1　第27课：暴力枚举……………… 152
　　6.1.1　枚举的概念与案例实现……… 152
　　6.1.2　枚举的优缺点………………… 155
　　6.1.3　实例讲解……………………… 155
6.2　第28课：递推算法……………… 158
　　6.2.1　递推算法的概念……………… 158
　　6.2.2　实例讲解……………………… 160
6.3　第29课：认识函数……………… 165
　　6.3.1　函数的定义…………………… 166
　　6.3.2　形参与实参…………………… 167
　　6.3.3　函数的声明…………………… 169
　　6.3.4　函数的值传递和引用传递…… 170
　　6.3.5　数组作为函数参数…………… 173
6.4　第30课：结构体及排序………… 174
　　6.4.1　定义及操作…………………… 175
　　6.4.2　实例讲解……………………… 175
　　6.4.3　结构体成员函数……………… 178
　　6.4.4　结构体排序…………………… 181
6.5　第31课：递归算法……………… 184
　　6.5.1　递归的实例演示……………… 184
　　6.5.2　递归的三大要素……………… 185
　　6.5.3　实例讲解……………………… 185
　　6.5.4　汉诺塔问题…………………… 190

6.6　第32课：二分查找……………… 192
　　6.6.1　二分查找的概念……………… 192
　　6.6.2　二分查找的操作……………… 193
　　6.6.3　二分查找的优势……………… 194
　　6.6.4　实例讲解……………………… 194

第7章　数学问题……………………… 201
7.1　第33课：因数、公约数和公倍数……… 201
　　7.1.1　因数及其相关知识…………… 202
　　7.1.2　最大公约数…………………… 203
　　7.1.3　辗转相除法…………………… 204
　　7.1.4　最小公倍数…………………… 205
7.2　第34课：质数和合数…………… 207
　　7.2.1　质数的概念及判断…………… 208
　　7.2.2　合数和质因数………………… 211
　　7.2.3　埃拉托色尼筛法……………… 212

第8章　模拟算法……………………… 215
8.1　第35课：一维数组模拟………… 215
　　8.1.1　核心考查……………………… 215
　　8.1.2　实例讲解……………………… 215
8.2　第36课：二维数组模拟………… 223
　　8.2.1　核心考查……………………… 223
　　8.2.2　实例讲解……………………… 223
8.3　第37课：日期模拟……………… 231
　　8.3.1　基础模板……………………… 231
　　8.3.2　实例讲解……………………… 233
8.4　第38课：字符串模拟…………… 239
　　8.4.1　常见应用场景………………… 239
　　8.4.2　字符串常用函数……………… 239
　　8.4.3　实例讲解……………………… 240

第9章　算法进阶……………………… 246
9.1　第39课：贪心算法……………… 246
　　9.1.1　策略演示……………………… 246

9.1.2　概念及证明 ·············· 247

9.1.3　实例讲解 ················ 247

9.2　第 40 课：深度优先搜索 ······ 253

9.2.1　情景引入及建模 ········ 253

9.2.2　深度优先搜索模板 ······ 256

9.2.3　实例讲解 ················ 257

9.3　第 41 课：广度优先搜索 ······ 263

9.3.1　情景引入及建模 ········ 263

9.3.2　广度优先搜索模板 ······ 268

9.3.3　实例讲解 ················ 269

9.4　第 42 课：动态规划 ·········· 274

9.4.1　记忆化搜索 ·············· 274

9.4.2　动态规划 ················ 276

9.4.3　实例讲解 ················ 277

第 10 章　数据结构 ··············· 283

10.1　第 43 课：栈及其应用 ······· 283

10.1.1　栈的定义、特点和操作 ··· 283

10.1.2　STL 中栈的基本使用 ···· 285

10.1.3　实例讲解 ·············· 285

10.2　第 44 课：队列及其应用 ····· 291

10.2.1　队列的定义和特点 ····· 291

10.2.2　数组模拟队列 ········· 292

10.2.3　STL 中队列的基本使用 ··· 296

10.3　第 45 课：链表及其操作 ····· 299

10.3.1　单链表 ················ 299

10.3.2　指针 ·················· 301

10.3.3　单链表的相关操作 ····· 302

10.3.4　完整操作 ············· 306

10.4　第 46 课：树及其应用 ······· 309

10.4.1　树的相关概念 ········· 310

10.4.2　二叉树及其相关概念 ··· 311

10.4.3　二叉树的遍历 ········· 313

10.4.4　二叉树的建立 ········· 314

10.5　第 47 课：图及其应用 ······· 316

10.5.1　图的定义及相关概念 ··· 316

10.5.2　图的存储 ············· 318

10.6　第 48 课：图的最短路径 ····· 321

10.6.1　Floyd 算法 ··········· 321

10.6.2　Floyd 算法实例讲解 ···· 325

10.6.3　Dijkstra 算法 ········· 327

10.6.4　Dijkstra 算法实例讲解 ·· 331

附录　信息学奥赛成长指南 ········ 335

第 1 章

顺序结构

顺序结构是一种简单的控制结构，它表示程序按照从上到下的顺序依次执行每一个步骤。在生活中，顺序结构十分常见，比如刷牙就是一个典型的顺序结构过程，我们可以将刷牙分成如下步骤。

1) **刷牙前**：准备好牙刷、牙膏、水杯等工具。
2) **开始刷牙**：将牙刷放入口中，充分刷到每一颗牙齿。
3) **刷完牙**：用清水漱口，冲洗牙刷并甩干水分，然后放回原处。

除了刷牙的例子外，你还能想到生活中哪些顺序结构的场景呢？

1.1 第 1 课：程序入门

在正式写程序之前，我们先了解一下什么是程序。程序是指一组按照特定顺序和逻辑编写的计算机指令，用来完成某些特定任务或解决某个问题。

举个简单的例子，比如蛙蛙想买包子吃，他首先来到早餐店，然后告诉老板给他来两个香菇青菜馅的包子，这里的"两个""香菇青菜馅的包子"就可以看作给老板下达的"指令"。老板接收到"指令"，递给了蛙蛙两个香菇青菜馅的包子，就解决了蛙蛙买包子这个问题。

而我们现在处于计算机的世界当中，程序需要通过编程语言来编写，然后由计算机去执行。编程语言有很多，比如 Python、Java、C++等，由于信息学奥赛的官方比赛语言目前仅支持 C++，所以本书的语法、算法及数据结构均通过 C++来实现。

什么是 C++呢？又有哪些产品是通过 C++开发的呢？让我们一起来了解一下。

1.1.1 C++简介

C++于 1983 年由比雅尼·斯特劳斯特卢普（Bjarne Stroustrup）在 C 语言的基础上开发出来，由于性能优越、灵活性强，被广泛应用于各个领域。

在操作系统方面，大家常用的 Windows 操作系统，其内核、文件系统等部分大量使用了 C++。

信息学奥赛考试用的 Linux 系统，其内核和驱动也使用了 C++。

在游戏开发方面，国产西游主题大型游戏《黑神话：悟空》所使用的游戏引擎——Unreal Engine，它的主要开发语言就是 C++。

有些同学可能接触过 Photoshop 这款图片处理软件，也有些同学可能接触过 3D 建模软件 Blender，这些软件的核心部分均由 C++编写。甚至我们常用的谷歌浏览器，也有 C++语言的参与。

从这里我们便能看出，C++不仅仅是信息学奥赛官方比赛语言，它还能支撑各行各业的应用。它也许会从你现在这个阶段陪伴你到未来很长一段时间，或许能伴随你的一生。

听到这里，蛙蛙已经迫不及待想学习 C++这门语言了，让我们跟随蛙蛙进入 C++的世界吧。

1.1.2　软件使用

工欲善其事，必先利其器，想要学 C++，必须要先有一个编写 C++ 的开发环境。开发环境 DEV-CPP 的安装教程已经放到我的博客 bigbigli.com/rjxz.html 了，若你还未安装环境，请移步到 bigbigli.com/rjxz.html，安装好后再继续往下进行。

1. 新建源程序

步骤一：从主菜单中依次选择"文件"→"新建"→"源代码"菜单。新建完成之后，屏幕右下侧出现一片白色区域，称为"源程序编辑区域"，可以在此输入程序，如图 1-1 所示。

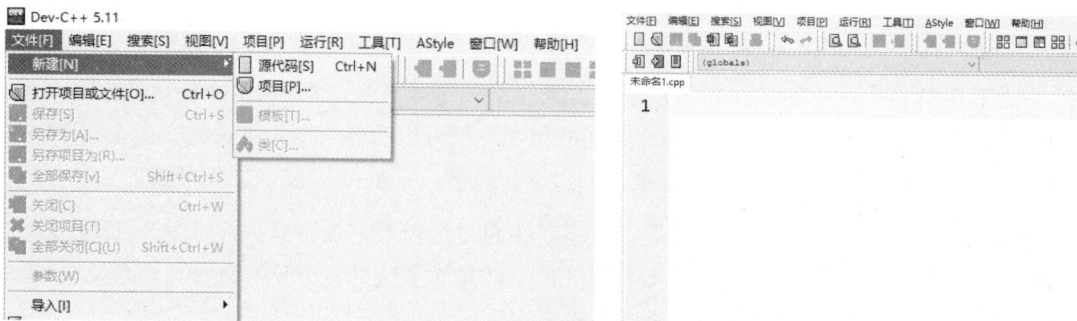

图 1-1　新建源程序

步骤二：创建 C++程序基本框架。把下面这几行代码写进"源程序编辑区域"，之后我再解释这几行代码的意思。

```
#include <iostream>
using namespace std;
int main()
{
```

```
    return 0;
}
```

需要注意，这里所有的符号，比如 <>、;、()、{} 均为英文状态下的符号。写完之后，再来了解每一行究竟表示什么。

将整个程序比作买菜做饭的场景: 现在蛙蛙饿了，他告诉妈妈想吃西红柿炒鸡蛋，但是家里没有食材，于是妈妈先去了一趟菜市场，然后回家给蛙蛙做饭……

- **#include <iostream>**

include 是 "包括、包含" 的意思，这里包含了一个头文件 iostream。我们可以把头文件比作菜市场，蛙蛙想吃 A 婆婆卖的西红柿，所以妈妈必须要去 A 婆婆所在的菜市场才能买到西红柿，而这里的 iostream 就是有西红柿的菜市场。

iostream 中的 i 表示的是 input，是输入的意思; o 表示的是 output，是输出的意思; stream 是流，流出的意思。一个程序，基本都会有输入和输出，这个头文件的功能就是处理标准输入、标准输出和标准错误等。

- **using namespace std;**

use 是使用的意思，name 是命名的意思，space 是空间的意思，std 是 standard 的缩写，意为标准的。合在一起，整句话的意思就是使用标准的命名空间。

> **注** 有了这么一句话，后续在程序中就可以直接使用 cout（输出）、cin（输入）、vector（动态数组）、string（字符串）等标准库中的类型和函数等内容，而无须在每次使用时都加上 std:: 前缀（如果没有这一行，则需要加上 std:: 前缀）。

- **int main(){}**

int main() 是主函数的声明，也就是通知计算机该干活儿了。

这就像妈妈买完菜回来后，去厨房给蛙蛙做西红柿炒鸡蛋一样。后面紧跟着的一对大括号，我们可以暂且把它比作厨房，无论是做饭还是刷锅洗碗，都是在这个厨房里面进行的。

- **return 0;**

表示这个程序已经执行完毕，正常终止了。就像妈妈做完饭后，大家也都吃完饭了，正常收拾一下厨房，这顿饭就圆满结束了。

如果不收拾厨房，会影响大家吃这顿饭吗? 自然是不影响整个吃饭流程的，也就是说，如果没有 return 0，通常不会影响程序主体的执行。但这会使代码看起来不够完整和规范，所以大家最好还是加上 return 0，这样能确保程序完全符合 C++ 标准对于主函数返回值的定义。

2. 保存源程序

写完基本框架后，程序还未保存。若想保存程序，只需从主菜单中选择"文件"→"保存"就可以将文件保存到指定的硬盘目录下，如图 1-2 所示。

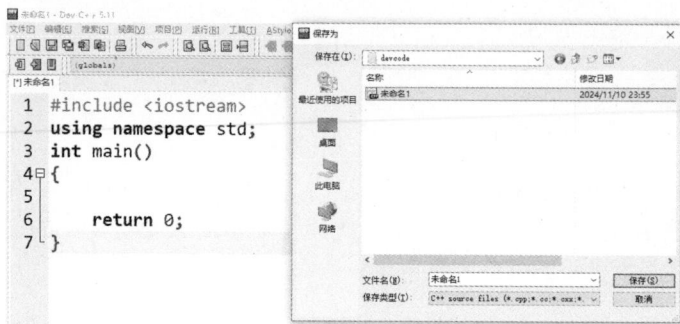

图 1-2　保存源程序

3. 编译

计算机的语言能力有限，它只认识机器语言（即由 0 和 1 组成的二进制指令），所以它需要有个"翻译官"（编译器）帮它将 C++语言翻译成机器语言，这样计算机就能理解程序啦！

怎么编译我们所写的程序呢？从主菜单中选择"运行"→"编译"或者按快捷键 F9。等到编译日志中出现编译结果，则编译完成，如图 1-3 所示。

图 1-3　编译完成

4. 运行

编译完成之后，可以看到程序没有错误（如果出现错误，则需要对照着上面的程序再检查一遍并修改，看看是不是把英文字符打成中文字符了），然后还需要运行程序，才能达到解决实际问题的目的。

从主菜单中选择"运行"→"运行"或直接按快捷键 F10。

此时会跳出如图 1-4 所示的黑色框，表示运行成功。黑色框是控制台，以后程序运行结果均在此控制台上显示。

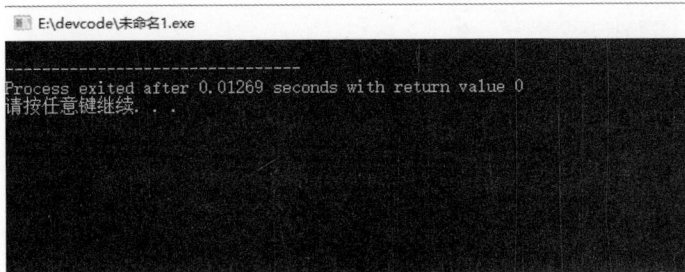

图 1-4　控制台

提示　编译和运行这两个步骤在编程环境中可合二为一，即直接点击"运行"→"编译运行"或按快捷键 F11，计算机会依次进行编译和运行操作。

1.1.3　标准输出语句

今天是蛙蛙学习 C++编程的第一天，为了庆祝这一天，他希望在控制台上打印 Hello C++。

氪町博士了解了蛙蛙想做什么之后，告诉他要想在控制台上打印文字，需要掌握下面的编程指令。

- ❑ 标准输出指令：cout
- ❑ 标准使用格式：cout <<

指令功能：在控制台（也就是图 1-4）输出结果，如果想要原样输出我们想让它显示的内容，就需要将原样输出的内容用双引号引起来。

于是，蛙蛙迫不及待地在编程软件中写上如下所示的程序：

```
cout << "Hello C++"
```

然后点击"编译运行"菜单，结果发现报错了，这是为什么呢？

氪町博士告诉他有两方面的原因：一是没有写在基本框架里面，就相当于你现在准备去做饭，但是没有进厨房，那自然是不妥的；二是结尾没有加分号——";"，分号在编程中就相当于作文中的句号，一句话写完后一定要加上。所以完整的程序如下。

```
#include <iostream>
using namespace std;
int main()
{
    cout << "Hello C++";
    return 0;
}
```

写完之后，别忘了点击"编译运行"，观察是否出现如图 1-5 所示的结果。

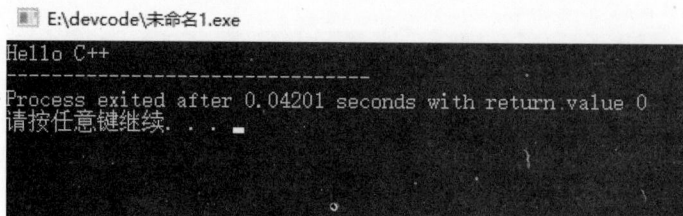

图 1-5　运行结果

蛙蛙编译运行后，发现出现如图 1-6 所示的情况，你知道这是为什么吗？

图 1-6　编译结果

蛙蛙检查了一下，终于发现了错误，原来在第 5 行不小心把英文的 "；" 打成了中文的 "；"，改完后再运行就没有问题了。

聪明的你，运行后有没有像蛙蛙一样遇到错误呢？如果有些许错误的话请耐心检查哦。

1.1.4　实例讲解

为了巩固蛙蛙今天所学的新知识，氪町博士准备了一些测试题目，帮助蛙蛙检测他学得如何，你也跟着一起做一下吧。

🖉 例 1：蛙蛙的心情

蛙蛙掌握了输出语句之后，成功利用自己所学的知识在控制台上打印出了今天的心情。你能像蛙蛙一样，在控制台上打印出你此时此刻的心情吗？

【输出样例】蛙蛙今天学了新知识，很开心！

解析

输出语句是 cout，要写在基本框架里面，还记得基本框架是什么吗？如果忘记的话，记得再回顾一下，希望学完本章后，大家都能把基本框架默写下来。

参考代码

```
#include <iostream>
using namespace std;
```

```
int main()
{
    cout << "蛙蛙今天学了新知识, 很开心! ";
    return 0;
}
```

例 2：超市购物

蛙蛙随妈妈来到超市购买商品。妈妈买了一些水果，一共是 24 元，又买了 3 盒牛奶，每盒牛奶的价格是 5 元，请问妈妈此次一共花了多少钱呢？请使用编程软件计算，并将结果打印在控制台上。

【输出样例】39

> **注意** 输出样例仅用于对比你在控制台中输出的结果，并非输出样例的实际内容。

解析

蛙蛙觉得这题太简单了，认为这个题目与上面那个题目一样。于是他写下了如下的程序，你觉得他写得对不对呢？

```
#include <iostream>
using namespace std;
int main()
{
    cout << "24 + 3 * 5";
    return 0;
}
```

蛙蛙非常自信地点击"编译运行"，结果出现了如图 1-7 所示的情况。图 1-7 所展现的结果跟输出样例的内容不一致，所以这个问题并没有被正确解决。

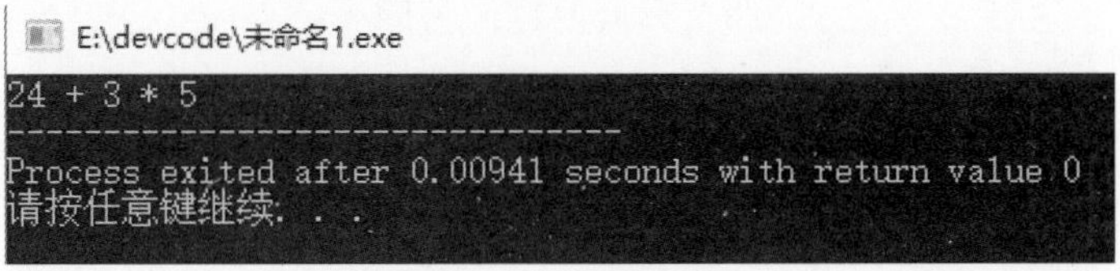

图 1-7　运行结果

那你知道该如何修改吗？

氪町博士提醒了蛙蛙一句话：带双引号输出的内容是原样输出，双引号里面的内容是什么就输出什么，因此并不会计算这个式子的值。

所以只需要把双引号去掉就可以了。蛙蛙拍了拍脑袋，觉得这准没错，于是把双引号去掉了，写出了如下的程序：

```cpp
#include <iostream>
using namespace std;
int main()
{
    cout << 24 + 3 * 5;
    return 0;
}
```

运行后，果然发现结果是 39，这样写计算机才会自动计算这个算术表达式。

通过刚才的试错，蛙蛙认为学编程是需要多去尝试的，没准儿多尝试几下就得到了正确的结果，印象也更加深刻了。你觉得蛙蛙的想法对吗？

总结　双引号里面写的内容会原封不动地显示在控制台上，这种输出叫作原样输出。如果我们想要输出一个算式的结果，直接去掉双引号即可。

📝 例 3：香蕉和苹果各多少钱

上次去超市买的水果很快就被蛙蛙吃完了，妈妈准备再去水果店购买一些。来到水果店后，妈妈发现这里只有香蕉和苹果比较新鲜，于是只买了这两种水果，其中香蕉买了 5 斤，苹果买了 3 斤，香蕉的价格是每斤 4 元，苹果的价格是每斤 7 元。

请分别在控制台上打印出香蕉的总价格和苹果的总价格。

【输出格式】输出一行，为香蕉的总价格和苹果的总价格，用空格隔开。

【输出样例】20 21

解析

蛙蛙看完题目后有些疑惑，他不知道该如何输出两个结果。氪町博士告诉他，可以直接使用 << 进行连接，比如要输出 22 和 33，那么只需要这样写即可：cout << 22 << 33;。

这样就可以输出两个结果，对于这题来说，两个结果分别对应香蕉和苹果的总价格。

听罢，蛙蛙便在基本框架里面写下了：cout << 5*4 << 3*7;。

然后蛙蛙点击"编译运行"，发现结果是 2021。仔细观察这个结果，蛙蛙发现虽然香蕉的总价和苹果的总价都打印在控制台上了，但是两个结果连在一起了，这是为什么呢？

原来是没有将两个结果用空格隔开。但是蛙蛙现在还没有学到如何将两个结果分开，于是他又去请教了氪町博士。

氪町博士告诉了他常用的分隔方法，这样以后遇到相似的问题，全都能解决了。

常用的分隔方法一般有两种，分别是利用空格隔开以及使用换行隔开。

1) 如果题目要求利用空格隔开，那么只需在两个结果中间加上双引号，然后在双引号里面加上空格即可。因为双引号里面的内容是原样输出的，所以加上空格后，空格会原样打印出来，比如要打印 22 和 33，用空格隔开，具体的写法为：

```
cout << 22 << " " << 33;
```

2) 第二种常见的分隔方法是利用换行隔开，比如现在依然打印 22 和 33，两个数中间用换行隔开，具体的写法为：

```
cout << 22 << endl << 33;
```

运行后，我们会发现这个 22 和 33 是换行打印在控制台上的。这里的 endl 是 end of line 的缩写，意为行结束。

参考代码

```
#include <iostream>
using namespace std;
int main()
{
    cout << 5*4 << " " << 3*7; // 分别计算香蕉和苹果的总价，并用空格隔开
    return 0;
}
```

例 4：详细购物清单

妈妈在超市买完东西之后，想清楚地知道每种物品花费了多少钱，比如她买了 6 盒原味牛奶，每盒原味牛奶的价格是 12 元，她想清楚地知道牛奶一共花了 XX 元。

蛙蛙思索了一会儿，还是决定使用编程为妈妈解决这个问题，他希望在控制台上清楚地打印出"牛奶的总价为：XX"（注：这里的冒号是中文状态下的冒号，XX 为总价）。

【**输出样例**】牛奶的总价为：72

解析

在价格前面，要求原样输出"牛奶的总价为："，所以这些内容应该写在双引号里面。

即：cout << "牛奶的总价为："，这里的双引号是英文状态下的双引号，冒号要按照要求使用中文状态下的冒号。

再通过连接符连接牛奶的总价即可，即：cout << "牛奶的总价为：" << 6*12;。

参考代码

```
#include <iostream>
using namespace std;
int main()
{
```

```
    cout << "牛奶的总价为: " << 6*12;
    return 0;
}
```

1.2 第 2 课：初识变量

蛙蛙通过前一天的学习，已经掌握了 C++基本框架和 cout 语句的使用。通过 cout 语句，他不仅能够打印自己的心情，还能计算商品的总价格。

氪町博士昨天就告诉蛙蛙，今天要学习一个非常重要的知识点，这个知识点同样会贯穿整个编程阶段的学习。蛙蛙已经期待一个晚上了，终于等到了今天的氪町博士小课堂。

1.2.1 什么是变量

氪町博士告诉蛙蛙，今天要学的知识点叫作变量，简而言之就是可变化的量。比如我们在上一节中计算了香蕉的价格，但如果单价改变了或者买的数量改变了，则需要重新计算一遍，但如果将单价和购买数量用变量代替，这个程序只需要写一次即可。

蛙蛙还是有点儿懵，氪町博士看出了蛙蛙的疑惑，于是问蛙蛙："你有没有玩过计算机游戏？"

蛙蛙自信地点了点头。氪町博士继续说道，我们可以把游戏中人物的血量看作变量。假设某个游戏人物有 10 格血，每受一次伤，血量就会减 1 格，当吃下血包的时候，血量就会加 1 格（当然不能超过 10，这个知识点需要通过下一章的内容"选择结构"来学习，我们暂时先假设没有这个限制）。

蛙蛙觉得变量就好像一个能存放东西的小盒子一样。假设用这个小盒子代表血量，一开始这个小盒子里面就存放了 10 格血，我们可以拿走一些血量（-1），也可能会放进来一些血量（+1）。

我们可以把变量看作一个小盒子，小盒子可以存放同种类型的东西（比如血量），里面的东西可能会增加，也可能会减少。

1.2.2 变量的定义

定义格式：变量类型 变量名；

什么是变量类型，什么又是变量名呢？

这里还是以血量为例，血量一共有 10 格，相当于初始化为 10。当游戏人物受到伤害时，血量就会减 1；游戏人物吃到血包时，血量就会加 1。我们会发现血量无论增加还是减少，它总是一个整数（不是小数或其他类型）。

所以存放血量的小盒子（变量）要能够存放整数，因而我们需要向计算机申请一个能够存放整数的盒子。这里用关键字 int 去申请，也就是变量类型为 int。（int 是 integer 的缩写，integer 意为整数，int 数据类型被称为整型。）

我们申请了这个能够存放整数的小盒子，还需给它起一个名字。如果用它来保存血量，那就起个跟血量相关的名字，比如 blood。

但是这个名字也不是随便起的，它是有一定的命名规则的。

1) **组成部分**：变量名可以由字母（a~z、A~Z）、数字（0~9）和下划线（ _ ）组成。
2) **开头要求**：变量名必须以字母或下划线开头，不能以数字开头。例如 blood、_blood 都是合法的，但是 10blood 就是非法的。
3) **区分大小写**：变量名是区分大小写的，比如 blood 和 Blood 是两个不同的变量名。
4) **不能以关键字命名**：比如不能以 int、double、if、else 等（我们以后还会接触到更多关键字）命名。
5) **见名思义**：虽然这个规则并不影响编程语法，但最好还是要使用有意义的变量名，这样有助于阅读和理解代码。比如看到 blood 就能够想到这个变量可能会代表血量。在学习编程初期，一定要养成良好的代码编写习惯。

完整的写法就是：

```
int blood;
```

即申请一个能够存放整数的变量，命名为 blood，变量申请完之后，结尾的分号千万不能忘记。

有时候可能会需要多个变量。如果想一次性定义多个变量的话，只需要将多个变量名用逗号隔开即可，比如

```
int a,b,c;
```

这里的 a、b、c 表示三个不同的变量。

1.2.3　变量的赋值

现在我们把变量比作一个小房间，这个小房间只能存放板凳。开始的时候，小房间里面没有一个板凳，我们可以称变量初始化为 0，记作：

```
int s = 0;
```

这里的 s 表示小板凳的数量。如果我们将三个板凳搬进这个小房间里面，此时小房间里板凳的数量为 3，可以表示为：

```
s = 3;
```

为什么这里不需要 int 了呢？蛙蛙有些疑惑。

那是因为小房间这片空间已经在前面申请了，不需要再申请一次，直接拿过来用即可。

但是需要注意，这里的=是编程语言中的赋值运算符，并不等同于数学中的等于号。

标准的赋值格式为：

```
变量 = 表达式;
```

它表示把=右边的表达式赋值给左边的变量，s = 3 的意思是把 3 这个数值赋值给变量 s。还以上面的情景为例，就相当于往小房间里面放进去了三个板凳，此时小房间里板凳的数量才等于 3。

1.2.4　变量的输出

变量的输出，其实就是输出变量里存放的数，就和之前我们输出一个数是一样的。假设已经声明了 a、b、c 三个变量，此时要将这三个变量输出，应该如何表示呢？

我们之前学过输出实际的数，比如直接使用 cout 语句输出 22，即使用 cout << 22;在控制台打印出 22 这个数。

同样，如果想要输出一个变量，也是直接使用 cout 加连接符连接变量名即可，比如输出变量 a，表示为：

```
cout << a;  // 表示输出变量 a 的值
```

如果我们想要输出多个变量，也是同输出多个数字一样，使用连接符连接即可，表示为：

```
cout << a << b << c;  // 表示输出变量 a、b、c 三个变量的值
```

但是如果按照上面这样写，输出的三个值会紧紧地贴在一起，没有分隔开。你还记得怎么分开的吗？如果忘记的话，记得回顾一下 1.1.4 节的例 3 解析哦。

1.2.5　标准输入

常见的程序不仅会有输出，还会有输入。比如你想搜索某个名词，会在搜索框里面输入这个名词，搜索框读入你输入的内容后，再给你输出一些相关信息，这个程序中就涉及输入和输出。

在 C++中输入的格式如下：

```
cin >> ... ;
```

我们输入的内容肯定要存放到某个地方（空间）。大家可以思考一下，我们刚刚是不是提到过空间？

没错，就是变量。假设我们申请了一个整型变量 s，往 s 中输入一些内容，那么 s 这块空间里面存放的内容便是我们输入的值，具体如下：

```
cin >> s;
```

在基本框架里面写入这行代码后，点击"编译运行"，则可以在控制台中看到一个一闪一闪的光标，可以在里面输入一个值，比如输入 22，就相当于 s 这个变量的值为 22。

注意 目前所编写的代码均在基本框架内，输入变量前需要先对变量进行定义，输入完之后按回车键表示输入结束。

如果想输入多个变量，格式与输出类似，用>>连接即可，这个连接符与输出的连接符<<是相反的。假设我们现在想输入三个变量 a、b、c，并且这三个变量已经声明，那么输入格式如下：

```
cin >> a >> b >> c;
```

1.2.6 实例讲解

现在我们已经学会了如何定义、使用变量，接下来跟随蛙蛙一起完成下面几个例题吧。

📓 例 1：蛙蛙的书架

蛙蛙最近为了好好学习编程，买了很多与编程相关的书，但是这些书没地方摆放，于是爸爸决定给蛙蛙买一个新书架来放置这些书。

拿到书架后，蛙蛙赶紧把书放了上去，一边放一边数了书的数量，一共有 8 本，全部放了上去。请你用变量的形式在控制台中打印蛙蛙新书架上书的数量。

【输出格式】输出一行，用变量的形式输出新书架上书的数量。

【输出样例】8

解析

题目要求我们用变量进行输出，所以需要我们先声明一个变量。声明变量需要有变量类型和变量名，在给变量命名的时候要注意变量命名规则。然后给变量赋一个值，这个值在题目中已经给定了，最后直接使用 cout 输出这个变量即可。

参考代码

```cpp
#include <iostream>
using namespace std;
int main()
{
    int books = 8;
```

```
    cout << books;
    return 0;
}
```

📝 例 2：书架上的书总数

蛙蛙把 8 本编程书放进书架后，发现书架还是空荡荡的，于是他把以前买的其他种类的书也放进去了，又放进去了 13 本书，请问现在书架上一共有多少本书呢？

【输出格式】用变量的形式分别表示编程书及其他种类的书总数，再输出一行，为两者之和。

【输出样例】21

解析

我们可以用变量 books1 表示编程书的总数，用 books2 表示其他种类书的总数（当然如果你想用其他变量也是可以的，比如用 a 表示编程书的总数，b 表示其他种类书的总数）。

然后输出 books1 和 books2 之和即可。

参考代码

```
#include <iostream>
using namespace std;
int main()
{
    int books1 = 8, books2 = 13;
    cout << books1 + books2;
    return 0;
}
```

📝 例 3：科普书的数量

学校图书馆每周都会迎来大量借书、还书的学生。管理员在整理书架时，发现某类科普书还剩下 n 本，为了清楚地了解库存情况，方便后续管理，他希望能通过程序记录该类书的剩余数量。

【输入样例】22

【输出样例】22

解析

在控制台输入一个变量的值，使用我们刚刚学习过的 cin >> ...语句，记住，cin 后面的连接符的朝向与 cout 相反。

假设已经声明了一个名为 n 的变量，如果想在控制台内输入这个变量的值，则需要：

```
cin >> n;
```

结尾的分号也不要忘记。运行后，则可以看到控制台内有个光标在闪，是在提醒你输入一个变量，输入完之后按回车键即可将输入的值保存到变量 n 中。

参考代码

```
#include <iostream>
using namespace std;
int main()
{
    int n; // 声明变量n
    cin >> n; // 输入变量n。比如输入22，n的值此时便为22
    cout << n; // 输出n的值
    return 0;
}
```

例 4：借出去的书

蛙蛙有很多同学。前几天有几名同学来找蛙蛙玩，他们看到了蛙蛙书架上的编程书，十分感兴趣，也有些同学对其他书感兴趣。

所以他们想问蛙蛙能不能把书借给他们拿回家看几天，蛙蛙自然是同意的。

假设一共有 m 名同学来向蛙蛙借书，每名同学都借了 n 本书，蛙蛙想统计一下他那次借出去多少本书。

【输入格式】输入一行，两个整数 m 和 n，分别表示同学人数和每名同学借走的书的数量。

【输出格式】输出一行，为蛙蛙一共借出去了多少本书。

【输入样例】3 2

【输出样例】6

解析

由于同学的数量和每人借蛙蛙书的数量都是变化的，所以需要声明两个变量，分别用来表示有多少名同学来借书，以及每名同学借多少本。

想要输入多个变量，格式与输出一致，连接符相反。这里先假设有 m 名同学，每名同学借 n 本书，则有：

```
cin >> m >> n;
```

用两个>>连接符连接两个变量，m 和 n 需要提前声明，声明时多个变量之间需要用逗号隔开。

参考代码

```
#include <iostream>
using namespace std;
int main()
```

```
{
    int m,n;
    cin >> m >> n;
    cout << m*n;
    return 0;
}
```

1.3 第 3 课：实数类型

蛙蛙自从学了编程后，看到什么都能想到编程。

这天他来到了文具店，想买几支铅笔，想用编程来计算铅笔的总价。老板告诉他一支铅笔的价格是 0.8 元，假设蛙蛙一共买了 6 支铅笔，于是他在编程环境中写下了：

```
#include <iostream>
using namespace std;
int main()
{
    int price,cnt; // price 用来表示价格，cnt 用来表示数量
    cin >> price >> cnt;
    cout << price * cnt;
    return 0;
}
```

蛙蛙信心满满地点击"编译运行"，并且输入了 0.8 和 6，期望得到正确的结果，但是控制台上显示了 0（见图 1-8）。难道买 6 支铅笔不用付钱？

```
0.8 6
0
--------------------------------
Process exited after 3.147 seconds with return value 0
请按任意键继续. . .
```

图 1-8　运行结果

蛙蛙看到控制台上的结果陷入了疑惑，于是又来请教了氪町博士。

氪町博士有些不开心，因为他之前就已经告诉蛙蛙，int 只能用来申请盛放整数的盒子，小数是不能放进来的，所以得不到正确的值。那么，为什么会出现 0 这个结果呢？

氪町博士继续解释道，在 C++ 中，int 表示的是整数类型，如果试图将小数（比如 0.8）赋值给 int 类型的变量，会发生隐式类型转换，此时编译器会截断小数部分，所以刚才的价格保存的就是 0.8 的整数部分，也就是 0 了，再用 0 乘 6 得到的结果依然是 0。

如果想要申请一个盛放小数的盒子，可以使用 double 来申请，比如将 price 声明为 double 类型：

```
double price;
```

像这种主要用于存储带有小数部分数值的类型，我们称为实数类型或浮点型。

1.3.1　实数类型的相关操作

这里我们以定义一个带有小数点的变量 price 为例，给它赋值为 0.8。

定义格式：double price;

赋值：price = 0.8;

输入：cin >> price;

输出：cout << price;

我们称 double 为双精度浮点型。有时你可能看到有人使用 float 来存储小数，float 为单精度浮点型，用法与 double 一致。

顾名思义，双精度浮点型（double）的取值范围更广，约为 $-1.7 \times 10^{308} \sim 1.7 \times 10^{308}$，而单精度浮点型能够表示的范围约为 $-3.4 \times 10^{38} \sim 3.4 \times 10^{38}$。因此，前期我们仅使用 double 类型即可。

1.3.2　实例讲解一

例 1：铅笔的价格

蛙蛙自从学了编程之后，对其他学科的兴趣也上来了，消耗铅笔的速度也快了起来，所以他的铅笔很快就用完了，于是他来到了文具店，准备买一些铅笔。

已知一支铅笔的价格是 0.8 元，如果蛙蛙想用刚学的实数类型变量来保存铅笔的价格，他应该如何编写呢？

【输出格式】 输出一行，为一支铅笔的价格。

【输出样例】 0.8

解析

这个题目仅考查实数类型变量的声明及输出，只需要用 double 来声明一个变量，并进行赋值，再输出即可。

参考代码

```cpp
#include <iostream>
using namespace std;
int main()
{
```

```
    double price = 0.8;
    cout << price;
    return 0;
}
```

例 2：小氪奶糖

为庆祝班级在校庆活动中的节目取得第一名，老师委托蛙蛙买一些小氪奶糖分给班里的所有同学。

已知一斤糖果 19.8 元，蛙蛙先买了 5 斤，但是分到一半就分完了，所以蛙蛙又去买了 4 斤糖果。请问蛙蛙买糖果一共花了多少钱？

由于蛙蛙已经习惯使用编程计算了，所以这次蛙蛙还是希望能够用刚学的实数类型变量来进行输出。

【输出格式】通过实数类型变量的形式，输出一行，为买糖果一共的花费。

【输出样例】178.2

解析

由于糖果的价格是浮点型的，所以我们可以声明一个 double 类型的变量 a 来表示糖果的单价。

蛙蛙前后买的糖果斤数都是整型的，可以声明为 int 类型。

然后输出糖果的单价*前后买的糖果总量即为所求。

参考代码

```
#include <iostream>
using namespace std;
int main()
{
    double a = 19.8; // 糖果的单价
    int b = 5,c = 4; // 前后各买了 5 斤和 4 斤
    cout << a * (b + c); // 糖果的总价
    return 0;
}
```

1.3.3　格式化输出

编译运行后，蛙蛙发现结果只有一位小数，但是结账时账单上显示为 178.20。

他又观察了之前购买商品的小票，发现所有小票上的价格都是保留小数点后两位。蛙蛙也想保留两位小数，该怎么做呢？

氪町博士告诉蛙蛙，我们可以使用格式化输出来保留小数点后任意位。

格式化输出所用的函数为 printf，它可以输出任意位数的小数。

使用格式：printf("%.nf",a); 。

上面这句话的作用是将变量 a 保留 n 位小数输出。

但是还有一些细节要注意。

1) 这里的 n，需要具体化为一个数，保留几位小数就把 n 改为几，比如保留两位小数，n 就改成 2，保留三位小数，n 就改成 3。

2) % 后面的小数点一定不能漏掉。

3) 使用 printf 函数的时候，一定要注意加上头文件 #include <cstdio>。

比如将小数 3.1415926 保留两位小数输出，程序如下：

```
#include <iostream>
#include <cstdio>
using namespace std;
int main()
{
    printf("%.2f",3.1415926);
    return 0;
}
```

编译运行后，输出结果为 3.14。

如何使用 printf 输出多个变量呢？这里以输出两个变量 a 和 b 为例：

```
printf("%.2f%.3f",a,b);
```

上面这行代码编译运行的结果是将 a 保留两位小数输出，将 b 保留三位小数输出。

也就是说，要输出多少个变量，双引号里就要有多少个 %.nf，并且每个 %.nf 与后面的变量都是一一对应的，变量名之间用逗号隔开即可。

但仅仅这样处理还不够，因为这两个结果紧紧地挨在一起，还需要将多个变量进行分隔。

在 cout 中，直接使用连接符连接一个空格或 endl 即可将多个变量使用空格或换行隔开，格式化输出是如何处理的呢？

1) 使用空格分隔时，只要在两个 %.nf 之间加一个空格即可，形式为：

```
printf("%.2f %.2f",a,b);
```

这个程序输出了两个保留两位小数的值，并且这两个值用空格隔开。

2) 使用换行分开，是在两个 %.nf 之间加上 \n，形式为：

```
printf("%.2f\n%.2f",a,b);
```

我们已经学习了如何保留 n 位小数，以及多个变量之间的分隔，接下来我们利用所学知识完成下面的例题。

1.3.4 实例讲解二

例 3：蛙蛙买香蕉

蛙蛙最近特别喜欢吃香蕉，于是蛙蛙妈妈准备买些香蕉放在家里给蛙蛙吃。

蛙蛙妈妈准备来到水果店买 5.5 斤香蕉，水果店一斤香蕉的价格是 n 元，请问蛙蛙妈妈一共要付多少钱？（结果保留两位小数。）

【输入格式】输入一行，这一行仅有一个实数，表示香蕉的单价。

【输出格式】输出一行，为最终共需要付的金额，并且需要保留两位小数。

【输入样例】`5.20`

【输出样例】`28.60`

解析

通过输入格式，我们得知输入的香蕉的单价也是实数类型的，可以用 `double` 来声明变量。

输出结果需要保留两位小数，可以使用刚刚学习过的格式化输出 `printf`，同时需要添加头文件 `cstdio`。

参考代码

```
#include <iostream>
#include <cstdio>
using namespace std;
int main()
{
    double a = 5.5,b;
    cin >> b; // 输入香蕉的单价
    printf("%.2f",a*b); // 计算香蕉的总价并保留两位小数
    return 0;
}
```

例 4：两种水果的价格

蛙蛙很快吃完了妈妈买的香蕉，于是妈妈准备继续去水果店买一些香蕉。

来到水果店后，妈妈发现这里的苹果非常新鲜，于是也买了些苹果。

已知蛙蛙妈妈买的香蕉和苹果的重量都是 4.5 斤，香蕉的单价为 m，苹果的单价为 n，请你分别求出两种水果花了多少钱（保留两位小数，两个值用空格隔开）。

【输入格式】输入一行，两个实数 m 和 n，分别表示香蕉和苹果的单价。

【输出格式】输出一行，为香蕉的总价和苹果的总价，结果保留小数点后两位。

【输入样例】5.20 4.50

【输出样例】23.40 20.25

解析

保留两位小数输出可以使用格式化输出 printf，若输出两个变量并且都保留两位小数，则在 printf 的括号里面添加两个 %.2f 并写在双引号里面，后面紧跟着两个变量，比如 a 和 b。

若要使用空格隔开，直接在两个 %.2f 中间打一个空格即可，格式如下：

```
printf("%.2f %.2f",a,b);
```

其中 a 对应的是前面一个 %.2f，b 对应后面一个。

参考代码

```
#include <iostream>
#include <cstdio>
using namespace std;
int main()
{
    double m,n,a = 4.5; // a 表示每种水果的重量
    cin >> m >> n; // 分别输入香蕉和苹果的单价
    printf("%.2f %.2f",m*a,n*a); // 输出结果并分别保留两位小数
    return 0;
}
```

例 5：三种水果的价格

蛙蛙妈妈又来到水果店来买水果，这次买了香蕉、苹果和火龙果，这三种水果都买了 6.5 斤，三种水果的单价分别是 a、b 和 c，请你分别求出这三种水果的价格（保留两位小数，分三行输出）。

【输入格式】输入一行，三个实数 a、b 和 c，分别代表香蕉、苹果和火龙果的单价。

【输出格式】输出三行，分别是香蕉、苹果和火龙果单种水果的总价。

【输入样例】5.20 4.50 6.50

【输出样例】33.80
　　　　　29.25
　　　　　42.25

解析

使用格式化输出的浮点型数值，若要使用换行隔开，可以在两个 %.nf 之间添加 \n，比如对

a、b、c 三个变量均保留两位小数并且换行隔开的格式如下：

```
printf("%.2f\n%.2f\n%.2f",a,b,c);
```

参考代码

```cpp
#include <iostream>
#include <cstdio>
using namespace std;
int main()
{
    double a,b,c,d = 6.5; // d 表示每种水果的重量
    cin >> a >> b >> c; // 输入三种水果的单价
    printf("%.2f\n%.2f\n%.2f",a * d,b * d,c * d);
    // 分三行输出三种水果的总价
    return 0;
}
```

1.4 第 4 课：除法和求余

现在蛙蛙想知道买的几种水果的平均价格，但求平均价格需要除法的知识，他在键盘上连除号（÷）这个符号都找不到。氪町博士告诉他，C++中的除号与数学中的不一样，是用"/"来表示的。

知道符号是什么后，蛙蛙就急忙计算 3、5、8、10 的平均值，他是这样写的：

```cpp
#include <iostream>
using namespace std;
int main() {
    cout << (3 + 5 + 8 + 10) / 4;
    return 0;
}
```

在数学中，计算的结果应该是 6.5，但是编译运行后，这个结果是 6。如果四舍五入也应该是 7 才对，但为什么是 6 呢？蛙蛙又陷入了疑惑之中。

于是氪町博士正式开启了除法小课堂，大家跟随蛙蛙一起学习编程中的除法吧！

1.4.1 整数除法

当两个整数相除时，结果是整数部分，比如：

```cpp
#include <iostream>
using namespace std;
int main() {
    int a = 5;
    int b = 2;
    int result = a / b;
    cout << result;
```

```
        return 0;
}
```

在上述代码中，a/b 的结果为 2，这是因为 C++在进行整数除法的时候，会截断小数部分。

这下蛙蛙明白了，原来之前的结果里没有小数点后面的数位，也是因为被截断了。

蛙蛙此时还有另一个疑惑：他在数学课上学过除数不能为 0，如果在程序中除数为 0 会出现什么结果呢？

现将 b 的值改为 0，再尝试运行一下。

```cpp
#include <iostream>
using namespace std;
int main() {
    int a = 5;
    int b = 0;
    int result = a / b;
    cout << result;
    return 0;
}
```

编译运行后，发现没有出现任何结果，一段时间后程序结束运行。这是因为除数为 0 会导致程序出现未定义的行为。

1.4.2 浮点数除法

在除法算式中，如果有一个数是浮点型的，那么除法运算就会得到浮点数的结果，比如：

```cpp
#include <iostream>
using namespace std;
int main() {
    int a = 5;
    double b = 2.0;
    double result = a / b;
    cout << result;
    return 0;
}
```

这里的 a 是整数，b 是双精度浮点数，a/b 的结果为 2.5。出现这种情况的原因是 C++会自动将整数 a 转换为浮点数，然后进行浮点数的除法运算。

如果让 a 为浮点数、b 为整数或者 a 和 b 均为浮点数，得到的结果都是一样的。

最后我们总结一下程序中的除法，这里用 int 代表整数、double 代表浮点数，可得出：

```
int / int = int
double / int = double
int / double = double
double / double = double
```

也就是说只要除号任意一边出现了浮点数，结果就是浮点数。

只有除号两边都是整数，结果才是整数。

这个规律也适用于加法、减法和乘法。

1.4.3 实例讲解一

📙 例1：三人分饼

蛙蛙妈妈早上出去买了 *n* 块饼作为早餐，准备回家跟蛙蛙爸爸还有蛙蛙平均分了吃，请问每个人能分几块完整的饼？

【输入格式】输入一行，一个正整数 *n*。

【输出格式】输出一行，为每个人能分得的完整饼数。

【输入样例】10

【输出样例】3

解析

首先我们需要声明一个整型变量 n，然后通过 cin >> n 语句，输入妈妈买饼的总数，比如输入样例中的 10，此时变量 n 的值就被赋值为 10。

然后进行除法运算，除号为"/"，这里人数是确定的 3 个人，所以需要使用 n / 3 进行整数除法运算。

由于除号两边均为整数，所以得到的结果会截断小数部分，只取商的整数部分。比如这里的 n 若为 10，10 / 3 得到的结果只取商的整数部分，也就是 3。

参考代码

```
#include <iostream>
using namespace std;
int main()
{
    int n;
    cin >> n;
    cout << n / 3;
    return 0;
}
```

📙 例2：两人分饼

蛙蛙起床发现爸爸妈妈都不在家。当洗漱结束后，妈妈拎着早餐回来了，蛙蛙一问才得知爸爸出差了，这样家里就只有妈妈和蛙蛙两个人了。

妈妈共带回了 *n* 张饼，这次妈妈准备换个分法：如有需要，可把买来的完整的饼一分为二（即分为 0.5 张饼）。请问这次每个人能分多少块饼？

【输入格式】输入一行，一个正整数 *n*，表示买的饼的数量。

【输出格式】输出一行，一个数，表示蛙蛙和妈妈分到多少块饼。

【输入样例】5

【输出样例】2.5

【样例说明】输入样例中的 5 表示妈妈买回的饼的数量，输出样例中的 2.5 表示每人分到两张半饼。

解析

题目告诉我们需要声明一个整型变量 n，然后通过 cin >> n 语句，输入妈妈买饼的总数，比如输入样例中的 5，此时变量 n 的值就被赋值为 5。

然后进行除法运算，除号为"/"，这里共有 2 个人，所以需要使用 n / 2 进行整数除法运算。但如果这样计算的话，由于除号两边都是整数，所以得到的结果也是整数，跟题目要求不符。

如何才能使得到的结果是浮点数呢？根据之前所学的三种方式，将除号任意一边变成浮点数或者两边都改成浮点数均可。

这里我们将 2 变成浮点数 2.0 就可以了。

参考代码

```
#include <iostream>
using namespace std;
int main()
{
    int n;
    cin >> n;
    cout << n / 2.0;
    return 0;
}
```

你还能想到其他的写法吗？

1.4.4 余数的定义及注意事项

蛙蛙突然想到之前三人分饼的情况：10 张饼三个人分，每人分 3 张饼，还有一张去哪儿了呢？

这一张饼并没有分给任何人，只是剩下了，在数学或者编程中我们称为余数，剩一张饼即余数为 1。

余数的定义

在整数的除法中，只有能整除与不能整除两种情况。

当不能整除时，就会产生余数，余数是指整数除法中被除数未被除尽的部分。

比如刚刚分饼的例子中，10 / 3 很明显不能除尽，剩下的 1 便是余数。用数学公式表示为：被除数 = 输出 × 商 + 余数。在这个例子中，$10 = 3 \times 3 + 1$。

再举一些例子，大家可以将商后面的结果遮住，先自己回答一下结果是什么，比如遮住下方 6 除以 5 后面的结果，自己回答一下商是什么、余数是什么。

6 除以 5，商为 1，余数为 1；

9 除以 7，商为 1，余数为 2；

9 除以 3，商为 3，余数为 0；

6 除以 10，商为 0，余数为 6。

在 C++ 中，我们用 "%" 来表示求余运算，即求余数。

刚刚的计算用 C++ 表示为：

```
6 % 5 = 1;
9 % 7 = 2;
9 % 3 = 0;
6 % 10 = 6.
```

余数注意事项

1) 求余运算只针对整数类型

只能整数%整数，求余符号两边都不能出现浮点数。

2) 除数不能为 0

在数学定义中，除法是乘法的逆运算。以 $a / b = c \cdots\cdots d$（d 为余数）为例，如果 b 为 0，除法没有意义，因为任何数乘以 0 都是 0。所以在计算余数之前，也必须保证除数是非 0 的。在 C++ 中，除数为 0 会导致程序出现未定义的行为。

3) 余数取值范围

余数的取值范围与除数相关，例如除数是 7 时，余数可能的取值有 0、1、2、3、4、5、6。这种情况是由余数的定义决定的，余数是被除数未除尽的部分，所以它一定小于除数。

4) 较小的数对较大的数取余

对于 a % b，如果 a < b，则结果为 a，比如 3 % 7 的结果为 3。

5) 别称

求余运算也叫作取模运算。

1.4.5　实例讲解二

🖊 例3: 彩虹糖

蛙蛙买了 n 袋彩虹糖，准备平均分给 4 名同学，多余的留给自己，请问每位同学能分到几袋完整的糖果？蛙蛙自己又能留几袋呢?

【输入格式】输入一行，一个正整数 n，表示蛙蛙买的糖果的袋数。

【输出格式】输出一行，用空格隔开的两个整数，分别表示分给同学的糖果袋数及蛙蛙留下的糖果袋数。

【输入样例】14

【输出样例】3 2

解析

1) 读取输入: 先声明一个整型变量 n，然后通过 cin >> n 语句输入一个正整数，并将输入的值赋给 n，n 代表的是蛙蛙购买的彩虹糖的袋数。比如输入 14，那么变量 n 的值就是 14。

2) 计算分给同学的完整糖果袋数: 直接用整型变量 n / 4 即可得到商的整数部分。例如当 n 等于 14 的时候，14 / 4 得到的结果就是 3，这个结果就是能分到的完整糖果袋数。

3) 计算蛙蛙留下的糖果袋数: 求余运算的符号为 %，若使用正整数 n 对 4 进行求余运算，式子为 n % 4。若 n 为 14，则求余后的结果为 2。

4) 输出结果: 通过 cout 语句进行输出即可，但要注意这里的两个值需要用空格隔开。

参考代码

```cpp
#include <iostream>
using namespace std;
int main()
{
    int n;
    cin >> n;
    cout << n / 4 << " " << n % 4;
    return 0;
}
```

🖊 例 4：反转一个三位数

蛙蛙学完除法和求余之后，看着眼前的一个三位数产生了新的想法：他想通过编程将这个三位数反向输出。你觉得通过除法和求余的知识能做到吗？

【输入格式】输入一行，一个三位正整数 n。

【输出格式】输出一行，将这个三位数反向输出。

【输入样例】234

【输出样例】432

解析

若想将一个三位数反向输出，需要先将每个数位上的数字提取出来，再反向输出即可，这里先假设三位数是一个整型变量 n。

1) 提取各个数位上的数字

百位上的数字提取：使用 n / 100 进行除法运算，两个整数相除得到的结果也是整数，所以只会保留 n 的百位。例如当 n 等于 234 时，234 / 100 的结果为 2，然后保存一下这个值。

十位上的数字提取：先用 n / 10，再将除后的结果对 10 取余即可得到十位上的数字。例如当 n 等于 234 时，234 / 10 的结果为 23，然后再将 23 对 10 取余，得到的结果为 3，最后再保存一下这个值。

个位上的数字提取：使用 n % 10 进行求余运算即可，因为一个整数对 10 求余，得到的余数就是这个数的个位数字。例如当 n 等于 234 时，234 % 10 的结果为 4，然后就可以将这个值保存起来。

2) 反向输出这些数字

我们已经分别获取了 n 的百位、十位、个位上的数字，原来的排列是百、十、个，现在改为个、十、百即为其反向输出的结果。

但是这样会出现一些问题，比如当我们输入 230 时，反向输出的结果为 032，但实际上最高位的 0 应该去掉。所以我们可以这样输出：将原来个位上的数字乘 100+原来十位上的数字乘 10+原来百位上的数字。例如当 n 等于 234 时，我们现在分别获取了 2、3、4，输出的内容为 4 * 100 + 3 * 10 + 2 的结果，即为 432。若 n 为 230，那么输出为 0 * 100 + 3 * 10 + 2 的结果，即为 32。

参考代码

```cpp
#include <iostream>
using namespace std;
```

```
int main()
{
    int n;
    cin >> n;
    int hundred =  n / 100; // 提取百位上的数字
    int ten = n / 10 % 10; // 提取十位上的数字
    int unit = n % 10; // 提取个位上的数字
    cout << unit * 100 + ten * 10 + hundred;
    return 0;
}
```

1.5 第5课：强制类型转换

强制类型转换是将一个数据类型的值转换为另一个数据类型的操作。

在 C++中，不同的数据类型有不同的表示范围、存储方式和操作规则。当需要将一种类型的数据当作另一种类型来处理时，就可能用到强制类型转换。

例如，把一个整数转换为浮点数，或者把一个浮点数转换为整数。

但它只是一种临时的转换，并不会改变这个变量原来的类型。

转换格式

格式：(数据类型) (表达式)

即：(要被转换成的类型) (被转换的式子)

需要注意的是，数据类型或者表达式至少要有一个被括号括起来。

1.5.1 整型转换成浮点型

我们先来学习如何将一个整数转换为浮点数。例如现在要输出 5/2 的结果，如果直接输出，由于整数 / 整数得到的结果会截断小数部分，所以结果为 2。

若现在想要得到小数结果，则可以这么写：

```
int a = 5;
cout << (double)a / 2;
```

这么写就相当于先把 a 转化成 double 类型的浮点数，再让这个浮点数除以 2，相当于浮点数 / 整数，得到的结果自然也是浮点数。

但需要注意的是，这里的 a 只是临时转化成浮点型，下次再正常使用变量 a 时，a 依然是整型。

整型转换成浮点型的其他写法

把整型变量 a 转换成浮点型，除了 (double)a 这种写法外，还有其他两种写法，分别是

double(a)和(double)(a)。

通过上面三种写法可以看出，要想把整型变量 a 转换成 double 类型的浮点数，在 a 或者 double 外至少要有一对小括号。

此时蛙蛙做了另外一个操作，他是这样写的：

```
int a = 5;
cout << double(a / 2);
```

编译运行后，发现结果是 2，你知道这是为什么吗？

这是因为程序在运行时，先运行的是小括号里面的 a / 2。a 和 2 均为整数，所以算出来的结果为 2，再将这个结果 2 转换为浮点数，依然是 2。

1.5.2 实例讲解一

✏️ **例 1：糖果奖励**

氪町博士准备了一些糖果分给班里比较优秀的学生，蛙蛙自然也是其一。

已知氪町博士一共买了 n 斤糖果，准备将这 n 斤糖果平均分给蛙蛙以及其余 4 个在本学期取得优异成绩的学生。

买糖果的时候，氪町博士发现商场正在做活动，买 n 斤还送一斤，请问最终每位同学能分到多少斤糖果呢？

【输入格式】输入一行，一个正整数 n。

【输出格式】输出一行，为每位取得优异成绩的学生平均分得的糖果斤数，输出结果为浮点数。

【输入样例】7

【输出样例】1.6

解析

1) 输入：由于 n 为正整数，所以需要声明一个整型变量 n，然后通过 cin >> n 语句输入一个值，例如 7，那么此时 n 的值为 7。

2) 计算每位同学分到的糖果斤数：由于商场在做活动，买 n 斤还送一斤，所以糖果的总斤数实际为 n+1 斤。人数包括蛙蛙在内一共为 4 + 1 = 5 人。但如果直接使用(n + 1) / 5 进行计算，由于 n 和 5 均为整数，所以得到的结果也为整数，比如当 n = 7 时，(7 + 1) / 5 得到的结果为 1，因为小数点后面的数均被截断了。

若想计算出带浮点数的结果，可以先将 n + 1 的结果强制转换为浮点数，再除以 5，即

(double)(n + 1) / 5，则可得到正确的带浮点数的结果。

3) 输出：最后再输出算得的浮点数结果即可。

参考代码

```cpp
#include <iostream>
using namespace std;
int main( )
{
    int n;
    cin >> n;
    cout << double(n + 1) / (1 + 4);
    return 0;
}
```

例 2：棒棒糖奖励

氪町博士还准备买 m 个棒棒糖分给本学期进步较大的两位学生，有两种方法：一种是将单个棒棒糖掰开来平分；另一种是平分完整的棒棒糖，剩余的氪町博士自己留着吃。

按这两种分法，这两位学生分别能获得多少个棒棒糖？

【输入格式】输入一行，一个正整数 m，表示棒棒糖的数量。

【输出格式】输出一行，为按两种方式分得的棒棒糖，用空格隔开。

【输入样例】7

【输出样例】3.5 3

解析

1) 首先声明整型变量 m，再通过 cin >> m 语句获取用户输入的棒棒糖数量。

2) 对于第一种分法，要将单个棒棒糖掰开来平分，也就是将总的棒棒糖数量 m 以浮点数除法的形式除以 2，即通过(double)m / 2，先将 m 强制转换为 double 类型，这样除法运算就会得到包含小数部分的结果，对应两位学生平分后各自能得到的数量。

3) 对于第二种分法，平分完整的棒棒糖，这里使用整数除法 m / 2，它会自动舍去小数部分，得到完整分给两位学生的棒棒糖数量，剩余的部分（剩余可能为 0）就留给氪町博士自己了。

4) 最后通过 cout 语句按照要求的格式输出两种分法下学生分别得到的棒棒糖数量，用空格隔开，然后程序结束并返回 0，表示正常退出。

参考代码

```cpp
#include <iostream>
using namespace std;
int main( )
```

```
{
    int m;
    cin >> m;
    cout << double(m) / 2 << " " << m / 2;
    return 0;
}
```

1.5.3 浮点型转换成整型

在氪町博士的指导下,蛙蛙已经学会了如何将整型转换成浮点型。但对于浮点型转换成整型,他还是不清楚应该如何写。氪町博士告诉他格式与整型转浮点型一致,并举了下面的例子。

例如输出 `5.5 / 2` 的整数结果,可以这么写:

```
double a = 5.5;
cout << (int)a / 2;
```

需要注意的是, 把 `double` 变成 `int` 进行的操作是取这个数的整数部分, 因此不管小数部分是多少, 都只要整数部分, 如 `(int)9.9 = 9`。

浮点型转换成整型也是临时的转换,并不会改变变量本身的类型。

浮点型转换成整型的其他写法

把浮点型变量 a 转换成整型, 除了 `(int)a` 这种写法外也有其他两种写法, 分别是:

```
int (a)
(int)(a)
```

通过上面三种写法也可以看出, 要把浮点型变量 a 转换成整型, 在 a 或者 int 外也至少要有一对小括号。

1.5.4 实例讲解二

📝 例 3: 蛙蛙买饼

蛙蛙的妈妈早上有些不舒服,懂事的蛙蛙决定为妈妈分担家务,主动去买早餐。

蛙蛙在早餐店买了 n 张饼,但回来的路上蛙蛙又饿又馋,一时没忍住就先吃了半张饼。回家后,蛙蛙及爸爸妈妈还能平均分得几张完整的饼呢?

【输入格式】输入一行, 一个正整数 n, 表示蛙蛙买的饼的数量。

【输出格式】输出一行, 一个整数, 表示每个人能分得的完整饼数。

【输入样例】9

【输出样例】2

解析

1) 首先声明变量 n，然后使用 cin 从标准输入读取蛙蛙买的饼的数量 n。

2) 接着，计算蛙蛙吃了半张饼后，三人分得的剩余的完整饼数。需要先将饼的数量减去 0.5，再除以 3。

3) 最后通过强制类型转换 int(计算公式) 将结果保留整数部分即可。

参考代码

```cpp
#include <iostream>
using namespace std;
int main( )
{
    int n;
    cin >> n;
    cout << int((n - 0.5) / 3);
    return 0;
}
```

例 4：分离小数

蛙蛙遇到一个数，他现在想获取这个数的整数部分和它的小数部分，应该如何处理呢？

【输入格式】输入一行，一个浮点数 *a*。

【输出格式】输出一行，两个数，分别是这个数的整数部分和小数（整数位为 0）部分，并且用空格隔开。

【输入样例】12.34

【输出样例】12 0.34

解析

1) 首先，声明一个浮点型变量 a，再使用 cin 从标准输入读取一个浮点数 a。

2) 然后，通过将浮点数 a 强制转换为整数，得到其整数部分。

3) 接着，用 a 减去其整数部分，即可计算出小数部分。

4) 最后，使用 cout 输出整数部分和小数部分，用空格隔开。

参考代码

```cpp
#include <iostream>
using namespace std;
int main( )
{
    double a;
    cin >> a;
    cout << (int)a << "  " << a - (int)a;
    return 0;
}
```

1.6 第 6 课：字符类型与 ASCII 码

前面我们存储的都是数（整数或小数），现在蛙蛙想存储字母，例如输入 k 这样的字母，他还是使用 int/double 进行输入输出，你觉得他能成功吗？他是这样写的：

```
#include <iostream>
using namespace std;
int main( )
{
    double a;
    cin >> a;
    cout << a;
    return 0;
}
```

在控制台上输入 k，蛙蛙发现结果竟然是 0，而不是他想输出的字母 k，这是为什么呢？

这是因为我们输入 k 时，cin >> a;这行代码会出现输入错误。

因为变量 a 是 double 类型，而输入的 k 并不是一个数，所以 cin 操作失败。

在这种情况下，a 的值不会被正确设置，它可能会保持其未初始化的值（通常是一个不确定的垃圾值），但有些编译器可能会将其初始化为 0，所以蛙蛙输出 a 时，就看到了 0。

为了帮助蛙蛙存储字母，氪町博士告诉他，想要保存字母，可以声明一个字符类型的变量。

所谓字符，就是指计算机中使用的字母、数字和符号，例如 26 个大小写英文字母、数字 0~9 和一些特殊的符号，如#、@、+、-等。

字符类型（char）是一种数据类型，和实数类型、整型类似，不同的是一个字符类型变量可存储的内容为单个字符。

1.6.1 ASCII 码

计算机其实是不能直接识别字符的，因此，字符不能直接存储在计算机中。

但是可以利用 ASCII 码（数字）来存储字符。简单来说，ASCII 码就相当于字符对应的数字编号，只要知道编号，就知道是哪个字符了。

举个小例子，在学校里，每个学生的个人信息都是通过学号来记录的，知道了这个学生的学号，就知道是哪个学生了，ASCII 码就类似于学生的学号。

常用字符的 ASCII 码

1) **数字字符**：'0'到'9'的 ASCII 码值分别为 48 到 57，即'0'的 ASCII 码是 48，'1'的 ASCII 码是 49，以此类推。

2) **大写字母**: 'A' 到 'Z' 的 ASCII 码值分别为 65 到 90, 即 'A' 的 ASCII 码是 65, 'B' 的 ASCII 码是 66, 以此类推。

3) **小写字母**: 'a' 到 'z' 的 ASCII 码值分别为 97 到 122, 即 'a' 的 ASCII 码是 97, 'b' 的 ASCII 码是 98, 以此类推。

ASCII 码实例说明

要声明一个字符类型的变量 a, 并赋值为 k, 即 char a = 'k';。

这里字符类型变量 a 存储的就是代表字符 k 的 ASCII 码 107, 而不是字符 k 本身。

1.6.2 字符类型

定义格式: char a; // （数据类型）（变量名）

赋值: a = 'k'; // 将字符 k 赋值给变量 a

输入: cin >> a;

输出: cout << a;

注意

1) 字符类型变量的输入和输出均与整数类型、实数类型一致。

2) 在控制台输入的时候直接输入字符即可, 但是赋值的时候不能忘记字符两边的单引号, 比如上面的赋值 a = 'k'。

✏️ **例 1: 巧克力上的字母**

蛙蛙爸爸出差回来, 给蛙蛙带回来一些美味的巧克力。细心的蛙蛙发现, 每块巧克力上面都刻着一个字符。他想把巧克力上的字符记录下来, 经过一番操作, 他记录了两个字符。

【输入格式】输入一行, 两个字符。

【输出格式】输出一行, 两个字符, 用空格隔开。

【输入样例】l v

【输出样例】l v

解析

1) 定义变量。首先定义两个 char 类型的变量, char 类型用于存储单个字符。

2) 字符输入。通过 cin 语句, 输入这两个变量。

3) 字符输出。最后通过 cout 进行输出, 按照顺序先输出第一个变量对应的字符, 然后输出一个空格（通过 " " 来表示一个空格字符）, 接着输出第二个变量对应的字符。

参考代码

```
#include <iostream>
using namespace std;
int main( )
{
    char a,b;  // 声明两个字符类型的变量a和b
    cin >> a >> b;  // 输入两个字符，并将其分别保存到a和b中
    cout << a << " " << b;
    return 0;
}
```

1.6.3 字符转换成 ASCII 码

字符是 char 类型，而 ASCII 码是 int 类型，想要输出字符相对应的 ASCII 码，需要把 char 类型转换成 int 类型。比如输入一个字符 k，输出它的 ASCII 码 107。氪町博士准备教大家两种转换的方法。

方法一：先声明一个整型变量，再将字符赋值给整型变量进行转换。

```
char a = 'k';
int x;
x = a;
cout << x;
```

方法二：直接进行强制类型转换。

```
char a = 'k' ;
cout << (int)a;
```

例 2：字符对应的 ASCII 码

蛙蛙已经记录完了巧克力上的字符，他还想知道字符所对应的 ASCII 码。现在他拿出两个字符，请你输出它们所对应的 ASCII 码的值。

【输入格式】输入一行，用空格隔开的两个字符。

【输出格式】输出一行，两个字符所对应的 ASCII 码的值，用空格隔开。

【输入样例】m 3

【输出样例】109 51

解析

1) 先定义两个 char 类型的变量，用来存储需要输入的两个字符。
2) 使用 cin 语句进行输入操作，依次读取输入的两个字符并赋值给对应的变量。例如，当输入 m 3 时，cin 会先把字符 m 赋给第一个变量，再把字符 3 赋给第二个变量。

3) 在 C++ 里，字符类型的变量可以直接当作整数来使用，因为其存储的就是 ASCII 码的整数值。所以可以直接通过声明 int 类型的变量来存储字符，即可得到字符所对应的 ASCII 码值，也可以进行强制类型转换。

4) 输出两个字符类型的变量所对应的 ASCII 码值，用空格隔开。

参考代码

```
#include <iostream>
using namespace std;
int main( )
{
    char a,b;
    cin >> a >> b;
    cout << int(a) << "  " << int(b);
    return 0;
}
```

1.6.4 ASCII 码转换成字符

ASCII 码是 int 类型，而字符是 char 类型，所以要输出字符，需要把 int 类型转换成 char 类型。与字符转换为 ACSII 码类似，这里氪町博士还是教大家两种方法。

方法一：先声明一个字符类型变量，再将整数赋值给字符类型变量进行转换。

```
int a = 107;
char b;
b = a;
cout << b;
```

方法二：直接进行强制类型转换。

```
int a = 107;
cout << (char)a;
```

例 3：转校生的姓名

班级里新来了一个转校生，蛙蛙想知道他叫什么名字，但是转校生只告诉他两个数，让他猜自己的姓名的首字母，如果猜对了，就送蛙蛙一份小礼物。已知他的姓名只有两个汉字。

【输入格式】输入一行，两个整数。

【输出格式】输出一行，以这两个整数为 ASCII 码的字母，用空格隔开。

【输入样例】108 99

【输出样例】l c

解析

1) 先定义两个 int 类型的变量，用于接收输入的两个整数，再通过 cin 语句输入这两个整数。

2) 然后将两个 int 类型的值转换为字符。在 C++ 中，要将整数转换为对应的 ASCII 码字符，可以使用类型转换操作。直接通过声明 char 类型的变量存储 ASCII 的值，即可得到 ASCII 所对应的字符，也可以进行强制类型转换。

3) 最后通过 cout 语句直接输出两个 int 类型的变量所对应的字符，用空格隔开。

参考代码

```
#include <iostream>
using namespace std;
int main( )
{
    int a,b;
    cin >> a >> b;
    cout << char(a) << " " << char(b);
    return 0;
}
```

1.6.5　字符的算术运算

字符类型是可以直接进行算术运算的，计算机进行计算的时候会自动对字符所对应的 ASCII 码的值进行相应的运算，比如：

```
char b = 'a';
cout << b + 2;
```

计算的是字符 a 的 ASCII 码与 2 相加的值，所以结果是 99。两个字符也可以直接进行运算，比如：

```
cout << 'B' - 'b';
```

计算的是两个字符的 ASCII 码相减的值，结果是 32。

例 4：补习班的座位

蛙蛙和 A 同学想进一步提升自己的成绩，于是一起报了同一个培优班。培优班在开课之前给每位学生都分配了一个字符，学生通过这个字符能够找到座位。

但来到班级后，同学们发现座位上都是数字。老师告诉他们，数字是字符对应的 ASCII 码，他们需要解密来找到自己的座位。蛙蛙想找到两人的座位，并想知道他的座位号比 A 同学大多少。

【输入格式】输入一行，两个用空格隔开的字符。

【输出格式】输出两行。第 1 行为两个字母所对应的 ASCII 码，以空格隔开；第 2 行为第一个字符比第二个字符大了多少。

【输入样例】b a

【输出样例】98 97

1

解析

1) 首先，程序使用 cin 从标准输入读取两个字符，存储在变量 a 和 b 中。

2) 接着，使用 (int)a 和 (int)b 将字符 a 和 b 转换为它们对应的 ASCII 码，并将结果输出，用空格分隔。

3) 最后，将字符 a 和 b 转换为 int 类型后进行减法运算，得到它们的 ASCII 码的差值。也可以直接将字符 a 和 b 相减，并将结果输出。注意输出差值前要先使用 endl 换行。

参考代码

```
#include <iostream>
using namespace std;
int main( )
{
    char a,b;
    cin >> a >> b;
    cout << (int)a << " " << (int)b << endl;
    cout << a - b;
    return 0;
}
```

1.6.6 大小写字母转换

根据 1.6.1 节中常用字符的 ASCII 码值，我们得知小写字母 a 的 ASCII 码值是 97，大写字母 A 的 ASCII 码值是 65，它们的差值是 32。

也就是说小写字母比对应大写字母的 ASCII 码的值大 32。所以要将小写字母转换为大写字母，只需要将其减去 32，再转换为字符类型即可。

比如我们想要输出字符 h 对应的大写字母，可以这样写：

```
cout << char('h' - 32);
```

如果我们要将大写字母转换为小写字母，只需要将其加上 32，再转换为字符类型即可。

比如我们要输出字符 F 对应的小写字母，可以直接写为：

```
cout << char('F' + 32);
```

总结：将小写字母转为大写字母，直接减 32 即可；将大写字母转为小写字母，直接加 32 即可。

1.7 第 7 课：顺序结构及复合运算

经过几天的学习，蛙蛙已经从一个编程小白进阶为编程入门者了，对于 int、char、double 等数据类型以及数据类型之间的转换等知识的应用已经得心应手了。

蛙蛙还能利用所学的编程知识解决一些现实生活中的问题，比如购物折扣计算、超市购物结算、家庭水电费计算等。

但这远远不能满足蛙蛙的需求，他想学习更高深的知识，以便解决更复杂的问题。

氪町博士决定带着蛙蛙对所学知识进行一个总结，再学些新知识，然后进入更高级的编程"关卡"。

他告诉蛙蛙，目前我们所学的知识都还在顺序结构的范畴内，后面还会学习选择结构、循环结构等内容，这里先来整体了解一下什么是编程中的顺序结构吧！

1.7.1 顺序结构总结

顺序结构是指程序中的语句按照书写的先后顺序依次执行，就像我们日常生活中的做事步骤一样，一件事情做完再做下一件事情，没有跳跃或分支。这点我们在本章开篇的时候已经讨论过了，现在仅讨论在 C++ 中的顺序结构。

比如我们想要计算圆的面积，程序如下：

```cpp
#include <iostream>
using namespace std;
int main() {
    double radius;  // 声明一个变量 radius 来表示圆的半径
    cout << "请输入圆的半径：";
    cin >> radius; // 输入圆的半径
    double area = 3.14 * radius * radius; // 圆的面积等于 3.14 * 半径的平方
    cout << "圆的面积是：" << area; // 输出圆的面积
    return 0;
}
```

在这个程序中，语句是按照顺序执行的。

1) 首先，程序通过 cout 输出提示信息，要求用户输入圆的半径。

2) 然后，使用 cin 读取用户输入的半径值。

3) 接着，根据圆的面积公式计算面积，最后再通过 cout 输出圆的面积。

每一步都在前一步完成之后执行，这就是顺序结构。

再比如下面这个程序：

```
#include <iostream>
using namespace std;
int main() {
    int a = 1;
    a = 2;
    a = 3;
    a = 4;
    a = 5;
    cout << a;
    return 0;
}
```

编译运行后，我们发现输出结果为 5，这是因为后一个值会覆盖前面的值，所以最后变量里的值为 5。

从这里我们也可以看出，顺序结构的程序是自上而下按顺序执行的。

1.7.2　变量的连续赋值

蛙蛙手里有很多一样的小盒子，他给小盒子分别进行编号。这些小盒子都需要装载同一种物品，但需要一个个打开装进去，他觉得这很麻烦。

这时候，他想到了刚刚学习的编程知识——变量，如果有很多相同类型的变量，需要装同一个数，是不是也需要一个个赋值呢？比如：

```
int a,b,c,d;
a = 7,b = 7,c = 7,d = 7;
cout << a << " " << b << " " << c << " " << d;
```

氪町博士告诉他，对于这种赋相同值的变量，可以采用连续赋值操作，不用对单个变量一一赋值，基本格式如下：

```
变量=变量=变量=……=变量=表达式;
```

如果将上述程序改成连续赋值，则可以这样写：

```
int a,b,c,d;
a = b = c = d = 7; // 只需要赋值一次即可
cout << a << " " << b << " " << c << " " << d;
```

第二行代码的意思是将 7 这个数值赋给 a、b、c 和 d 这四个变量。

在程序内部执行的顺序如下：

```
d = 7; c = d; b = c; a = b;
```

要注意，值是从后往前赋给变量的。

1.7.3　实例讲解一

✏ 例 1：妈妈分糖果

蛙蛙邀请三个小伙伴来家里做客，妈妈刚好买回来一袋糖果准备分给蛙蛙及他的三个小伙伴，每个人分 3 颗糖果。但是还没等大家动口吃，第三个拿到糖果的人已经把糖果吃完了，于是蛙蛙妈妈又给了他 5 颗。请问最后每个人还有几颗糖果？（要求：用变量赋值完成上述操作。）

【输入样例】无

【输出样例】3　3　5　3

解析

1) 先声明四个整型变量 a、b、c 和 d，表示蛙蛙及三名小伙伴手中糖果的数量。
2) 每个人手中都有 3 颗糖果，可以采用连续赋值操作，从右向左依次赋值，首先将 3 赋给 d，然后将 d 的值赋给 c，接着赋给 b，最后赋给 a，使得四个变量的值都为 3。
3) 第三个拿到糖果的同学，这里用 c 表示，他手中糖果的数量需要修改，将其设置为 5，这样最终 a、b 的值是 3，c 的值是 5，d 的值是 3。
4) 最后使用 cout 输出，用空格隔开：cout << a << " " << b << " " << c << " " << d;。

参考代码

```
#include <iostream>
using namespace std;
int main( )
{
    int a,b,c,d;
    a = b = c = d = 3; // 前期每个小伙伴都有 3 颗糖果
    c = 0; // 第三个拿到糖果的人把糖果吃完了
    c = 5; // 又重新给第三个人分 5 颗糖果
    cout << a << " " << b << " " << c << " " << d;
    return 0;
}
```

1.7.4　变量的自增自减

当我们需要将变量的值增加 1 或者减少 1 的时候，可以利用自增运算符（++）或自减运算符（--）来完成这个操作。

例如：

++a; 和 a++; 相当于 a = a + 1;，

--a; 和 a--; 相当于 a = a - 1;。

但是需要注意的是，++a 和 a++ 虽然单独使用的时候是一样的，但是与赋值运算符一起用的时候就有区别了。

例如，b = a++;表示的是先将 a 赋值给 b，然后再把 a + 1 赋值给 a，即先赋值，后增加。

假设 a 等于 5，执行 b = a++;这行代码后，b 先被赋值为 5，然后再把 a + 1 赋值给 a，也就是把 5 + 1 赋值给 a，此时 a 为 6。所以执行后的结果是，a 为 6，b 为 5。

b = ++a;表示的是先把 a + 1 赋值给 a，然后再将 a 赋值给 b，即先增加，后赋值。

再举个例子，假设 a 还是等于 5，执行 b = ++a;这行代码后，先把 a + 1 赋值给 a，也就是把 5 + 1 赋值给 a，此时 a 为 6。再把 a 赋值给 b，此时 b 也为 6。所以执行后的结果是，a 为 6，b 也为 6。

同样，自减运算符也类似。

b = a--;也是先将 a 赋值给 b，再把 a - 1 赋值给 a。若 a 等于 5，执行这行代码后的结果是，a 为 4，b 依然是 5。

b = --a;同样是将 a - 1 先赋值给 a，再将 a 赋值给 b。若 a 等于 5，执行这行代码后的结果是，a 为 4，b 也是 4。

1.7.5 复合运算符

蛙蛙觉得像++、--这样的符号特别好用，能减少一些代码书写。氪町博士告诉蛙蛙，在 C++ 中还有很多方便书写的符号，比如复合运算符，用得比较多的有如下几个:

+=、-=、*=、/=、%=

这些符号都是什么意思呢?

举个例子，比如 a += b;表示把变量 a 的数值增加 b。假设 a = 1，在执行 a += 3;后，a 的值等于 4。这相当于把 a + 3 赋值给 a，原来 a 为 1，加 3 后为 4，所以 a 便等于 4 了。

其他运算符也与之类似，这里简要说一下其他复合运算符。

a -= b;表示将 a - b 赋值给 a。若 a 等于 5，b 等于 3，执行这行代码后，相当于把 5 - 3 赋值给 a，a 的值便为 2。

a *= b;表示将 a * b 赋值给 a。若 a 等于 6，b 等于 3，执行这行代码后，相当于把 6 * 3 赋值给 a，a 的值便为 18。

a /= b;表示将 a / b 赋值给 a。若 a 等于 6，b 等于 2，执行这行代码后，相当于把 6 / 2 赋值给 a，a 的值便为 3。

a %= b;表示将 a % b 赋值给 a。若 a 等于 7，b 等于 3，执行这行代码后，相当于把 7 % 3 赋值给 a，a 的值便为 1。

1.7.6 实例讲解二

例 2：背单词

蛙蛙为了学好英语，准备进行一项挑战，决定在接下来的五天里每天都多背一个单词。

已知他第一天背了 10 个单词，第二天背 11 个单词。以此类推，到第五天结束，蛙蛙按计划一共能背诵多少个单词？（请用变量与复合运算符的知识完成本道题目。）

【输入样例】无

【输出样例】60

解析

1) 首先声明并初始化一个整型变量 sum，将其初始值设置为 0，该变量用于存储累计的单词数量。
2) 然后使用+=复合运算符，将 10 加到 sum 变量上，此时 sum 的值为 10。
3) 接着将 11 累加到 sum 上，sum 的值更新为 21，再将 12、13、14 分别累加到 sum 上，sum 的值更新为 60。
4) 最后使用 cout 输出 sum 的值，将 sum 的最终结果输出到控制台。

参考代码

```
#include <iostream>
using namespace std;
int main()
{
    int sum=0;
    sum += 10;
    sum += 11;
    sum += 12;
    sum += 13;
    sum += 14;
    cout << sum;
    return 0;
}
```

1.7.7 交换两个变量的值

蛙蛙想交换两个变量的数值，他觉得自己所学的编程知识能够支撑他完成这一操作，于是写下了下面的代码，你觉得他能成功交换两个变量的数值吗？

```
#include <iostream>
using namespace std;
int main()
{
```

```
int a = 4,b = 3;
a = b;
b = a;
cout << a << " " << b;
return 0;
}
```

蛙蛙想把 a 的值变成原来 b 的值，也就是 4，然后将 b 变成 3，但运行后，发现结果都是 3，这是为什么呢？

氪町博士看了一眼代码就发现了问题所在：代码将 b 赋值给 a，那么此时 a 为 3，然后又将 a 赋值给 b，那么 b 的值也为 3，输出 a 和 b 的结果自然也都是 3 了。

那怎么能交换两个变量的数值呢？蛙蛙陷入了沉思。

氪町博士拿来了两杯饮料，让蛙蛙尝试交换两个杯子中的饮料。这两个杯子标有标签，分别是 a 和 b。

蛙蛙认为直接倒肯定是不行的，于是找来了第三个杯子，标签为 t。第三个杯子是空的，蛙蛙将 a 杯子中的饮料倒进 t 杯子中，此时 a 杯子空了。然后他将 b 杯子里面的饮料倒进 a 杯子，此时 b 杯子也空了。他再将 t 杯子中的饮料倒进 b 杯子，就完成了两个杯子中饮料的交换。

氪町博士露出了欣慰的笑容："你这不是已经学会如何交换两个变量的值了吗？"

蛙蛙拍了拍自己的脑袋，是啊！只要再多声明一个变量就可以了，把这个变量当作中间变量。于是蛙蛙又声明了一个变量 t，并重新写了下列代码：

```
#include <iostream>
using namespace std;
int main()
{
    int a = 4,b = 3,t; // 声明一个变量t，相当于拿了一个空杯子
    t = a; // 类似于将a杯子里面的饮料倒进t杯子
    a = b; // 类似于将b杯子里面的饮料倒进a杯子，此时a的值为原来b的值
    b = t; // 类似于将t杯子里面的饮料倒进b杯子，此时t和b的值为原来a的值
    cout << a << " " << b; // 输出
    return 0;
}
```

编译运行后，a 和 b 的值总算是交换过来了。

除此之外，你还能想到其他方法吗？

第 2 章

选择结构

选择结构是编程中的一种基本逻辑结构，根据不同条件执行不同内容。

比如现在蛙蛙想知道今天上学需要带什么课本，已知周一有语文、英语和历史，周二有科学、数学和音乐，周三有美术、语文和道德与法治……

那么蛙蛙会根据今天是周几来选择带什么课本，比如今天是周二，那么蛙蛙只需要带科学、数学和音乐课本即可。

选择结构根据条件判断，从多个可能的执行路径中选择一条来执行。例如，刚才的例子就是根据周几的不同，来决定带什么课本去上学。这种结构使得程序能根据不同的情况做出不同的反应，增加了程序的灵活性，是实现程序逻辑控制的重要手段之一。

2.1 第 8 课：单分支结构

最近，蛙蛙在编程中取得了优异的成绩，氪町博士奖励了他 100 个积分，蛙蛙可用这笔积分换取礼物。他看中了一个物品，但是不知需要花费多少个积分。如果这件物品的价格不大于 100 个积分，蛙蛙就能如愿以偿地把它带回家。判断价格不大于 100 个积分，满足条件即可获得物品，就是一个单分支结构。

所谓单分支结构，就是只有一条路可以选择，如果满足条件，就执行语句，不满足就跳过单分支结构的语句。

再来说一下单分支结构的基本框架：

```
if(条件表达式)
{
    语句 1;
    ……
}
```

解释：如果条件表达式的值为真，即条件成立，语句 1 及大括号内的其他语句将被执行。否则，大括号内的语句将被忽略（不被执行），程序将按顺序从整个选择结构之后的下一条语句继续执行。

若变量 coin 用来表示某物品所需的积分数，用单分支结构描述如下：

```
if(coin <= 100)
{
    cout << "success"; // success 表示成功获得此物品
}
```

解释：如果这件物品的价格不大于 100 个积分，则条件成立，那么程序就会执行大括号里面的输出语句；如果这件物品的价格大于 100 个积分，那么程序就会直接跳过大括号里面的语句。

2.1.1 条件表达式和关系运算符

刚刚我们所用的 coin <= 100 就叫作**条件表达式**，也就是把判断条件用关系式的方式表达出来。一般来说，条件表达式由两个部分组成，通过比较它们的大小来得出判断结果。例如：a > 0 或 a + 10 <= b。

条件表达式中的>和<=符号，称为**关系运算符**。

常见的关系运算符有 6 种，分别是：

❑ 大于（>）、小于（<）；
❑ 大于或等于（>=）、小于或等于（<=）；
❑ 等于（==）、不等于（!=）。

上述这些符号可以比较两个数字或者表达式的大小。

关系运算符的运算结果通常是布尔（Boolean）类型。布尔类型只有两个值，取值为 true（真）或 false（假），但是在 C++里输出时 true 显示为 1，false 显示为 0。

❑ 0：代表关系不成立（假）。
❑ 1：代表关系成立（真）。

代码展示：

```
if(a > 0)  // 判断 a 是不是正数
{          // 大括号内的语句都需要判断后才能知道是否执行
    cout << a;  // 执行语句
}
cout << endl;  // 不受条件判断影响
```

注意：如果大括号内只有一条语句，那么大括号是可以省略的。即：

```
if(a > 0) cout << a;
cout << endl;
```

上面两行代码与之前代码所表述的内容一致。

例 1：超市购物

在一次超市促销中，巧克力和橡皮糖都是 30 元一包，蛙蛙妈妈发现两包的重量不一样，于是让超市阿姨帮忙称了一下两包糖果的重量，果然不一样，分别为 a（巧克力重量）和 b（橡皮糖重量）。

最后妈妈决定买重量更大的那包糖果，请问妈妈最后买的是巧克力还是橡皮糖？（$1 \leqslant a \leqslant 10$，$1 \leqslant b \leqslant 10$，$a$ 不等于 b）

【输入格式】输入一行，两个整数 a 和 b，分别表示两包物品的重量。

【输出格式】输出一行，chocolate（用来表示巧克力）或者 candy（用来表示橡皮糖）。

【输入样例】5 3

【输出样例】chocolate

解析

1) 声明两个变量 a 和 b，分别表示巧克力的重量和橡皮糖的重量。
2) 使用 if 语句进行判断，用于判断条件表达式 a > b 是否为真。如果 a 的值大于 b 的值，说明巧克力更重，那么执行 cout << "chocolate";语句。
3) 如果 b 的值大于 a 的值，说明橡皮糖更重，那么执行 cout << "candy";语句。
4) 题目已知巧克力和橡皮糖重量不一样，所以不用考虑一样的情况。

参考代码

```cpp
#include <iostream>
using namespace std;
int main( )
{
    int a,b;
    cin >> a >> b;
    if(a > b) cout << "chocolate";
    if(a < b) cout << "candy";
    return 0;
}
```

2.1.2 奇偶数问题

要判断一个整数是不是偶数，只要判断这个数能不能被 2 整除即可。

如果一个整数 a 除以 2 没有余数，那么这个数就是偶数；如果一个整数除以 2 有余数，那么这个数就是奇数。

```cpp
if(a % 2 == 0) // a 是偶数;
if(a % 2 == 1) // a 是奇数;
```

🖊 例2：抽奖活动

蛙蛙准备参加一场抽奖活动，已知抽到偶数号才能进入下一轮继续抽奖，他想知道自己是否晋级，是的话在屏幕上输出 yes，否则输出 no。

【输入格式】输入一行，一个整数 a，表示抽奖的数（$1 \leqslant a \leqslant 100$）。

【输出格式】输出一行，yes 或者 no。

【输入样例】15

【输出样例】no

解析

1) 输入一个整数，判断该整数是否为偶数。如果是偶数，意味着蛙蛙可以晋级下一轮抽奖，程序将在屏幕上输出 yes；如果是奇数，则蛙蛙不能晋级，程序将输出 no。

2) 使用 if 语句来判断条件表达式 a % 2 == 0 是否为真。如果余数为 0，说明 a 是偶数，满足晋级条件，那么执行 cout << "yes";语句，将字符串 yes 输出到标准输出。

3) 再使用一个 if 条件判断语句，判断 a 除以 2 的余数是否为 1。如果余数为 1，说明 a 是奇数，不满足晋级条件，那么执行 cout << "no";语句，将字符串 no 输出到标准输出。

参考代码

```
#include <iostream>
using namespace std;
int main( )
{
    int a;
    cin >> a;
    if(a%2 == 0) cout << "yes";
    if(a%2 == 1) cout << "no";
    return 0;
}
```

2.1.3 位数判断

已知一个数是小于 100 的正整数，那么该如何判断这个数是一位数还是两位数呢？

其实只需要判断这个数是不是比最小的两位数大就可以了。

即：如果这个数比最小的两位数（10）大，说明这个数是两位数，否则这个数是一位数。

🖊 例3：考试名次

蛙蛙的期中考试成绩出来了，他想知道自己有没有拿到一位数的名次，如果是的话在控制台上输出 yes。

【输入格式】输入一行，一个正整数 a（$0 < a < 100$），表示考试名次。

【输出格式】输出一行（yes），或者不输出。

【输入样例】5

【输出样例】yes

解析

1) 输入蛙蛙期中考试的名次，判断该名次是否为一位数。如果是一位数（即小于 10），则在控制台输出 yes，如果不是一位数，则不进行任何输出。

2) 通过 if 条件判断语句，判断 a < 10 这个条件是否成立。若 a 的值小于 10，说明蛙蛙的名次是一位数，此时执行 cout << "yes";语句，将字符串 yes 输出到控制台。

3) 无须判断 a 大于或等于 10 的情况。

参考代码

```cpp
#include <iostream>
using namespace std;
int main( )
{
    int a;
    cin >> a;
    if(a < 10) cout << "yes";
    return 0;
}
```

2.1.4 打折问题

蛙蛙去超市买东西，恰巧碰到超市促销，全场商品均打九折，蛙蛙大喜！

于是他买了 100 元的东西。结账的时候蛙蛙准备付 10 块，你觉得他给对了吗？

解答：不对，打折是在原来售价的基础上降价销售，几折则表示实际售价占原来售价的几成。如九折，就是原先价格的基础上乘 0.9。

所以 100 元的商品应该付的正确的价钱是：$100 × 0.9 = 90$ 元。

例 4：超市打折

蛙蛙去超市买东西，恰好赶上超市特价优惠，总价满 100 元打九折。蛙蛙一共买了三样物品，价格分别是 a、b、c，请问他最终应该付多少钱呢？（a、b、c 均在 1 和 100 之间。）

【输入格式】输入一行，三个整数 a、b、c，分别表示三样物品的价格。

【输出格式】输出一行，一个数，表示最终支付的总价。

【输入样例】50 40 20

【输出样例】99

解析

1) 若购买物品的总价满 100 元，则总价打九折；若不满 100 元，则按原价支付。

2) 声明三个整型变量 a、b 和 c，用于存储蛙蛙购买的三样物品的价格，再分别输入这三个变量。

3) 通过 if 语句进行判断，判断 a + b + c >= 100 这个条件是否成立。如果成立，说明蛙蛙购买物品的总价满 100 元，满足超市的打折条件。此时，程序会计算 (a + b + c) * 0.9，即总价打九折后的金额，并使用 cout 将结果输出。

4) 继续使用 if 语句进行判断，判断 a + b + c < 100 是否成立，若条件成立，说明蛙蛙购买物品的总价没有达到 100 元，则不会打折，直接输出结果即可。

参考代码

```cpp
#include <iostream>
using namespace std;
int main( )
{
    int a,b,c;
    cin >> a >> b >> c;
    if(a + b + c >= 100) cout << (a + b + c) * 0.9;
    if(a + b + c < 100) cout << a + b + c;
    return 0;
}
```

思考：通过上述例子，蛙蛙发现，如果商品总价是 99 元，他需要付 99 元，而如果买了总价为 110 元的物品，也只需要付 99 元。所以蛙蛙觉得如果买了 99 元物品，还能再挑选 11 元的物品凑单，因为最终所付的金额是一样的。

2.2 第9课：双分支结构

蛙蛙注意到刚刚判断商品的总价是否满 100 元，只需要一次判断即可，满足则打九折，不满足则按原价购买。但是不满足这个条件该如何用代码描述呢？

氪町博士告诉蛙蛙，可以通过双分支结构实现，即如果条件满足则打九折，否则按原价购买，代码如下：

```cpp
if(a + b + c >= 100) cout << (a + b + c) * 0.9; // 条件满足打九折
else cout << a + b + c; // 不满足则输出原价
```

像这种结构，我们称为双分支结构，也就是有两条路可以选择。如果满足判断条件，就执行语句 1，不满足就执行语句 2，基本框架如下：

```
if(a + b + c >= 100)  // 如果条件成立
{
    语句1;        // 条件为真时执行
}
else             // 否则
{
    语句2;       // 条件为假时执行
}
```

2.2.1 实例讲解

例1：期末成绩

蛙蛙期末考试结束后，心里特别没底，于是提前去问老师考试情况，老师说他的得分为 a，达到 60 分就是及格，未达到就是不及格。

蛙蛙由于本次发挥得并不好，所以只要能达到及格就很开心了，输出 happy（开心），但如果不及格还是会很难过的，输出 sad（悲伤）。

【输入格式】输入一行，一个正整数 a（$0 \leq a \leq 100$），表示蛙蛙本次期末考试的分数。

【输出格式】输出一行，如果分数达到 60 分，则输出 happy，如果没有达到则输出 sad。

【输入样例】75

【输出样例】happy

解析

1) 达到 60 分：达到 60 分包括等于 60 分和大于 60 分，如果用 a 表示分数，达到 60 分就是 a >= 60，输出 yes。

2) 未达到 60 分：达到 60 分的反面，即除去大于或等于 60 的情况，输出 no，这里用 else 语句表示与之前相反的条件。

参考代码

```cpp
#include <iostream>
using namespace std;
int main( )
{
    int a;
    cin >> a;
    if(a >= 60) cout << "happy";
    else cout << "sad";
    return 0;
}
```

例 2: 跳远比赛

蛙蛙参加立定跳远比赛, 一共有两次机会, 裁判会选择最佳的成绩作为蛙蛙比赛的成绩。

【输入格式】输入一行, 两个正整数 a 和 b, 分别表示两次跳的成绩 (取值不超过 200)。

【输出格式】输出一行, 一个整数, 取 a 和 b 中较高的成绩进行输出。

【输入样例】120 135

【输出样例】135

解析

1) 判断条件: 哪个远其实就是哪个数大, 即判断 a 是否大于 b, 如果 a > b 则输出 a, 否则输出 b。

2) 相等的情况: 如果 a 和 b 相等, 也需要输出一个值。如果出现 a 与 b 相等的情况, 即 a == b, 输出其中一个数即可, 而如果判断条件是 a > b, 那 a == b 这个条件其实已经包含在否 else 语句内了。

参考代码

```cpp
#include <iostream>
using namespace std;
int main( )
{
    int a,b;
    cin >> a >> b;
    if(a > b) cout << a;
    else cout << b;
    return 0;
}
```

蛙蛙已经学会如何找两个数中的较大值了, 他还想知道三个数中的最大值该怎么求。

氪町博士举例: 假设有三个数, 分别是 a、b、c, 只要满足 $a > b$ 并且 $a > c$, 就可以证明 a 是三个数中的最大值了。

但是蛙蛙并不知道"并且"该如何表示, 氪町博士告诉蛙蛙这涉及一个新知识——逻辑运算符, 我们先来看看逻辑运算符是什么吧!

2.2.2 逻辑运算符

在 C++ 中, "并且"(也就是"与")写作 &&, 它是一种逻辑运算符。

逻辑运算符主要有 3 种, 分别是:

□ 与 (&&)

❑ 或（||）

❑ 非（!）

1) && （与）

当参与运算的两个条件都为真时，结果才为真（1），否则为假（0）。

如：5 > 0 && 4 > 2

由于 5 > 0 为真，4 > 2 也为真，相"与"后的结果也为 1。

再来看一个例子：5 > 6 && 4 > 2

由于 5 > 6 为假，则不管后面为不为真，相"与"后的结果都为 0。

2) || （或）

参与运算的两个条件中只要有一个为真，结果就为真（1）；当两个量都为假时，结果为假（0）。

如：5 > 0 || 4 > 8

由于 5 > 0 已经为真，不管后面是否为真，相"或"后的结果都为 1。

再来看一个例子：5 < 0 || 4 > 8

由于 5 < 0 为假，4 > 8 也为假，相"或"后的结果为 0。

3) && 和 || 的区别

```
if(a > b && a > c) cout << a;
```

如果 a 比 b 大，a 又比 c 大，那么 a 就是最大的，也就是说，如果 a 是最大值，就输出 a。

```
if(a > b || a > c) cout << a;
```

如果 a 比 b 大，或者 a 比 c 大，只能说明 a 不是最小的。

通过对比得知，我们可利用 && 运算符来求三个数中的最大值。

4) ! （非）

当参与运算的量为真时，结果为假（0）；当参与运算的量为假时，结果为真（1）。

如：!(5 > 0)

由于 5 > 0 的结果为真，"非"的结果为假。

再比如：!(4 > 8)

由于 4 > 8 的结果为假，"非"的结果为真。

2.2.3 字母大小写判断

要判断一个字母是不是大写字母，需要做的是看看这个字母是不是介于 26 个大写字母之间，即比较当前字母是不是比最小的大写字母大（含等于），并且比最大的大写字母小（含等于）。

同理，要判断一个字母是不是小写字母，也是看当前字母是不是比最小的小写字母大（含等于），并且比最大的小写字母小（含等于）。

例 3：网名

克克在网购的时候想使用一个新的网名，网名只能用小写字母组成。蛙蛙帮忙找来一个字母，请你帮克克判断这个字母是不是小写字母。

是的话在控制台输出 yes，否则输出 no（输入的字母可能是大写字母也可能是小写字母）。

【输入格式】输入一行，为一个字母，这个字母可能是大写字母也可能是小写字母。

【输出格式】输出一行，yes 或者 no。

【输入样例】a

【输出样例】yes

解析

字母判断：判断是不是小写字母，需要看看这个字母是不是比最小的小写字母（a）大（包含 a），并且（&&）比最大的小写字母（z）小（包含 z）。

参考代码

```
#include <iostream>
using namespace std;
int main( )
{
    char a;
    cin >> a;
    if(a >= 'a' && a <= 'z') cout << "yes";
    else cout << "no";
    return 0;
}
```

例 4：三人比赛

蛙蛙和克克希望跟氪町博士比赛跑步，他们准备在操场上跑三圈，对三人的跑步时间分别进行记录。

已知蛙蛙跑步花费的总时间为 a，克克跑步花费的总时间为 b，氪町博士跑步花费的总时间为 c。现三人约定，只要蛙蛙和克克中有一个人能赢博士就算都赢了，请问他俩是否能赢得比赛？

【输入格式】输入一行，三个正整数 a、b、c（$a \leqslant 100$，$b \leqslant 100$，$c \leqslant 100$），分别表示三人的跑步时间。

【输出格式】输出一行，yes 或者 no。

【输入样例】10 15 12

【输出样例】yes

解析

1) 比赛规则是只要蛙蛙和克克中有一人跑步花费的时间比氪町博士少，就算蛙蛙和克克都赢了。

2) 通过 if 语句判断 a < c || b < c 这个条件是否成立，其中 || 是逻辑或运算符，只要 a < c 和 b < c 这两个条件中有一个为真，整个表达式就为真。也就是说，只要蛙蛙或者克克的跑步时间比氪町博士短，就满足赢得比赛的条件。

3) 如果条件为真，程序会执行 cout << "yes"; 语句，将字符串 yes 输出到控制台。

参考代码

```cpp
#include <iostream>
using namespace std;
int main( )
{
    int a,b,c;
    cin >> a >> b >> c;
    if(a < c || b < c) cout << "yes";
    else cout << "no";
    return 0;
}
```

2.3　第 10 课：选择嵌套结构

目前所学的单分支结构和双分支结构只能解决单个选择或两个选择的情况，若遇到多个选择，我们可以使用多分支结构和选择嵌套结构。

现在我们先来学习选择嵌套结构。所谓选择嵌套，其实就是多个 if 结构嵌套在一起，主要用于一件事情有多个选择的时候。

例如，在一个十字路口选择往哪儿走这个问题，就有四种选择，而单独的 if ... else 语句只能二选一，不能对应四选一的情况，但是我们可以通过选择嵌套来解决这个问题。

2.3.1　选择嵌套框架

常见的选择嵌套框架有三种，如下所示。

1) 框架一

```
if(条件1)
{
    if(条件2) 语句11;      // 条件1和条件2都满足,执行语句11
    else 语句12;          // 满足条件1,不满足条件2,执行语句12
}
else  语句2;              // 不满足条件1,执行语句2
```

2) 框架二

```
if(条件1) 语句1;          // 满足条件1,执行语句1
else     // 表示括号内的语句都否定了条件1
{
    if(条件2) 语句21;      // 不满足条件1,满足条件2,执行语句21
    else 语句22;          // 不满足条件1,也不满足条件2,执行语句22
}
```

3) 框架三

```
if(条件1)
{
    if(条件2) 语句11;      // 满足条件1,也满足条件2,执行语句11
    else 语句12;          // 满足条件1,不满足条件2,执行语句12
}
else
{
    if(条件3) 语句21;      // 不满足条件1,满足条件3,执行语句21
    else 语句22;          // 不满足条件1,也不满足条件3,执行语句22
}
```

注意 无论是哪种选择嵌套结构,都要求把多条路先分成两条大路,然后根据要求把每条大路再分成很多小路,很像是树枝。

2.3.2 实例讲解一

例1: 极速逃亡

蛙蛙最近开发了一款名叫"极速逃亡"的游戏,请你帮助蛙蛙完善一个模拟登录的程序。

用户的登录名和密码都是六位数,如果用户名和密码都输入正确,则输出欢迎语句welcome;如果用户名错误,则输出 wrong name;如果在用户名正确的情况下密码错误,则输出 wrong password。

蛙蛙的用户名: 123456 密码: 654321

【输入格式】 输入一行,两个六位正整数,分别表示用户名和密码。

【输出格式】 输出一行。如果用户名和密码全部匹配,输出 welcome;如果用户名错误,直接输出 wrong name；如果用户名正确但密码错误，输出 wrong password。

【输入样例】123456 654321

【输出样例】welcome

解析

1) 若登录成功，即输入的用户名为 123456、输入的密码为 654321 全部匹配成功，输出 welcome。

2) 若登录失败，则分两种情况：一是用户名不正确，即输入的用户名不是 123456，则直接输出 wrong name；二是用户名正确，但密码不正确，输出 wrong password。

参考代码

```cpp
#include <iostream>
using namespace std;
int main( )
{
    int A = 123456,B = 654321;
    int a,b;
    cin >> a >> b;
    if(a == A)
    {
        if(b == B) cout << "welcome";
        else cout << "wrong password";
    }
    else cout << "wrong name";
    return 0;
}
```

例 2：成绩公布

为避免公布成绩让学生产生较大的心理压力，从而影响到学习积极性和生活状态，蛙蛙所在的学校决定不按照分数来公布成绩，而是按照不及格和及格（及格又分为良好和优秀）的方式来公布成绩。

决定如下：得分在 60（含）和 100（含）之间的同学，首先会被判定为 Yes，若有些同学是在 80（含）和 100（含）之间还会被评为优秀，判定为 A，若没有达到 80，则评为合格，被判定为 B；如果分数没有达到 60，则直接被判定为 No。

已知蛙蛙这次考试得分为 a，现在请问他能不能通过测试，如果通过了是优秀还是合格呢？

【输入格式】输入一行，一个正整数 a（$0 \leqslant a \leqslant 100$）。

【输出格式】输出一行。若蛙蛙及格了，输出 Yes A 或者 Yes B，用空格隔开；若蛙蛙没有及格，则直接输出 No。

【输入样例】80

【输出样例】Yes A

解析

1) 如果蛙蛙的分数大于或者等于 60，那么需要先输出 Yes 和空格。
2) 然后判断蛙蛙的分数是否大于或者等于 80，如果条件成立，则输出 A，否则输出 B。
3) 如果蛙蛙的分数小于 60，那就是第一个条件的反面，也就是在 else 语句内直接输出 No 就可以了。
4) 注意输出的格式，Yes 和 No 都是首字母大写、其他字母小写的。

参考代码

```cpp
#include <iostream>
using namespace std;
int main()
{
    double a;
    cin >> a;
    if (a >= 60)
    {
        cout << "Yes" << " ";
        if (a >= 80) cout << "A";
        else cout << "B";
    }
    else cout << "No";
    return 0;
}
```

2.3.3 三角形的成立条件

如何依靠给定的三条线段的长度来判断这三条线段是否能组成一个三角形呢？三角形成立要求任意两边之和大于第三边。

例如三边长度分别为 a、b、c，那么 $a+b>c$、$a+c>b$、$b+c>a$ 都需要同时满足，a、b、c 才能组成一个三角形。

2.3.4 实例讲解二

例 3：等腰三角形

输入三角形的三条边的长度，判断它是不是等腰三角形。如果是等腰三角形，则输出 YES，否则输出 NO，若根本形成不了三角形，则输出 N。（三边长度均在 1 和 10 之间。）

【输入格式】输入一行，三个正整数 a、b、c，分别表示三边的长度。

【输出格式】输出一行，YES 或者 NO 或者 N。

【输入样例】3 4 5

【输出样例】NO

解析

1) 判断是不是三角形：首先要判断这三条边是否能构成三角形，即是否满足任意两边之和大于第三边的条件。

2) 判断是不是等腰三角形：除了满足任意两边之和大于第三边外，还需要判断是否有两边相等。如果条件全部满足，则是等腰三角形。

参考代码

```cpp
#include <iostream>
using namespace std;
int main( )
{
    int a,b,c;
    cin >> a >> b >> c;
    if(a + b > c && a + c > b && b + c > a)
    {
        if(a == b || a == c || b == c) cout << "YES" << endl;
        else cout << "NO" << endl;
    }
    else cout << "N" << endl;
    return 0;
}
```

例 4：字符判断

输入一个字符。如果是小写英文字母，将其转换为大写字母输出；如果是大写英文字母，将其转换为小写字母输出；如果不是英文字母，则原样输出。

【输入格式】输入一行，仅一个字符。

【输出格式】输出一行，为被转换之后的字符。

【输入样例】a

【输出样例】A

解析

1) 小写字母：如果这个字符是小写字母，即在 a 和 z 之间，则将这个字母减去 32 以转换成大写字母。

2) 不是小写字母：如果这个字符在 A 和 Z 之间，则将其转换成小写字母，否则直接输出这个字符。

参考代码

```cpp
#include <iostream>
using namespace std;
int main( )
{
    char a;
    cin >> a;
    if(a >= 'a' && a <= 'z') cout << char(a - 32);
    else
    {
        if(a >= 'A' && a <= 'Z') cout << char(a + 32);
        else cout << a;
    }
    return 0;
}
```

例5：导航系统

随着道路导航系统越来越完善，蛙蛙已经感受到了它的神奇，于是想学习导航系统的原理。氪町博士准备先教他一些基础知识。

假设现在在一个十字路口处，车子可以向四个方向行驶，会收到 1、2、3、4 这四个方向信息。如果接收到的是 1，就向右走，2 就是向前走，3 就是向左走，4 就是向后走。

氪町博士要求蛙蛙能够判断下一个信息要求向什么方向走。

【输入格式】输入一行，一个正整数 a（$1 \leq a \leq 4$）。

【输出格式】输出一行，为对应的方向，qian（前）/hou（后）/zuo（左）/you（右）。

【输入样例】1

【输出样例】you

解析

1) 判断左右：a 对 2 取余，若余数为 1，则可能是向右走或者向左走，如果 a 是 1 则向右，否则向左。

2) 判断前后：a 对 2 取余，若余数为 0，则可能是向前走或者向后走，如果 a 是 2 则向前，否则向后。

参考代码

```cpp
#include <iostream>
using namespace std;
int main()
{
    int a;
    cin >> a;
```

```
    if (a % 2 == 1)
    {
        if (a == 1)
            cout << "you";
        else
            cout << "zuo";
    }
    else
    {
        if (a == 2)
            cout << "qian";
        else
            cout << "hou";
    }
    return 0;
}
```

注意　上述这种写法主要是氪町博士为了让大家更好地了解选择嵌套结构而写的，实际上也可以直接使用 4 个 if 语句来判断，或者如果你有其他想法，也可以大胆告诉氪町博士。

2.4 第 11 课：多分支结构

氪町博士觉得蛙蛙所在的班级进行的成绩等级划分太过笼统，不利于激发学生的斗志，希望蛙蛙给班级设计出更细致的等级划分系统。现规定考试成绩对应的等级为：

分数大于或等于 90 分评 A，80（含）分至 89 分评 B，70（含）分至 79 分评 C，60（含）分至 69 分评 D，低于 60 分评 F，表示不及格。

蛙蛙瞬间想到了上节所学的选择嵌套结构，觉得可以使用该结构对 70 及 70 以上的分数进行划分，再对 70 以下的分数进行划分，于是写下：

```cpp
#include <iostream>
using namespace std;
int main() {
    int score;
    cin >> score; // 输入分数
    if (score >= 70) { // 分数大于或等于 70
        if(score >= 90){ // 分数大于或等于 90
            cout << "等级为: A"; // 条件成立输出
        }
        else { // 分数小于 90, 但是大于或等于 70
            if(score >= 80){ // 分数大于或等于 80, 但是小于 90
                cout << "等级为: B"; // 条件成立输出
            }
            else { // 分数小于 80, 但是大于 70
                cout << "等级为: C"; // 条件成立输出
            }
        }
```

```
    }
    else {  // 分数小于70
        if (score >= 60) {  // 分数大于或等于60, 小于70
            cout << "等级为: D";  // 条件成立输出
        }
        else {  // 分数小于60
            cout << "等级为: F";  // 条件成立输出
        }
    }
    return 0;
}
```

写完后蛙蛙编译运行, 完全正确!

但氪町博士看了一眼后, 觉得写得十分冗杂, 决定教蛙蛙通过多分支结构进行改善。

2.4.1 多分支结构的基本框架

```
if(条件1)
    语句1;  // 满足条件1, 就执行语句1
else if(条件2)
    语句2;  // 不满足条件1但是满足条件2, 执行语句2
else if(条件3)
    语句3;  // 不满足条件1和条件2, 但满足条件3, 执行语句3
......
else 语句n;  // 不满足上面所有条件, 执行语句n
```

首行代码为 if 语句, 中间都是 else if 语句, 最后以 else 结尾, 对应不满足上面所有条件的情况。

学会了多分支结构的基本框架后, 蛙蛙开始对成绩等级划分的程序进行重构:

```
#include <iostream>
using namespace std;
int main()
{
    int score;
    cin >> score;
    if (score >= 90) cout << "等级为: A";
    else if (score >= 80) cout << "等级为: B";
    else if (score >= 70) cout << "等级为: C";
    else if (score >= 60) cout << "等级为: D";
    else cout << "等级为: F";
    return 0;
}
```

编译运行没问题后, 蛙蛙长舒了一口气, 感叹道: 这样写, 看起来简洁多了!

蛙蛙又对比了这两个程序, 最后总结出, if...else 语句可以与 if...else 的嵌套结构相互转化, 但对于不同的题目来说, 使用合适的结构写起来可能更加简便。

氪町博士提醒蛙蛙，在刚学习分支结构的时候，可以多运用不同的框架来解题，这样在遇到新题目的时候，才能瞬间判断出使用哪个框架更合适。

2.4.2 实例讲解

📝 例1：游玩

蛙蛙准备周末去外面游玩，但不确定周末天气如何，于是做了以下决定：如果周末是晴天（用大写 S 表示），就去爬山（用 1 表示）；如果周末是阴天（用大写 O 表示），就去游乐场（用 2 表示）；如果周末下雨（用大写 R 表示），就不能出门了（用 3 表示）。

【输入格式】输入一行，为一个字母，用来表示周末的天气情况。

【输出格式】输出一行，1 或者 2 或者 3，表示去哪儿玩。

【输入样例】S

【输出样例】1

解析

1) 去游玩：如果周末是晴天，去爬山；如果周末是阴天，去游乐场。
2) 不能出门：这里假设天气一共有三种情况，前面两种（晴天和阴天）已经分别安排了活动，因此剩下的就是第三种情况了。我们可以直接使用 else 来表示"除以上两种情况之外"，即不能出门的情况。

参考代码

```cpp
#include <iostream>
using namespace std;
int main()
{
    char a;
    cin >> a;
    if (a == 'S')
        cout << 1;
    else if (a == 'O')
        cout << 2;
    else
        cout << 3;
    return 0;
}
```

📝 例2：群雄争霸

战国时期，各国之间纷争不断，最终还是战力强大的国家吞并了战力弱小的国家。

现在甲国的战力为 a，乙国的战力为 b，初始的战力都在 0 和 100 之间。如果甲国战力大于乙国战力，则甲国吞并乙国（$a=a+b$），乙国灭亡（$b=0$），反之亦然。

如果战力相等，则势均力敌，两国都会存在（a 和 b 保持不变）。

两国比较后最终的战力 a 和 b 各是多少？

【输入格式】输入一行，两个正整数 a 和 b，分别表示两个国家的战力。

【输出格式】输出一行，为经过对比以后 a 和 b 的值。

【输入样例】15 20

【输出样例】0 35

解析

1) 战力不相等：如果甲国战力>乙国战力，则甲国战力为甲乙两国之和，乙国战力为 0；反之亦然。

2) 战力相等：除去上面两种情况以外的情况，则为战力相等的情况，战力相等的话两国保持不变，即保持原来的值进行输出。

参考代码

```cpp
#include <iostream>
using namespace std;
int main()
{
    int a, b;
    cin >> a >> b;
    if (a > b)
        cout << a + b << " 0";
    else if (a < b)
        cout << "0 " << a + b;
    else
        cout << a << " " << b;
    return 0;
}
```

2.4.3 不同三角形判断

在之前的学习中，我们已经知道三角形的成立条件是任意两边之和大于第三边了。按照边长的不同，我们还可以将三角形分为等边三角形（三条边相等）、等腰三角形（两条边相等）和不等边三角形（三条边都不相等）。

✏ **例 3：特殊三角形**

输入三角形的三条边的长度，判断它是何种类型的三角形。如果是等边三角形的话，则输出 DB；如果是等腰三角形的话，则输出 DY；如果属于不等边三角形的话，则输出 YB；如果不能构成三角形，则输出 NO。

【输入格式】输入一行，三个正整数 a、b、c，分别代表三条边的边长（其中 $1 \leq a \leq 10$，$1 \leq b \leq 10$，$1 \leq c \leq 10$）。

【输出格式】输出一行，DB 或 DY 或 YB 或 NO。

【输入样例】 3 4 3

【输出样例】 DY

解析

1) 判断是不是三角形：首先要判断这三条边是否能构成三角形，即要满足任意两边之和大于第三边。
2) 假设已经是三角形：若能构成三角形，再判断这个三角形是什么类型的三角形。如果三边全相等则为等边三角形；若三边不全相等再判断是否有两边是相等的，若有两边相等则为等腰三角形；其他情况则为不等边三角形。

参考代码

```cpp
#include <iostream>
using namespace std;
int main()
{
    int a, b, c;
    cin >> a >> b >> c;
    if (a + b <= c || a + c <= b || b + c <= a)
        cout << "NO";
    else if (a == b && a == c)
        cout << "DB";
    else if (a == b || a == c || b == c)
        cout << "DY";
    else
        cout << "YB";
    return 0;
}
```

2.4.4 运算符优先级

在前面的题目中，蛙蛙用到了"与"（&&）、"或"（||）以及一些关系运算符和算术运算符。他想知道这些运算符应该先算哪个，为什么不先算 ||，再算 + 或者 <=，等等。

氪町博士告诉他，这跟运算符的优先级相关。算术运算符、关系运算符和逻辑运算符的优先级从高到低排列如表 2-1 所示。

表 2-1 运算符的优先级（从高到低）

逻辑非	!
算术运算符	*、/、%
算术运算符	+、-
关系运算符	>、<、==、!=、>=、<=
逻辑与	&&
逻辑或	||

例 4: 计算机故障

蛙蛙的学校组织了一次竞赛，参加这次竞赛的共有 99 位学生，考试结束后老师对编号从 1 到 99 的每一位同学按成绩标注名次，并在计算机上记录。

结果计算机出现了故障，将第 1 名到第 9 名改为 10, 20, 30, …, 90 名，将第 10, 20, 30, …, 90 名改为第 1 名到第 9 名。竞赛成绩前 50 名（包括第 50 名）的同学获得奖励，后 49 名没有奖励。

学校听说蛙蛙学会了编程，希望他能帮忙排除这一故障。现在要求输入任意一位同学在计算机故障后的名次 n，程序要判断出这位同学在计算机故障之前原本排第几名，并判断他原来是否应该获得奖励。

【输入格式】输入一行，一个整数 n，表示故障后的名次（$1 \leq n \leq 100$）。

【输出格式】输出一行，为故障前的名次以及是否获得奖励，并用空格隔开（获得奖励输出 Yes，没有获得奖励输出 No）。

【输入样例】70

【输出样例】7 Yes

解析

1) 调整现在的第 10, 20, 30, …, 90 名：现在的第 10, 20, 30, …, 90 名其实是原来的第 1 名到第 9 名，将第 10, 20, 30, …, 90 名调整回第 1 名到第 9 名，需要将这个数除以 10，比如 20/10 得到的结果就是 2。

2) 调整现在的第 1 名到第 9 名：现在的第 1 名到第 9 名其实是原来的第 10, 20, 30, …, 90 名，将第 1 名到第 9 名调整回第 10, 20, 30, …, 90 名，需要将这个数乘以 10，比如 2 乘 10 得到的结果就是 20。

3) 其他名次：其他名次不变，比如原来的第 47 名现在还是第 47 名，会获得奖励；原来的第 56 名现在还是第 56 名，不会获得奖励。

参考代码

```cpp
#include <iostream>
using namespace std;
int main()
{
    int n;
    cin >> n;
    if (n % 10 == 0)
        n = n / 10;
    else if (n < 10)
        n = n * 10;
    if (n <= 50)
        cout << n << " Yes";
    else
        cout << n << " No";
    return 0;
}
```

2.5 第 12 课：`switch` 结构

在编程中，使用 if 条件语句可以很方便地实现简单的分支控制。但是当分支比较多的时候，虽然可以用嵌套的 if 语句来解决，但是程序结构会显得复杂，甚至凌乱。

为了解决这一问题，C++ 提供了另一种多分支结构——switch 语句。

2.5.1 `switch` 语句的基本框架

```cpp
switch(表达式)
{
    case 常量表达式1:
        语句序列1; break;
    …… // 可以有任意数量的 case 语句
    case 常量表达式n:
        语句序列n; break;
    default:
        语句序列n + 1;
}
```

1) 表达式：这是一个可以计算出特定类型值的式子，通常为整型、字符型等。
2) 常量表达式：每个 case 后面跟一个常量表达式，其值必须是唯一的，且与 switch 表达式的类型一致。
3) 语句序列：当 switch 表达式的值与某个 case 后的常量表达式的值匹配时，程序就会执行该 case 后的语句块，直到遇到 break 语句才结束该分支。
4) default：是可选的分支，当表达式的值与所有 case 常量表达式的值都不匹配时，程序会执行 default 中的语句块。它可以放在 switch 语句中的任意位置，但通常放在最后。

2.5.2 switch 语句的执行过程

假设有这么一段程序：

```cpp
#include <iostream>
using namespace std;
int main() {
    int m;
    cin >> m;
    switch (m / 10)
    {
        case M1:
            语句 1;
            break;
        case M2:
            语句 2;
            break;
        case M3:
            语句 3;
            break;
        ...
        default:
            语句 n;
    }
    return 0;
}
```

1) 程序会计算出 switch 后面小括号内表达式的值 m / 10，假定为 M，若它不是整数，系统将自动舍去其小数部分，只取其整数部分作为结果值。

2) 依次计算出每个 case 后常量表达式的值，假定它们为 M1、M2 等，同样，若它们的值不是整数，系统将自动将其转换为整数。

3) 让 M 依次同 M1、M2 等进行比较，一旦遇到 M 与某个值相等，程序就从对应标号的语句开始执行；在碰不到相等的情况下，若存在 default 子句，程序就执行其冒号后面的语句序列，否则不执行任何操作；当执行到复合语句最后的右大括号时，就结束整个 switch 语句的执行。

注意

1) case 语句后的各常量表达式的值不能相同，否则会出现错误码。

2) 每个 case 或 default 子句都可以包含多条语句，不需要使用{}括起来。

3) 各 case 和 default 子句的先后顺序可以变动，这不会影响程序的执行结果。

4) default 子句可以省略，default 后面的语句末尾可以不必写 break。

2.5.3 实例讲解

📝 例 1：星期几

在键盘上输入一个数字，用于表示星期几，根据输入的数字对应输出它的英文名称，比如输入 1 表示星期一，输出 Monday。如果输入的数字不在星期一到星期日这个范围内，则输出 input error!。

【输入格式】输入一行，一个正整数，用于表示星期几。

【输出格式】输出一行，为数字对应的星期（用英文表示，星期一到星期日分别为 Monday、Tuesday、Wednesday、Thursday、Friday、Saturday、Sunday）。

【输入样例】1

【输出样例】Monday

解析

1) 输入一个正整数来表示星期几，然后输出该数字对应的英文星期名称。如果输入的数字不在 1 到 7 的范围内（即不是星期一到星期日对应的数字），则输出 input error!。

2) switch(weekday)：switch 语句根据 weekday 的值进行多分支选择。

  a. **case 1:到 case 7:**分别对应星期一到星期日，当 weekday 的值等于某个 case 后面的常量表达式的值时，程序就会执行该 case 后面的语句。例如，当 weekday 为 1 时，会执行 cout << "Monday";，输出 Monday，然后遇到 break 语句，跳出 switch 语句。

  b. **break;**用于终止当前 case 分支的执行，避免继续执行后续 case 分支的语句。

  c. **default:**当 weekday 的值与所有 case 后面的常量表达式的值都不匹配时，会执行 default 分支的语句，即输出 input error!。

参考代码

```cpp
#include <iostream>
using namespace std;
int main()
{
    int weekday;
    cin >> weekday;
    switch (weekday)
    {
        case 1:
            cout << "Monday";
            break;
        case 2:
            cout << "Tuesday";
            break;
```

```
        case 3:
            cout << "Wednesday";
            break;
        case 4:
            cout << "Thursday";
            break;
        case 5:
            cout << "Friday";
            break;
        case 6:
            cout << "Saturday";
            break;
        case 7:
            cout << "Sunday";
            break;
        default:
            cout << "input error!";
    }
    return 0;
}
```

例2: 计算器

蛙蛙的计算器坏了,但通过编程做一个计算器对蛙蛙来说简直轻而易举,他准备先做一个基本的计算器试一试。

一个最简单的计算器支持+、-、*、/四种运算。现要求输入两个参加运算的数和一个操作符(+、-、*、/),输出运算表达式的结果,并考虑下面两种情况。

1) 如果出现除数为0的情况,则输出 Divided by zero!。

2) 如果出现无效的操作符(即不为+、-、*、/之一),则输出 Invalid operator!。

【输入样例】34 56 +

【输出样例】90

解析

设 num1、num2 用于存放两个参加运算的数,op 用于存放操作符。

1) 当 op 为+号时,实现加法操作。

2) 当 op 为-号时,实现减法操作。

3) 当 op 为*号时,实现乘法操作。

4) 当 op 为/号时,判断 b 值,如果不为 0,则实现除法操作,如果为 0,则输出 Divided by zero!。

5) 当 op 不是上面四种操作符时,输出 Invalid operator!。

参考代码

```cpp
#include <iostream>
using namespace std;
int main()
{
    float num1, num2;
    char op;
    cin >> num1 >> num2 >> op;
    switch (op)
    {
        case '+':
            cout << num1 + num2;
            break;
        case '-':
            cout << num1 - num2;
            break;
        case '*':
            cout << num1 * num2;
            break;
        case '/':
            if (num2 != 0)
            {
                cout << num1 / num2;
                break;
            }
            else
                cout << "Divided by zero!";
                break;
        default:
            cout << "Invalid operator!";
    }
    return 0;
}
```

例3：买钢笔

期末来临了，老师决定将剩余班费 x 元用于购买若干支钢笔，奖励给一些学习好、表现好的同学。

已知商店里有三种钢笔，它们的单价分别为 6 元、5 元和 4 元。老师想买尽量多的钢笔（鼓励尽量多的同学），同时他又不想有剩余的钱。于是老师找到了蛙蛙，希望蛙蛙能帮他制订出一种买笔的方案。

【输入格式】输入一行，一个正整数 x（$10 \leqslant x \leqslant 1000$）。

【输出格式】输出一行，三个正整数，分别为 6 元、5 元、4 元钢笔的数量。

【输入样例】50

【输出样例】1 0 11

解析

1) 要买尽量多的钢笔，都买 4 元的钢笔肯定可以买最多支钢笔。

2) 若买完 4 元钱的钢笔，还剩 1 元，则 4 元钱的钢笔少买 1 支，换成一支 5 元钢笔即可。

3) 若买完 4 元钱的钢笔，还剩 2 元，则 4 元钱的钢笔少买 1 支，换成一支 6 元钢笔即可。

4) 若买完 4 元钱的钢笔，还剩 3 元，则 4 元钱的钢笔少买 2 支，换成一支 5 元钢笔和一支 6 元钢笔即可。

参考代码

```cpp
#include <iostream>
using namespace std;
int main()
{
    int a, b, c, x, y;
    cin >> x;
    c = x / 4;
    y = x % 4;
    switch (y)
    {
        case 0:
            a = 0;
            b = 0;
            break;
        case 1:
            a = 0;
            b = 1;
            c--;
            break;
        case 2:
            a = 1;
            b = 0;
            c--;
            break;
        case 3:
            a = 1;
            b = 1;
            c -= 2;
            break;
    }
    cout << a << ' ' << b << ' ' << c << endl;
    return 0;
}
```

例 4：不同的水果价格

蛙蛙去买水果，发现水果摊有四种水果，分别是苹果、葡萄、橘子和香蕉，单价分别是 3.00 元/千克、8.20 元/千克、4.50 元/千克、3.50 元/千克。

这里要求先在屏幕上显示菜单，接着当用户输入编号 1~4 时，显示相应水果的单价（保留两位小数）。输入其他编号时，显示"没有该水果"。

【输入样例】2

【输出样例】[1]apples

[2]grapes

[3]oranges

[4]bananas

price = 8.20

解析

该程序需要实现以下功能。

1) 向用户展示水果菜单，列出可供选择的水果及其对应的编号。

2) 接收用户输入的水果编号。

3) 根据用户输入的编号，输出相应水果的单价，单价需保留两位小数。

4) 如果用户输入的编号不在有效范围内（即不是 1~4），则给出提示"没有该水果"。

参考代码

```cpp
#include <iostream>
using namespace std;
int main()
{
    int n;
    cout << "[1]apples" << endl;
    cout << "[2]grapes" << endl;
    cout << "[3]oranges" << endl;
    cout << "[4]bananas" << endl;
    cin >> n;
    switch (n)
    {
        case 1:
            cout << "price = 3.00";
            break;
        case 2:
            cout << "price = 8.20";
            break;
        case 3:
            cout << "price = 4.50";
            break;
        case 4:
            cout << "price = 3.50";
            break;
        default:
            cout << "没有该水果";
    }
    return 0;
}
```

第 3 章

循环结构

循环在我们的日常生活中随处可见。

比如四季更替，地球围绕太阳公转，产生了春、夏、秋、冬的四季循环。每年从春天开始，历经夏天、秋天、冬天，随后又回到春天，如此周而复始，这是自然现象中的一种循环结构。

再比如表盘上不断转动的时针、分针、秒针。当秒针转动一圈时，分针便向前挪动一格，宣告着一分钟的流逝，秒针再回到初始位置，循环往复；当分针走完一圈时，时针也缓缓前行，一小时就此成为过去，分针再回到初始位置，循环往复……

蛙蛙觉得自己背诵单词也是循环，比如在背 abandon 这个单词的时候，要大声朗读很多遍才能记住，而且过几天可能还会忘记，于是需要在不同节点再次复习这个单词。

像这些不断周而复始的事情都是循环。

3.1 第 13 课：for 循环

圣诞节将近，蛙蛙给编程小组的十位小伙伴分别准备了礼物。他先准备好了十个小盒子，接下来要将十份礼品一个个打包进这十个小盒子里面。

望着这十个小盒子，蛙蛙有点儿发愁，这么多盒子该如何打包呢？

氪町博士告诉他，我们可以给打包机器人写一个 for 循环程序，让机器人帮我们打包就可以啦！

"for 循环？"蛙蛙陷入了沉默。

氪町博士看出了蛙蛙的疑惑，紧接着写下这段代码：

```
#include <iostream>
using namespace std;
int main(){
    for(int i = 1; i <= 10; i++)
    {
        cout << "正在给第" << i << "个盒子打包" << endl;
    }
    return 0;
}
```

编译运行后，执行结果如下：

```
正在给第 1 个盒子打包
正在给第 2 个盒子打包
正在给第 3 个盒子打包
正在给第 4 个盒子打包
正在给第 5 个盒子打包
正在给第 6 个盒子打包
正在给第 7 个盒子打包
正在给第 8 个盒子打包
正在给第 9 个盒子打包
正在给第 10 个盒子打包
```

利用 for 循环，很快就能将礼物打包好了！

3.1.1 程序执行的顺序

先将上面的 for 循环语句提取出来：

```
for(int i = 1; i <= 10; i++)
{
    cout << "正在给第" << i << "个盒子打包" << endl;
}
```

我们可以将这段代码分为四个部分，执行顺序用①、②、③、④表示。

```
for( ①; ②; ④)
{
    ③
}
```

① 初始化：int i = 1;。程序第一次遇到 for 循环时，首先执行初始化语句。这里定义了一个整型变量 i 并将其初始化为 1。此步骤仅在循环开始时执行一次。

② 条件判断：i <= 10;。初始化完成后，开始对条件表达式进行求值。程序会检查 i 的值是否小于或等于 10，满足这个条件才会执行③，如果不满足则直接结束循环，继续执行后面的代码（类比 if 语句）。

③ 循环体：cout << "正在给第" << i << "个盒子打包" << endl;。当 i = 1 时，满足条件 i <= 10，所以程序会执行循环体里面的内容，输出"正在给第 1 个盒子打包"。

④ 更新：i++。循环体执行结束后，程序会执行更新语句，其中 i++ 是自增运算符（蛙蛙在1.7.4 节中已经学过了），它将 i 的值加 1，执行完这一步后，i 的值变为 2。

然后，程序会继续执行②进行条件判断，如果满足条件，则继续执行③，然后是④，直到条件不满足才停止执行。

所以后续的执行顺序为一直执行②~④，直到条件不满足（当执行 i++ 后，i 等于 11 时，不满足 11 <= 10）后，才会停止执行 for 循环。

和 if 语句一样，如果大括号内只有一条语句，那么大括号是可以省略的，即：

```
for(int i = 1; i <= 10; i++) cout << "正在给第" << i << "个盒子打包" << endl;
```

上面这行代码与之前代码所表述的内容一致。

3.1.2 死循环

"直到条件不满足后，才会停止执行 for 循环。"蛙蛙重复着这句话，"如果一直满足条件呢？"

氪町博士告诉蛙蛙："这种情况，我们可以称为死循环。"

例如 i 本身是一个大于 10 的数，如果条件为 i >= 1，更新部分为 i++，那么循环就会一直执行下去，形成死循环。比如下面这段代码，大家可以跟着蛙蛙一起编译运行，看看会发生什么。

```cpp
#include <iostream>
using namespace std;
int main()
{
    for (int i = 10; i >= 1; i++)
    {
        cout << "这是一个死循环" << endl;
    }
    return 0;
}
```

由于 i 的初始值为 10，而 i 的值会通过 i++ 不断增加，所以条件判断 i >= 1 始终成立，循环体会一直被执行，程序会不断输出"这是一个死循环"。

3.1.3 实例讲解

例 1：输出手机号码

蛙蛙准备实现一个小程序，它能将输入的一个手机号码（11 位数字）重复输出 20 次，请你帮他实现这个程序。

【输入格式】输入一行，一个 11 位整数 a，表示电话号码。

【输出格式】输出 20 行，将输入的电话号码换行输出 20 次。

【输入样例】12345678912

【输出样例】12345678912
          12345678912
          ……（中间省略 17 行 12345678912）
          12345678912

解析

存储一个 11 位整数，但不可以用 int 类型，因为 int 的取值范围是 -2^{31} 到 $2^{31}-1$，即 -2147483648 到 2147483647，最多可以存储十位数。

但可以使用取值范围更大的超长整数类型 long long，它的取值范围是 -2^{63} 到 $2^{63}-1$，即 -9223372036854775808 到 9223372036854775807。

1) 先声明一个整型变量 a，用来存储 11 位手机号码，这里就使用超长整型关键字 long long 来声明整型变量 a，即：long long a;。需要注意的是，两个 long 之间有空格。

2) 输入整型变量 a，即：cin >> a;。

3) 循环输出 20 次，初始化 i 为 1，条件为 i <= 20。i 每次的改变量为增加 1，循环体内的代码将执行 20 次，即：

```
for(int i = 1;i <= 20;i++)
{
    cout << a << endl;
}
```

参考代码

```cpp
#include <iostream>
using namespace std;
int main( )
{
    long long a;
    cin >> a;
    for(int i = 1;i <= 20;i++)
    {
        cout << a << endl;
    }
    return 0;
}
```

例 2：输出多次手机号码

蛙蛙觉得刚才的小程序有值得改进的地方，比如输出手机号的次数是一个固定值，如果能将手机号重复输出 n 次就好了，请你帮他改进这个程序。

【输入格式】输入一行，一个表示电话号码的 11 位整数 a 和重复次数 n（$1 \leqslant n \leqslant 100$）。

【输出格式】输出 n 行，将输入的电话号码换行输出 n 次。

【输入样例】12345678912 3

【输出样例】12345678912
12345678912
12345678912

解析

在上个题目中，for 循环小括号内是 i = 1;i <= 20;i++，循环体被执行了 20 次，如果把 20 改为 n（n 为整型变量），循环体便会执行 n 次。

参考代码

```
#include <iostream>
using namespace std;
int main( )
{
    long long a;
    int n;
    cin >> a >> n;
    for(int i = 1;i <= n;i++)
    {
        cout << a << endl;
    }
    return 0;
}
```

例3：输出多个连续整数

输入两个正整数 m 和 n（$1 \leqslant m \leqslant n \leqslant 1000$），从小到大输出 m 和 n 之间所有的整数，包含 m 和 n。

【输入格式】输入一行，两个以空格隔开的整数 m 和 n（$1 \leqslant m \leqslant n \leqslant 1000$）。

【输出格式】输出一行，为 m 和 n 之间的所有整数从小到大排列，并分别用空格隔开。

【输入样例】1 5

【输出样例】1 2 3 4 5

解析

1) 在上个题目中 i = 1;i <= n;i++，从 1 到 n，循环体内程序执行了 (n - 1) + 1 次，如果把 1 改为 m（m 为正整数），循环体内程序则会执行 (n - m) + 1 次，即：

```
for(int i = m;i <= n;i++)
{
}
```

2) 要想从 m 输出到 n，已知 i = m，i 每次增加 1，增加到 i = n，输出 i 即可，即：

```
for(int i = m;i <= n;i++)
{
    cout << i << "  ";
}
```

参考代码

```
#include <iostream>
using namespace std;
int main( )
{
    int m,n;
    cin >> m >> n;
    for(int i = m;i <= n;i++)
    {
        cout << i << " ";
    }
    return 0;
}
```

3.1.4 逆序输出

我们在计数时可以从 1 数到 10,也可以从 10 数到 1,比如倒计时的场景。

循环也是如此,变量 i 可以从 10 到 1,在 i >= 1 时执行,每完成一次循环,变量的值减少 1,代码如下:

```
for(int i = 10;i >= 1;i--)
{
    cout << i << " ";
}
```

例 4:倒序输出多个连续整数

输入两个正整数 m 和 n(1≤n≤m≤1000),从大到小输出 m 和 n 之间的所有整数,包含 m 和 n。

【输入格式】输入一行,两个以空格隔开的整数 m 和 n(1≤n≤m≤1000)。

【输出格式】输出一行,为 m 和 n 之间所有的整数从大到小排列,用空格隔开。

【输入样例】5 1

【输出样例】5 4 3 2 1

解析

1) 在 for 循环的小括号内输入 i = 10;i >= 1;i--。
2) 接着在循环体内输出 i,则会输出从 10 到 1 的整数。如果把 10 改为 m,1 改为 n(m >= n,m、n 均为小于或等于 1000 的正整数),则输出从 m 到 n 依次递减的整数。

参考代码

```
#include <iostream>
using namespace std;
```

```
int main()
{
    int m,n;
    cin >> m >> n;
    for(int i = m;i >= n;i--)
    {
        cout << i << " ";
    }
    return 0;
}
```

3.2 第14课：循环求和

无论是正序还是倒序输出，蛙蛙都能将从 m 到 n 这个区间内的所有数打印出来。现在他还想将这个区间内的所有数累加在一起，并输出它们的和。

3.2.1 循环求和的操作

氪町博士告诉蛙蛙，可以通过循环进行求和，比如要求 $1 + 2 + 3 + \cdots + 1000$ 的和，可以以如下方式操作。

把这个加法运算，看成一个循环的过程。用变量 s 表示运算的结果，s 的初始值为 0，依次让 s 的值增加 $1, 2, \cdots, 1000$，即：

```
s = s + 1; s = s + 2; ··· ; s = s + 1000;
```

这里 s 从 1 加到 1000，但使用的是顺序结构，需要写 1000 行代码。如果将其变成循环结构便可以简化代码，这里用变量 i 表示 s 每次增加的数值，i 从 1 变化到 1000，即：

```
for(int i = 1;i <= 1000;i++) // i 从 1 变化到 1000
{
    s = s + i; // 将 i (i 的值为 1~1000) 加到 s 上
}
```

即：s = s + 1 + 2 + 3 + 4 + ··· + 1000。

最后再通过 cout << s;语句输出 s 的值即可。

完整代码如下：

```
#include <iostream>
using namespace std;
int main()
{
    int s = 0; // 定义一个变量 s, 用于存储 1~1000 的和
    for (int i = 1; i <= 1000; i++) // i 从 1 变化到 1000
    {
        s = s + i; // 将 i (i 的值为从 1 到 1000 的整数) 加到 s 上
    }
```

```
        cout << s;
        return 0;
}
```

编译运行后，输出的值为 `500500`，你成功了吗？

3.2.2　实例讲解

例 1：整数求和

自从蛙蛙解决了 1 到 1000 的所有整数求和的问题后，他觉得任意两个数之间所有数之和的问题也可以一并解决。现输入两个正整数 m 和 n，求 m 和 n 之间（包含 m 和 n）所有整数之和。

【输入格式】输入一行，为两个用空格隔开的整数 m 和 n（$1 \leqslant m \leqslant n \leqslant 1000$）。

【输出格式】输出一行，一个整数，表示 m 和 n 之间所有整数的和。

【输入样例】1 5

【输出样例】15

解析

1) 求 m 和 n 之间所有整数的和，即 m + (m + 1) + (m + 2) + … + (n - 1) + n，从 m 开始，每次加 1，可循环 (n - m + 1) 次，从 m 加到 n，即：

```
for(int i = m;i <= n;i++)
```

2) 用 s 来保存运算结果，s 的初始值为 0，即：

```
int s = 0;
s = s + i; // 可简写为 s += i; (详见 1.7.5 节)
```

参考代码

```
#include <iostream>
using namespace std;
int main()
{
    int m, n, s = 0;
    cin >> m >> n;
    for (int i = m; i <= n; i++)
    {
        s += i;
    }
    cout << s;
    return 0;
}
```

例2：分数求和

输入一个整数 n，求 $1 + 1/2 + 1/3 + \cdots + 1/n$ 的和，输出结果保留两位小数。

【输入格式】输入一行，一个正整数 n（$1 \leqslant n \leqslant 1000$）。

【输出格式】输出一行，一个实数，表示求和的结果，保留两位小数。

【输入样例】8

【输出样例】2.72

解析

1) $1 + 1/2 + 1/3 + \cdots + 1/n$，每次加一个分数，一共加 n 个数，所以应该循环 n 次，即：

```
for(int i = 1;i <= n;i++)
```

2) 用 s 来表示运算的结果，s 应声明为实数类型变量并初始化为 0，所求结果也是实数类型，即 1/n 的结果也应为实数类型，可将 1 改为 1.0，代码如下：

```
double s = 0;
s += 1.0/i;
```

参考代码

```cpp
#include <iostream>
#include <cstdio>
using namespace std;
int main()
{
    double s = 0;
    int n;
    cin >> n;
    for (int i = 1; i <= n; i++)
    {
        s += 1.0 / i;
    }
    printf("%.2f", s); // 通过格式化输出，将结果保留两位小数
    return 0;
}
```

例3：偶数求和

蛙蛙输入了两个正整数，分别是 m 和 n，他希望能求 m 和 n 之间（包含 m 和 n）所有偶数的和。

【输入格式】输入一行，两个用空格隔开的整数 m 和 n（$1 \leqslant m \leqslant n \leqslant 1000$）。

【输出格式】输出一行，一个整数，表示 m 和 n 之间所有偶数求和的结果。

【输入样例】1 5

【输出样例】6

解析

1) 要想求 m 和 n 之间所有偶数之和，需要先遍历 m 和 n 之间所有的数，这里用 i 表示，即：

```
for(int i = m;i <= n;i++)
```

2) 本题是让我们求偶数之和，首先要先判断 i 是不是偶数（判断一个数是不是偶数，条件为：i % 2 == 0，如果条件成立，则 i 为偶数），如果 i 是偶数，就累加到 s 上（s 需要先声明并赋初始值为 0）。

3) 然后执行 i++，一直到 n，判断是否满足 i 是偶数，如果是则继续加到 s 上面去，即：

```
if(i % 2 == 0)
{
    s += i;
}
```

参考代码

```cpp
#include <iostream>
using namespace std;
int main()
{
    int s = 0, m, n;
    cin >> m >> n;
    for (int i = m;i <= n; i++)
        if (i % 2 == 0)
            s += i;
    cout << s;
    return 0;
}
```

例 4：奇数个数与奇数平均值

蛙蛙输入 10 个正整数，想求其中奇数的个数以及奇数的平均值（求出的结果只取整数部分即可）。

【输入格式】输入一行，10 个用空格隔开的整数 a（$1 \leqslant a \leqslant 1000$）。

【输出格式】输出一行，两个用空格隔开的整数，分别表示奇数个数、奇数平均值。

【输入样例】1 2 3 4 5 6 7 8 9 10

【输出样例】5 5

解析

1) 输入 10 个数，for 循环中 i 初始化为 1，i 小于或等于 10 这个条件满足时，i 每次加 1，循环体内输入（即 cin）变量 a，即：

```
for(int i = 1;i <= 10;i++)
{
```

```
    cin >> a;
}
```

2) 判断一个数是不是奇数：我们知道判断一个数是不是偶数的方法是对 2 取余，结果为 0 则是偶数，不等于 0 为奇数，即：

```
if(i % 2 != 0)
```

参考代码

```cpp
#include <iostream>
using namespace std;
int main()
{
    int s = 0, cnt = 0, a;   // a表示需要输入的数
    for (int i = 1; i <= 10; i++)
    {
        cin >> a;
        if (a % 2 != 0)   // 如果a是奇数，则满足条件，执行下方代码
        {
            s = s + a;
            cnt++;
        }
    }
    cout << cnt << ' ' << s / cnt; // 输出奇数个数和奇数平均值
    return 0;
}
```

3.3 第 15 课：循环求积

循环求和的问题蛙蛙已经解决了，他觉得循环求积也可通过同样的方式处理。

3.3.1 循环求积的操作

现在他想求从 1 乘到 10 的积，也就是求 $1 \times 2 \times 3 \times \cdots \times 10$ 的积，他将循环求和的程序直接拿过来用，只是把+号改成了*号，代码如下：

```cpp
#include <iostream>
using namespace std;
int main()
{
    int m, n, s = 0;
    cin >> m >> n;
    for (int i = m; i <= n; i++)
    {
        s *= i;
    }
    cout << s;
    return 0;
}
```

编译运行后，蛙蛙发现结果是 0，这是为什么呢？

氪町博士一眼就看出了问题：s 的初始值为 0，0 乘什么的结果都是 0，所以最终的输出结果为 0。用来求积的变量 s 的初始值要为 1，这样才不会改变算式的运算结果。

循环对应的算式：s * 1 * 2 * 3 * … * 10，s 值为 1 时不会改变从 1 乘到 10 的结果。

另外需要注意的是，用来求积的变量最好是 long long 类型，因为累乘运算很容易超出 int 的取值范围。

修改完之后的代码如下：

```
#include <iostream>
using namespace std;
int main()
{
    int m, n;
    long long s = 1;
    cin >> m >> n;
    for (int i = m; i <= n; i++)
    {
        s *= i;
    }
    cout << s;
    return 0;
}
```

编译运行后，输入 1 和 10，输出的结果为 3628800。

3.3.2 实例讲解

例1：累乘求积

输入两个正整数 m 和 n（$1 \leq m \leq n \leq 15$），输出 m 和 n 之间（包含 m 和 n）所有整数的积。

【输入格式】输入一行，两个用空格隔开的整数 m 和 n（$1 \leq m \leq n \leq 15$）。

【输出格式】输出一行，为 m 和 n 之间所有整数之积。

【输入样例】1 5

【输出样例】120

解析

1) 求 m 和 n 之间所有整数的乘积，即 m * (m + 1) * (m + 2) * … * (n - 1) * n，从 m 开始，每次加 1，可循环 n - m + 1 次，从 m 乘到 n，即：

```
for(int i = m;i <= n;i++)
```

2) 用 s 来保存运算结果。由于可能会从 1 乘到 15,而这个值是大于 $2^{31}-1$(即超出 int 的取值范围)的,所以要用 long long 数据类型声明变量 s,并且需要给其赋初始值 1,即:

```
long long s = 1;
......
s = s * i; // 可简写为 s *= i;
```

参考代码

```cpp
#include <iostream>
using namespace std;
int main()
{
    long long s = 1;
    int m, n;
    cin >> m >> n;
    for (int i = m; i <= n; i++)
    {
        s = s * i;
    }
    cout << s;
    return 0;
}
```

例 2: 求阶乘

输入一个正整数 n($n \leqslant 15$),求 $n!$($n!$表示的是 n 的阶乘)。

【输入格式】输入一行,一个整数 n($1 \leqslant n \leqslant 15$)。

【输出格式】输出一行,一个整数,为 $n!$。

【输入样例】4

【输出样例】24

什么是阶乘?

一个正整数的阶乘是所有小于及等于该数的正整数的积,并且 0 的阶乘为 1。

自然数 n 的阶乘可写作 $n!$(数学表示)。

例如:

$0! = 1$

$1! = 1$

$4! = 1 \times 2 \times 3 \times 4 = 24$

$5! = 1 \times 2 \times 3 \times 4 \times 5 = 120$

$n! = 1 \times 2 \times 3 \times \cdots \times (n-1) \times n$

聪明的你一定学会了吧? 现在你可以尝试去求 6 的阶乘、7 的阶乘分别是多少了!

解析

1) 求 n 的阶乘，相当于 1 * 2 * 3 * … * n，从 1 乘到 n，每次乘一个数，所以一共循环 n 次，即：

```
for(int i = 1;i <= n;i++)
```

2) 循环体内用 s 来保存结果，s 依然被声明为 long long 类型，即：

```
s = s * i;
```

参考代码

```cpp
#include <iostream>
using namespace std;
int main()
{
    long long s = 1;
    int n;
    cin >> n;
    for (int i = 1; i <= n; i++)
    {
        s = s * i;
    }
    cout << s;
    return 0;
}
```

例 3：求阶乘的和

现在蛙蛙决定挑战一下自己，希望自己既能求积还能求和，于是想到了这样一个问题：输入一个正整数 n，去求 $1! + 2! + 3! + \cdots + n!$。

【输入格式】输入一行，一个整数 n（$1 \leqslant n \leqslant 15$）。

【输出格式】输出一行，一个整数，表示求和的结果。

【输入样例】3

【输出样例】9

解析

1) 求 i 的阶乘。从 i 等于 1 时开始，当 i 等于 1 时计算 1 的阶乘，当 i = 2 时计算 2 的阶乘……当 i 等于 n 时求 n 的阶乘，即：

```
for(int i = 1;i <= n;i++)
{
    jc = jc * i; // jc 用来保存阶乘的结果
}
```

jc 的初始值为 1。当 i 等于 1 时，jc 为 1，再乘上 i，也就是 1，得到 1 的阶乘的结果 1；当 i 等于 2 时，jc 当前的值为 1，再乘上 i，也就是 2，得到 2 的阶乘的结果 2；当 i 等于 3 时，jc 当前的值为 2，再乘上 i，也就是 3，得到 3 的阶乘的结果 6……

2) 我们这里要求的是阶乘的和，求完阶乘后，还要将当前 i 的阶乘累加到变量 s 中，s 的初始值为 0，即：

```
for(int i = 1;i <= n;i++)
{
    jc = jc * i;  // 分别求了 1!、2!、3!……
    s = s + jc;   // 求完一个数的阶乘后，就将其加到 s 上，s 的初始值为 0
}
```

参考代码

```
#include <iostream>
using namespace std;
int main()
{
    long long s = 0, jc = 1;
    int n;
    cin >> n;
    for (int i = 1; i <= n; i++)
    {
        jc = jc * i;
        s = s + jc;
    }
    cout << s;
    return 0;
}
```

例 4：求次方

输入两个正整数 m 和 n，求 m 的 n 次方的值。

【输入格式】输入一行，两个用空格隔开的整数 m 和 n（$1 \leqslant m \leqslant n \leqslant 15$）。

【输出格式】输出一行，一个整数，表示次方的结果。

【输入样例】2 4

【输出样例】16

解析

m 的 n 次方相当于 n 个 m 相乘，只需要求 n 个 m 相乘的结果就能够得出 m 的 n 次方。用变量 cf 来保存相乘的结果，则 cf = cf * m，即：

```
for(int i = 1;i <= n;i++)
{
    cf = cf * m;
}
```

参考代码

```cpp
#include <iostream>
using namespace std;
int main( )
{
    long long cf = 1;
    int m,n;
    cin >> m >> n;
    for(int i = 1;i <= n;i++)
    {
        cf = cf * m;
    }
    cout << cf;
    return 0;
}
```

例5：求次方的和

输入两个正整数 m 和 n，求 $1 + m + m^2 + m^3 + \cdots + m^n$。

【输入格式】输入一行，两个用空格隔开的整数 m 和 n（$1 \leq m \leq n \leq 15$）。

【输出格式】输出一行，一个整数，表示求和的结果。

【输入样例】2 4

【输出样例】31

解析

这里用 s 来保存求和的结果，cf 保存当前 n 个 m 相乘的结果。将多个 cf 的和保存到 s 中，即为次方和，即：

```cpp
for(int i = 1;i <= n;i++)
{
    cf = cf * m;
    s = s + cf;
}
```

参考代码

```cpp
#include <iostream>
using namespace std;
int main()
{
    long long cf = 1, s = 1;
    int m, n;
    cin >> m >> n;
    for (int i = 1; i <= n; i++)
    {
        cf = cf * m;
        s = s + cf;
```

```
    }
    cout << s;
    return 0;
}
```

3.4 第 16 课：`while` 循环

蛙蛙在课上听到老师讲"愚公移山"的小故事。愚公一家日复一日、年复一年地挖山不止。他们的事迹逐渐传遍了周边的村落。起初，人们大多持怀疑和嘲笑的态度，但随着时间的推移，看到愚公一家始终坚定不移，不少人被他们的精神打动，纷纷加入挖山的队伍中。队伍越来越壮大，大家齐心协力，挖山的进度也越来越快。

终于，愚公的坚持和执着感动了天帝。天帝被他不畏艰难、持之以恒的精神深深打动，便派夸娥氏的两个儿子下凡，将两座大山移走。

蛙蛙觉得愚公日复一日地移山这一行为可以用循环结构表示，但是并不能确定循环多少次后能够"感动天帝"。因为 i 的范围不确定，所以用 `for` 循环并不是特别合适，那该怎么表示呢？

3.4.1 `while` 循环的基本框架

氪町博士告诉蛙蛙，对于这种不清楚循环次数，但是知道循环条件的问题，我们可以使用 `while` 循环去解决，可以这样表示：

```
while(尚未感动天帝)
{
    移山;
}
```

其中 `while` 是一种条件循环语句，它会先对括号内的条件进行判断。若条件为真（也就是满足"尚未感动天帝"这个条件），程序就会执行大括号 `{}` 里的代码块，再回来判断条件是否还满足。只要条件持续为真，代码块就会不断重复执行；一旦条件变为假（不满足条件），循环就会停止。

在愚公移山的故事背景下，"尚未感动天帝"这个条件就是一个判定标准，只要天帝还没被感动，愚公移山的行动就不会停止。

3.4.2 `while` 中的死循环

在 `while` 循环语句中，如果循环条件（即小括号内的条件）永远成立，循环就会一直执行，造成死循环。比如下面这串代码，看看编译运行后会发生什么事情吧。

```
#include <iostream>
using namespace std;
int main()
```

```
{
    while (1)
    {
        cout << "这是一个死循环" << endl;
    }
    return 0;
}
```

编译运行后显示如下：

这是一个死循环

这是一个死循环

这是一个死循环

这是一个死循环

这是一个死循环

这是一个死循环

······

这里的 while 循环的条件是 1，在 C++里，非零值代表布尔值 true，因此 while(1)意味着循环条件永远为真，在循环体内部，程序会一直使用 cout 语句打印字符串"这是一个死循环"。

3.4.3　实例讲解

✏ 例1：数学竞赛

蛙蛙正在参加一场紧张激烈的数学竞赛，各路数学高手云集。比赛进入关键的环节，一道极具挑战性的题目出现在大屏幕上，题目如下：

有一张厚度为 1 毫米的超级纸，请计算出，将这张纸对折多少次，纸的厚度才能超过 n 毫米。

竞赛场上每一秒都非常宝贵，参赛选手们都在借助各种工具争分夺秒地思考和计算。此时蛙蛙想到了使用编程的方式来计算，很快就回答了出来。他是怎么做的呢？

【输入格式】输入一行，一个整数 n，代表需要超过的 n 毫米。

【输出格式】输出一行，一个整数，表示对折的次数。

【输入样例】30

【输出样例】5

解析

1) 声明整型变量 h 表示当前纸张的厚度，初始化为 1（单位为毫米）。第一次对折后，纸张厚度变为 2，再对折变成 4、8、16、32……当厚度超过 n 时则停止对折，即：

```
while(h <= n)
{
    h *= 2;
}
```

2) 我们要求的是对折的次数。因此需要先声明一个整型变量 cnt 表示对折的次数，每对折一次，cnt 加 1，在循环体内执行 cnt++，直到纸张厚度大于 n，即：

```
while (h <= n)
{
    cnt++;
    h *= 2;
}
```

参考代码

```cpp
#include <iostream>
using namespace std;
int main()
{
    int n, h = 1, cnt = 0;
    cin >> n;
    while (h <= n)
    {
        cnt++;
        h *= 2;
    }
    cout << cnt;
    return 0;
}
```

例 2：商贩的目标

蛙蛙来到一个繁华热闹的小镇，这里有一个勤劳的小商贩，他每天都会去集市上摆摊卖东西，并且每天的收入都在逐渐增长。

第一天，小商贩的生意刚刚起步，只赚了 1 元钱；第二天，他积累了一些经验，收入增加到了 2 元；第三天，随着顾客越来越多，他赚了 3 元……此后，他每天的收入都按照这样的规律不断上升。

小商贩心里有一个梦想：他想要存够一笔钱去扩大自己的生意规模，假设他想存的总金额是 n 元。他很想知道，按照自己目前的收入增长方式，到第几天时，他累计存下的钱数会超过这个目标金额 n。

【输入格式】输入一行，一个整数 n（1≤n≤10000）。

【输出格式】输出一行，一个整数，表示小商贩总收入刚超过 *n* 时的天数。

【输入样例】50

【输出样例】10

解析

声明变量 i 表示当前项数，初始化为 1；声明变量 s 表示总和，初始化为 0。输入整数 n，当 s > n 的时候结束，即：

```
while (s <= n)
{
    s = s + i;
    i++;
}
```

参考代码

```
#include <iostream>
using namespace std;
int main()
{
    int n, s = 0, i = 1;
    cin >> n;
    while (s <= n)
    {
        s = s + i;
        i++;
    }
    cout << i - 1;
    return 0;
}
```

例 3：大写字母转换为小写字母

蛙蛙接到一个需求，要求用户不断输入大写字母，当输入 0 时终止，程序把此前输入的大写字母转换为小写字母并展示。

【输入格式】输入一行，为若干个用空格隔开的大写字母，以 0 结尾。

【输出格式】输出一行，为每个大写字母对应的小写字母，用空格隔开。

【输入样例】A C D 0

【输出样例】a c d

解析

声明字符型变量 a 表示输入的大写字母，循环条件为输入的 a 不为 0，当输入 0 的时候跳出循环体，循环体内将大写字母转换成小写字母（由于大写字母的 ASCII 码比小写字母小 32，所以需要将字符变量 a 加 32，再转换成字符类型），即：

```
cin >> a;
while (a != '0')
{
    cout << (char)(a + 32) << endl; // 大写字母转换为小写字母
    cin >> a;
}
```

参考代码

```
#include <iostream>
using namespace std;
int main()
{
    char a;
    cin >> a;
    while (a != '0')
    {
        cout << (char)(a + 32) << " ";
        cin >> a;
    }
    return 0;
}
```

例 4：取整数平均值

蛙蛙希望输入若干个正整数，当输入 0 时停止输入，要求计算并输出这些正整数的平均值（结果取整）。

【输入格式】输入一行，为若干个用空格隔开的整数，以 0 结尾。

【输出格式】输出一行，一个整数，表示输入整数的平均值。

【输入样例】1 2 3 4 5 0

【输出样例】3

解析

1) 循环体内输入整数 a，当 a 等于 0 的时候跳出循环，否则将输入的整数保存到整型变量 s 中，s 初始化为 0，用 cnt 来记录输入了几个数，即：

```
cin >> a;
while (a != 0)
{
    cnt++;
    s += a;
    cin >> a;
}
```

2) 求平均值，即用输入的整数之和 s 除以整数的个数 cnt，即：

```
cout << s / cnt;
```

参考代码

```cpp
#include <iostream>
using namespace std;
int main()
{
    int a, s = 0, cnt = 0;
    cin >> a;
    while (a != 0)
    {
        cnt++;
        s += a;
        cin >> a;
    }
    cout << s / cnt;
    return 0;
}
```

3.5 第 17 课：循环中断与继续

在很多情况下，当满足特定条件时，我们不需要继续执行循环。

比如我们要计算从 1 开始的累加和，直到累加和超过 100 时停止，并输出此时累加的数。我们可以使用 while 循环，条件为 1，即一直成立。当累加值达到 100 时，使用**循环中断**可以立即跳出循环，提高程序效率。

循环继续则允许我们在满足某些条件时，跳过本次循环的剩余部分，直接进入下一次循环。

例如，在遍历一组数时，若只想对奇数进行某些操作，而跳过偶数，就可以使用**循环继续**，当遇到偶数时，直接进入下一次循环，从而避免了对偶数进行不必要的处理。

具体怎么做呢？还需要氪町博士带我们学习一下。

3.5.1 循环中断 break

break 语句：在循环结构里，break 语句的作用是立即终止当前所在的循环。程序会跳出该循环体，继续执行循环之后的语句。

比如 for 循环从 0 遍历到 10，但我们希望循环到 5 的时候就终止，则可以在 for 循环内添加 break 语句，提前终止循环，程序如下：

```cpp
#include <iostream>
using namespace std;
int main() {
```

```
for (int i = 0; i <= 10; i++) {
    cout << i << " ";
    if (i == 5) { // 判断 i 是否等于 5
        break;     // 若等于 5, 则通过 break 语句提前终止循环
    }
}
return 0;
}
```

输出结果：0 1 2 3 4 5

3.5.2　实例讲解一

例 1：最小倍数

输入三个正整数 m、n、a，求 m 到 n 内最小的 a 的倍数（数据保证 m 到 n 内有 a 的倍数）。

【输入格式】输入一行，三个用空格隔开的整数 m、n、a。

【输出格式】输出一行，一个整数，表示从 m 到 n 内 a 的最小倍数。

【输入样例】1 20 7

【输出样例】7

【数据范围】$0 \leqslant m \leqslant n \leqslant 10000$，$0 \leqslant a \leqslant 10000$。

解析

1) 从 m 到 n 内寻找 a 的最小倍数，相当于从 m 开始，每次加 1，判断是不是 a 的倍数，即：

```
for(int i = m;i <= n;i++)
```

2) 从 m 开始，每次加 1，如果当前数是 a 的倍数，则输出并终止循环，循环体内可以这样写：

```
if (i % a == 0)
{
    cout << i;
    break;
}
```

参考代码

```
#include <iostream>
using namespace std;
int main()
{
    int m, n, a;
    cin >> m >> n >> a;
    for (int i = m; i <= n; i++)
```

```
    {
        if (i % a == 0)
        {
            cout << i;
            break;
        }
    }
    return 0;
}
```

3.5.3 循环继续 continue

continue 语句：跳过本次循环体中余下尚未执行的语句，立即进行下一次的循环条件判定，可以理解为仅结束本次循环。

> **注意** continue 语句并没有使整个循环终止。

比如 for 循环从 0 遍历到 10，但我们希望循环到 5 的时候就跳过，则可以在 for 循环内添加 continue 语句，直接跳过 5，输出下一个数，程序如下：

```
#include <iostream>
using namespace std;
int main() {
    for (int i = 0; i <= 10; i++) {
        if (i == 5) { // 判断 i 是否等于 5
            continue; // 若等于 5，则通过 continue 语句跳过
        }
        cout << i << " ";
    }
    return 0;
}
```

输出结果：0 1 2 3 4 6 7 8 9 10

3.5.4 实例讲解二

例 2：整数之和

输入两个正整数 n 和 m（$m \leq n$），再输入 n 个正整数，求第 m 个到第 n 个整数之和。

【输入格式】输入两行，其中第一行输入两个用空格隔开的整数 n、m，第二行输入 n 个以空格隔开的整数 a。

【输出格式】输出一行，一个整数，表示第 m 个到第 n 个整数的和。

【输入样例】5 3
          1 4 5 6 9

【输出样例】 20

解析

1) 这题要求我们首先输入 n 个数，可以使用 for 循环，i 从 1 开始，到 n 结束，每次加 1，循环体内为输入一个数，即：

```
for (int i = 1; i <= n; i++)
{
    cin >> a;
}
```

2) 使用变量 s 用来保存累加的和，初始值为 0。输入的数直到第 m 个数之前，是不需要我们累加到 s 中去的，所以我们要剔除第 m 个数之前所有输入的数。也就是在循环体内添加一个判断语句，第 m 个数之前所有输入的数全部使用 continue 跳过，即：

```
if (i < m)
    continue;
s += a;
```

参考代码

```
#include <iostream>
using namespace std;
int main()
{
    int n, m, s = 0, a;
    cin >> n >> m;
    for (int i = 1; i <= n; i++)
    {
        cin >> a;
        if (i < m)
            continue;
        s += a;
    }
    cout << s;
    return 0;
}
```

例 3：非数字个数

输入若干个字符，以 # 结尾，统计其中非数字字符的个数，不包含结尾的 #。

【输入格式】 输入一行，若干个用空格隔开的字符，以 # 结尾。

【输出格式】 输出一行，一个整数，表示非数字字符的个数。

【输入样例】 ! @ a 1 4 G #

【输出样例】 4

解析

1) 本题使用 while 循环，在循环体内输入字符型变量 a，直到输入#的时候才会跳出循环，即：

```
while (1)
{
    cin >> a;
    if (a == '#') // 如果输入的是#
        break;  // 则跳出循环
}
```

2) 循环体内需要判断 a 是不是数字，如果是数字（数字：'0' <= a <= '9'），则使用 continue 语句跳出本次循环，如果不是数字，则使用 cnt 记下非数字的个数，即：

```
if (a >= '0' && a <= '9')
    continue;
cnt++;
```

参考代码

```
#include <iostream>
using namespace std;
int main()
{
    char a;
    int cnt = 0;
    while (1)
    {
        cin >> a;
        if (a == '#')
            break;
        if (a >= '0' && a <= '9')
            continue;
        cnt++;
    }
    cout << cnt;
    return 0;
}
```

3.6 第 18 课：循环嵌套

和选择结构的 if 语句一样，循环也是能够嵌套的。

循环嵌套是指在一个循环结构的循环体中又包含了另一个或多个循环结构的程序结构。这些被包含的循环就像"俄罗斯套娃"一样，一层套一层，每一层循环都有自己独立的循环条件和执行语句。

3.6.1 循环嵌套的基本操作

我们可以先写一个循环，功能是从 1 到 10 进行输出，将此循环计作循环 a。如果想让这个程序（循环输出 1 到 10）执行 5 次，则只需要再写一个循环，功能是循环 5 次，计作 b。然后把循环 a 放入循环 b 中即可，代码如下：

```cpp
#include <iostream>
using namespace std;
int main()
{
// 循环b, 执行5次
for (int i = 1; i <= 5; i++)
{
    // 循环a, 从1到10进行输出
    for (int j = 1; j <= 10; j++)
    {
        cout << j << " ";
    }
    // 每次内层循环结束后换行, 使输出更清晰
    cout << endl;
}
return 0;
}
```

输出结果：

```
1 2 3 4 5 6 7 8 9 10
1 2 3 4 5 6 7 8 9 10
1 2 3 4 5 6 7 8 9 10
1 2 3 4 5 6 7 8 9 10
1 2 3 4 5 6 7 8 9 10
```

3.6.2 实例讲解

例1：数字矩形

输入两个正整数 m 和 n，请你从 n 到 1 一共打印 m 行。

【输入格式】输入一行，两个用空格隔开的整数 m、n（$1 \leqslant m \leqslant 15$，$1 \leqslant n \leqslant 15$）。

【输出格式】输出 m 行，每行有 n 个用空格隔开的整数，从 n 输出到 1。

【输入样例】3 5

【输出样例】5 4 3 2 1
　　　　　　5 4 3 2 1
　　　　　　5 4 3 2 1

解析

1) 外层循环：外层循环控制行数，一共有 m 行，每行输入结束会换行。所以外层循环为：

```
for (int i = 1; i <= m; i++)
{
    cout << endl; // 结束换行
}
```

2) 内层循环：内层循环控制输出 n 个数，并且是从 n 开始到 1 结束，用空格隔开。因此，在外层循环中的换行前写上：

```
for (int j = n; j >= 1; j--)
{
    cout << j << ' ';
}
```

参考代码

```
#include <iostream>
using namespace std;
int main()
{
    int m, n;
    cin >> m >> n;
    for (int i = 1; i <= m; i++)
    {
        for (int j = n; j >= 1; j--)
        {
            cout << j << ' ';
        }
        cout << endl;
    }
    return 0;
}
```

例2：星号三角形

输入整数 n，请你打印 n 行的 * 号三角形。

【输入格式】输入一行，一个整数 n（$1 \leq n \leq 20$）。

【输出格式】输出 n 行，其中第 i 行有 i 个 * 号。

【输入样例】3

【输出样例】 *

       * *

       * * *

解析

1) 假设 i 代表行，当 i = 1 的时候，第 1 行有一颗*，当 i = 2 的时候，第 2 行有两颗*，当 i 等于 n 的时候，第 n 行有 n 颗*。

```
第1行: *
第2行: **
第3行: ***
第4行: ****
```

2) 外层循环同上题，内层循环每 i 行输出 i 个*号，行跟*是对应的，所以控制内层循环的 j 从 1 颗*开始，当 j 等于 i 的时候就是输出当前行的最后一个*号，即：

```cpp
for (int j = 1; j <= i; j++)
{
    cout << '*';
}
```

参考代码

```cpp
#include <iostream>
using namespace std;
int main()
{
    int n;
    cin >> n;
    for (int i = 1; i <= n; i++)
    {
        for (int j = 1; j <= i; j++)
        {
            cout << '*';
        }
        cout << endl;
    }
    return 0;
}
```

例 3：乘法口诀表

蛙蛙最近在学习数学知识，对乘法口诀表特别感兴趣。

他想要通过打印乘法口诀表来加深记忆。现在请你帮蛙蛙一个忙，当蛙蛙输入一个整数 *n* 时，打印出前 *n* 行的乘法口诀表，让蛙蛙能更方便地学习乘法。

【输入格式】输入一行，一个正整数 *n*（$1 \leqslant n \leqslant 20$）。

【输出格式】输出 *n* 行，格式参考样例，式子之间用 3 个空格隔开，每个式子中的数字和字符隔一个空格。

【输入样例】3

【输出样例】 1 * 1 = 1

               1 * 2 = 2   2 * 2 = 4

               1 * 3 = 3   2 * 3 = 6   3 * 3 = 9

解析

要输出的乘法口诀表如表 3-1 所示。

表 3-1 要输出的乘法口诀表

	第 1 列	第 2 列	第 3 列
第 1 行	1 * 1 = 1		
第 2 行	1 * 2 = 2	2 * 2 = 4	
第 3 行	1 * 3 = 3	2 * 3 = 6	3 * 3 = 9

1) i 代表行，j 代表列，第 1 列第 1 行的算式为 1 * 1，第 1 列第 2 行的算式为 1 * 2，第 2 列第 2 行的算式为 2 * 2……第 j 列第 i 行的算式为 j * i。

2) 与前面两题相似，外层循环控制行，内层循环控制列，关系式为 "j * i" 等于 "j * i 的结果" 并空 3 个格，即：

```
for (int j = 1; j <= i; j++)
{
    cout << j << " * " << i << " = " << j * i << "   ";
}
```

参考代码

```cpp
#include <iostream>
using namespace std;
int main()
{
    int n;
    cin >> n;
    for (int i = 1; i <= n; i++)
    {
        for (int j = 1; j <= i; j++)
        {
            cout << j << " * " << i << " = " << j * i << "   ";
        }
        cout << endl;
    }
    return 0;
}
```

例 4：字母倒三角

输入整数 n，参考样例格式，打印 n 行字母三角形。

【输入格式】输入一行，一个整数 n（$1 \le n \le 26$）。

【输出格式】输出 n 行，格式参考样例，字母用空格隔开，第一行打印从 a 到第 n 个字母，第二行打印从 a 到第 $n-1$ 个字母，第三行打印从 a 到第 $n-2$ 个字母……

【输入样例】4

【输出样例】a b c d
　　　　　　a b c
　　　　　　a b
　　　　　　a

解析

以 $n=4$ 为例，将要输出的字母三角形列成表，如表 3-2 所示。

表 3-2　要输出的字母三角形

第1行	a	b	c	d
第2行	a	b	c	
第3行	a	b		
第4行	a			

1) 假设 n 代表输入的行数，共有 4 行，即 n = 4。通过表 3-2 得知，第 1 行有 4 个字母，第 2 行有 3 个字母，第 3 行有 2 个字母，第 4 行有 1 个字母。

  由此可以找出规律，第 i 行有 n - i + 1 个字母。

2) 通过上述内容继续推导，已知第 1 行有 n 个字母，而第 n 行有 1 个字母，所以外层循环变量 i 应从 n 开始，代表 n 个字母，每次减 1，到 1 结束，每输出一行内容就需要换一行，即：

```
for (int i = n; i >= 1; i--)
{
    cout << endl;
}
```

3) 第 1 行，内层循环要输出 n 个字母，此时外层循环变量 i 的值为 n。若内层循环每次要循环输出 i 个字母，可设变量 j 的初始值为 1，j 是小于或等于 i 的，j 每次加 1，则内层循环可以循环 i 次，即：

```
for (int j = 1; j <= i; j++)
```

4) 内层循环体内从 a 开始输出，所以要声明一个字符型变量并将其初始化为 a，内层循环体内每输出一次，用空格隔开，字母就加 1，即：

```
char a = 'a';
for (int j = 1; j <= i; j++)
{
    cout << a << ' ';
    a++;
}
```

参考代码

```
#include <iostream>
using namespace std;
int main()
{
    int n;
    cin >> n;
    for (int i = n; i >= 1; i--)
    {
        char a = 'a';
        for (int j = 1; j <= i; j++)
        {
            cout << a << ' ';
            a++;
        }
        cout << endl;
    }
    return 0;
}
```

第 4 章

数组与字符串

数组和字符串在生活中的应用十分广泛。

就拿体育赛事来说，运动员的成绩排名会存储在数组里，方便记录和查询；课程表的安排也能用数组清晰呈现，一周内每天的课程被当作数组元素，让师生能快速了解课程安排；家庭的开支记录同样会用到数组，比如可以将水电费、食品费等各项开支作为数组元素，方便统计和分析家庭消费情况。

字符串可用于身份识别和商品管理等。每个人的身份证号码都是独一无二的字符串，蕴含地区、出生日期等关键信息，用于确认身份；电话号码也可以看作字符串，可帮助人们建立通信连接，实现通话和短信功能；商品条形码同样也是一种特殊的字符串，收银员扫码即可获取商品信息，方便购物结算、管理库存和统计销售数据。

4.1 第 19 课：一维数组

数学老师自从知道蛙蛙学习编程后，不知不觉已经找他帮忙解决很多数学相关的问题了。

这次他又想让蛙蛙帮他统计班级里 50 名学生的数学考试成绩，计算数学成绩的总分、平均分，并且找出最高分和最低分等。

这可难倒了蛙蛙。虽然他现在能打印出班级里 50 名学生的数学成绩，并且能计算总分和平均分，但总不能用 50 个变量来保存这 50 名学生的成绩吧！也太难管理了！

这不，蛙蛙为了不让数学老师失望，立马去找氪町博士帮忙。氪町博士急忙给蛙蛙补课，教他数组相关的知识，告诉他通过一个一维数组就可以保存这 50 名同学的信息了。

让我们跟蛙蛙一起学习一维数组的知识吧！

4.1.1 数组的概念及定义

数组的概念

数组就是将相同数据类型的元素按一定顺序排列而成的集合，它将这些数据存储在连续的内存空间中，每个数据元素都可以通过一个索引（下标）来访问。

我们可以将数组理解为一列火车，车厢是从 1 开始编号的，车头可以算成 0 号车厢。同样，数组也是从 0 开始编号的，车厢就是数组空间，可以存放数据元素。

数组的定义

`int a[5];` 　　// 定义一个能够存放整型的数组 a，同时申请 5 个空间

其中，a 是一维数组的数组名，该数组有 5 个元素，依次表示为：

`a[0]`、`a[1]`、`a[2]`、`a[3]`、`a[4]`

可以想象有图 4-1 所示的五个空间。

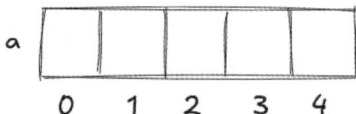

图 4-1　一维数组

a 是变量名，0、1、2、3、4 均为下标，需要注意的是，a[5]不属于该数组的空间范围，严禁下标越界。

但是由于习惯问题，前期我们从 1 号元素开始使用（熟练后可从 0 号元素开始使用），所以一般我们定义的数组大小会比实际数据范围稍微大一些，比如我们可以像下面这样写。

```cpp
#include <iostream>
using namespace std;
int main()
{
    int a[10]; // 定义一个长度为 10 的整型数组 a
    for (int i = 1; i <= 5; i++) // 循环 5 次，i 的值从 1 到 5
    {
        cin >> a[i]; // 输入 a[1]到 a[5]共 5 个元素
    }
    for (int i = 1; i <= 5; i++) // 循环 5 次，i 的值从 1 到 5
    {
        cout << a[i] << " "; // 输出刚刚输入的 5 个元素，用空格隔开
    }
    return 0;
}
```

4.1.2　实例讲解

例 1：清点货物

在热闹的火车站里，一列长长的火车停靠在站台。每节火车车厢就像一个大大的魔法口袋，

能装好多好多的货物。为了方便大家快速找到想要的货物，工作人员都是按照车厢一节一节地装载货物的。

这时候，车站站长走到蛙蛙面前，耐心地告诉蛙蛙每一节车厢里都存放了多少货物。蛙蛙认真地听着，可数字实在太多，把蛙蛙的小脑袋都快弄晕了。

当火车到达下一站时，蛙蛙要把这些车厢里货物的具体数量一五一十地告诉老师。但是这么多数字可怎么记得住呀！聪明的你，能不能编写一个程序来帮帮蛙蛙，把这些数都稳稳当当地记录下来呢？（这列火车最多可有 100 节车厢。）

【输入格式】输入两行。第 1 行输入一个正整数 n，表示车厢数量（$n \leqslant 100$）。

第 2 行输入 n 个整数，表示每个车厢里面货物的数量，每节车厢的货物数量不超过 10000。

【输出格式】输出一行，共 n 个数，用空格隔开，表示货物的数量。

【输入样例】5

    3 2 5 4 1

【输出样例】3 2 5 4 1

> 解析

1) 定义一个整型数组 a，数组大小不能小于 100。若从下标 1 的位置开始用，就要定义得大一些，比如 110。之所以定义为 110，是为了确保数组有足够的空间来存储最多 100 节车厢的货物，同时预留一些额外空间以避免边界问题。
2) 通过 for 循环进行计数，i 从 1 开始，每次循环 i 的值增加 1，直到 i 大于输入的 n（n 为车厢数量）时循环结束。
3) 在每次循环中，都需要从标准输入读取一个整数，并将其存储到数组 a 的第 i 个元素中，这样就能够完成每节车厢货物数量的输入。
4) 再使用一个 for 循环，遍历数组 a 的前 n 个元素，然后通过 cout 语句输出数组 a 的第 i 个元素，每输出一个数便需要在后面加上一个空格。

> 参考代码

```cpp
#include <iostream>
using namespace std;
int main()
{
    int n, a[110];
    cin >> n;
    for (int i = 1; i <= n; i++)
        cin >> a[i];
    for (int i = 1; i <= n; i++)
        cout << a[i] << " ";
```

```
    return 0;
}
```

📝 例 2：临时抽查

在一座繁忙的货运中间站，一列装载着大量货物的火车缓缓停靠。这列火车共有 n 节车厢，每节车厢都像是一个神秘的"宝藏盒"，里面满满当当地装着各式各样的货物。由于铁路部门的临时安全检查安排，车站工作人员需要对其中特定的一节车厢进行详细抽查。

此时，经验丰富的老站长把蛙蛙叫到跟前，耐心地告诉蛙蛙每一节车厢里存放货物的具体数量。蛙蛙认真地记录着这些信息，可车厢数量不少，对应的货物数量数据也挺多，把蛙蛙的脑袋都快弄晕了。

现在火车已经稳稳地停在站台上，检查即将开始。按照检查要求，需要对第 k 节车厢进行抽查，蛙蛙必须准确地说出这节车厢里装了多少货物。但是这么多车厢的货物数量数据，他担心自己会记错。聪明的你，能不能编写一个程序来帮帮蛙蛙，让他能快速准确地找到第 k 节车厢对应的货物数量呢？

已知这列火车最多可有 100 节车厢，且 $2 \leqslant k \leqslant n \leqslant 100$。

【输入格式】输入两行。

第 1 行输入两个正整数 n 和 k，用空格隔开，n 表示车厢数量，k 表示需要抽查的车厢序号。

第 2 行输入 n 个整数，用空格隔开，表示每节车厢里面货物的数量，每节车厢的货物数量不超过 10000。

【输出格式】输出一行，一个整数，表示第 k 节车厢里货物的数量。

【输入样例】5 3
    11 15 8 7 10

【输出样例】8

解析

在上一题输入一组数据的基础上进行输出，无须进行遍历输出每一个数据，只需要输出 a[k]，即：cout << a[k];。

参考代码

```cpp
#include <iostream>
using namespace std;
int main()
{
    int n, k, a[110];
    cin >> n >> k;
```

```
    for (int i = 1; i <= n; i++)
        cin >> a[i];
    cout << a[k];
    return 0;
}
```

📦 例3：逆序清点

为了方便货物的管理和查找，工作人员严格按照火车车厢的顺序进行货物装载，每节车厢都有其特定的货物存储任务。

当火车稳稳地停靠在站台上后，经验丰富的老站长接到了一项重要任务：从火车的最后一节车厢开始，依次向前清点每节车厢内货物的数量。老站长手持记录板，准备开始这项细致的工作。然而，这列火车的车厢数量不少，要准确无误地从后往前记录每节车厢的货物数量，并非易事。

聪明的你，能不能编写一个程序来模拟老站长的清点过程，帮助他快速准确地记录下从后往前清点时每节车厢货物的数量呢？已知这列火车最多可有100节车厢。

【输入格式】输入两行。第1行输入一个正整数 n，表示车厢数量（$n \leqslant 100$）。

第2行输入 n 个整数，表示每个车厢里面货物的数量，每节车厢的货物数量不超过10000。

【输出格式】输出一行，包含 n 个整数，用空格分隔，表示从最后一节车厢往前清点时每节车厢货物的数量。

【输入样例】 7

12 11 9 15 13 14 10

【输出样例】 10 14 13 15 9 11 12

解析

1) 在例1输入一组数据的基础上进行输出，同样需要使用 for 循环进行遍历，i 初始化为 n（即最后一节车厢的索引），每次循环 i 的值减1，直到 i 小于1时循环结束。通过这种方式，我们实现了从最后一节车厢往前遍历数组。

2) 然后使用 cout 语句在循环内输出每一个元素，每输出一个元素都需要用空格隔开。

参考代码

```
#include <iostream>
using namespace std;
int main()
{
    int n, a[110];
    cin >> n;
    for (int i = 1; i <= n; i++)
        cin >> a[i];
    for (int i = n; i >= 1; i--)
```

```
        cout << a[i] << " ";
    return 0;
}
```

4.2　第 20 课：二维数组

在上一节中我们提到，一维数组就像是一列火车，我们可以把车头看作 0 号车厢，紧接着后面是 1 号、2 号、3 号等车厢。

假设我们现在就在火车站，看见了有很多辆长度一样的火车。为了区别这些火车，我们尝试把它们分别命名为 a1、a2、a3……那么 a1[2] 就可以用来表示第一列火车的 2 号车厢。

如果把一列火车当作一个元素，那么这些火车就会组成一个一维数组，而这个一维数组里面的每一个元素都是一个小的一维数组，这样组成了一个二维数组。

即一个二维数组需要使用两个数来控制位置。

4.2.1　二维数组的定义与操作

二维数组可以看作数组的数组，即它是由多个一维数组组成的。在 C++ 中，二维数组可以通过定义两个维度的大小来创建，其中第一个维度通常表示行，第二个维度表示列。

二维数组的定义

数据类型　数组名[常量表达式 1][常量表达式 2]

例如：int a[4][5];

上面代码定义了一个 4 行 5 列的二维整型数组，数组名为 a，相当于申请了一片空间，每个格子都可以存放一个元素（见图 4-2）。

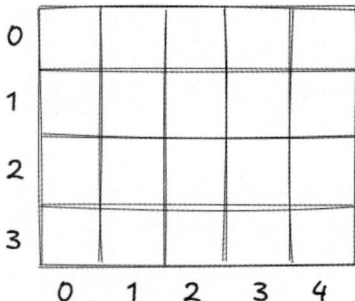

图 4-2　二维数组

引用数组元素

如果需要使用二维数组中的某个元素，就需要找到具体位置：

数组名[行下标][列下标]

如 a[1][2]表示二维数组 a 中的第 2 行第 3 列的元素，同样需要注意的是行下标和列下标都是从 0 开始编号的。

也因此，每个下标表达式的取值范围不应超出下标所指定的范围。

例如数组定义为 int a[2][3];，则表示 a 是 2 行 3 列的二维数组，共有 2 × 3 = 6 个元素，如表 4-1 所示。

表 4-1　2 行 3 列的二维数组 a

a[0][0]	a[0][1]	a[0][2]
a[1][0]	a[1][1]	a[1][2]

因此可以把它看成一个矩阵（表格），a[1][2]即表示第 2 行第 3 列的元素，而 a[2][3]就已经越界了。

二维数组的输入

```cpp
#include <iostream>
using namespace std;
int main()
{
    int a[10][10]; // 定义一个10行10列的二维数组a
    for (int i = 1; i <= 3; i++) // 控制行下标
    {
        for (int j = 1; j <= 4; j++) // 控制列下标
            cin >> a[i][j];
    }
    return 0;
}
```

二维数组的输出

```cpp
for (int i = 1; i <= 3; i++)
{
    for (int j = 1; j <= 4; j++)
        cout << a[i][j] << " "; // 每个元素用空格隔开
    cout << endl; // 每一行输出结束之后需要手动换行
}
```

4.2.2 实例讲解一

例1：神秘迷宫地图

你正在玩一款冒险游戏，游戏的某个关卡中有一张神秘的迷宫地图。

这个迷宫地图被设计成一个矩阵的形状，由 m 行 n 列的小方格组成，其中 m 和 n 的取值范围在 2 和 20 之间。每个小方格里面都有一个数，代表着给你的奖励，数的大小在 10000 以内。

为了更好地规划你的冒险路线，你需要编写一个程序，将这个迷宫地图内的所有数原样输出，从而了解整个迷宫的布局信息。

【输入格式】输入 $m+1$ 行。

第 1 行输入 m 和 n，分别表示二维数组的行数和列数。

接下来 m 行，每行 n 个数，表示二维数组中的每个元素。

【输出格式】输出 m 行，每行 n 个数，将输入的二维数组原样输出。

【输入样例】2 3
        1 3 4
        2 6 8

【输出样例】1 3 4
        2 6 8

解析

本题要求读取一个 m 行 n 列的二维数组，然后将其原样输出。

可以通过两个嵌套的循环完成输入和输出的操作，其中第一个嵌套循环用于读取二维数组内的所有元素，第二个嵌套循环用于输出二维数组内的所有元素。

参考代码

```cpp
#include <iostream>
using namespace std;
int a[22][22], m, n;
int main()
{
    cin >> m >> n;
    for (int i = 1; i <= m; i++)
    {
        for (int j = 1; j <= n; j++)
            cin >> a[i][j];
    }
    for (int i = 1; i <= m; i++)
```

```
{
    for (int j = 1; j <= n; j++)
        cout << a[i][j] << " ";
    cout << endl;
}
return 0;
}
```

注意事项

二维数组尽量在主函数之外定义，因为在主函数内定义数组时分配的空间是有限的，并且相对较小。当定义一个规模较大的二维数组时，程序可能会迅速耗尽空间，导致溢出。

而定义在主函数外面的数组（全局数组）通常比定义在主函数内的数组分得的空间大得多，这意味着可以定义更大规模的二维数组，而不用过于担心溢出的问题，并且全局数组（或者变量）在定义时会被自动初始化为 0。

例2：找货物

由于铁路运输的安全检查要求，工作人员需要对特定车厢进行抽查。

此时经验丰富的老站长接到任务单，指示要对第 x 列火车的第 y 节车厢展开检查。老站长深知任务的重要性，他必须准确无误地掌握这节车厢内货物的具体情况。

然而，面对众多的火车和车厢，要迅速找到并确定这节车厢的货物数量并非易事。

经过之前的练习，蛙蛙已经掌握了数组的使用方法，准备通过数组帮助站长完成这项任务，已知这个货运场中最多有 20 列火车，且每列火车最多有 20 节车厢。

【输入格式】输入 $m+1$ 行。

第 1 行输入 m、n、x、y，分别表示火车的列数 m、车厢数 n，以及要找的元素所在的火车列数 x 和车厢数 y（m、n、x、y 都是不大于 20 的正整数）。

接下来共输入 m 行，每行有 n 个数，均不超过 10000，表示火车上每节车厢中的货物数量。

【输出格式】输出一行，一个数，表示第 x 列火车第 y 节车厢内的货物数量。

【输入样例】3 4 2 2
1 2 3 4
4 5 6 7
7 8 9 10

【输出样例】5

参考代码

```
#include <iostream>
using namespace std;
int m, n, x, y, a[30][30];
int main()
{
    cin >> m >> n >> x >> y;
    for (int i = 1; i <= m; i++)
        for (int j = 1; j <= n; j++)
            cin >> a[i][j];
    cout << a[x][y]; // 直接输出二维数组 a 中第 x 行第 y 列的元素
    return 0;
}
```

例 3：停错的火车

在清点货物的时候，蛙蛙发现第 x 列火车和第 y 列火车停反位置了，那么正确的情况下清点的每节车厢货物的数量应该是什么样子的呢？（最多有 20 列火车，每列火车最多有 20 节车厢。）

【输入格式】输入 m + 1 行。

第 1 行输入 m、n、x、y，分别表示火车的列数 m、车厢数 n 以及停错的两列火车 x 和 y（m、n、x、y 都是不大于 20 的正整数）。

接下来共输入 m 行，每行有 n 个数，均不超过 10000，表示火车上每节车厢中的货物数量。

【输出格式】输出 m 行，每行 n 个数，表明正确的货物排列的样子，行内元素用空格隔开，每行元素换行隔开。

【输入样例】3 4 2 3
1 2 3 4
4 5 6 7
7 8 9 10

【输出样例】1 2 3 4
7 8 9 10
4 5 6 7

解析

1) 如何交换两列火车的车厢货物数量？先遍历火车的每一节车厢，再借助临时变量 temp 来交换第 a 列火车和第 b 列火车相同位置车厢的货物数量。代码如下：

```
for (int j = 1; j <= n; j++) // 从第 1 节车厢遍历到第 n 节车厢
{
    temp = s[a][j]; // 将第 a 列火车的元素赋值给 temp
    s[a][j] = s[b][j]; // 再将第 b 列火车的元素赋值给第 a 列火车
```

```
        s[b][j] = temp; // 再将原来第 a 列火车的元素赋值给第 b 列火车, 完成交换
    }
```

以样例中 4 5 6 7 和 7 8 9 10 这两行为例，交换这两行的数值，首先将数字 4 与数字 7 进行交换，一直交换到这两行的最后一列。

2) 最后通过双重 for 循环，直接输出二维数组的值，按行每输出一个元素需要输出一个空格，每输出一行元素需要输出一个换行。

参考代码

```cpp
#include <iostream>
using namespace std;
int s[101][101], m, n, a, b, temp;
int main()
{
    cin >> m >> n >> a >> b;
    for (int i = 1; i <= m; i++) // 输入二维数组的每个元素
    {
        for (int j = 1; j <= n; j++)
            cin >> s[i][j];
    }
    for (int j = 1; j <= n; j++) // 交换两行数值
    {
        temp = s[a][j];
        s[a][j] = s[b][j];
        s[b][j] = temp;
    }
    for (int i = 1; i <= m; i++) // 输出交换后的每个元素
    {
        for (int j = 1; j <= n; j++)
            cout << s[i][j] << " ";
        cout << endl;
    }
    return 0;
}
```

4.2.3　矩阵对角线

在一个 m 行 m 列的矩阵（又称为方阵）中，从左上角到右下角这一斜线上的 m 个元素，叫作主对角线上的元素，这条斜线称为主对角线。从右上角到左下角这一斜线上的 m 个元素，叫作副对角线上的元素，这条斜线称为副对角线。

$$\begin{bmatrix} a_{11} & a_{12} & a_{13} & a_{14} \\ a_{21} & a_{22} & a_{23} & a_{24} \\ a_{31} & a_{32} & a_{33} & a_{34} \\ a_{41} & a_{42} & a_{43} & a_{44} \end{bmatrix}$$

主对角线

根据上面的矩阵，主对角线上的元素分别是 a_{11}、a_{22}、a_{33}、a_{44}，我们可以发现，主对角线上的元素都有一个共同点，就是行下标和列下标是相等的，这里用 i 表示行、j 表示列，可以这样描述：在一个 m 行 m 列的矩阵中，若 i 和 j 相等的话，说明第 i 行第 j 列的元素在主对角线上。代码描述如下：

```cpp
for (i = 1; i <= m; i++)
{
    for (j = 1; j <= m; j++)
    {
        if (i == j) // 在一个方阵中，若行下标和列下标相等则说明这个元素在主对角线上
        {
            cout << a[i][j] << endl; // 输出主对角线上的数
        }
    }
}
```

副对角线

副对角线上的元素分别为 a_{14}、a_{23}、a_{32}、a_{41}，副对角线上的元素也有共同点，就是行下标和列下标之和与行/列的总数加 1 的值相等，这里同样用 i 表示行、j 表示列，可以这样描述：在一个 m 行 m 列的矩阵中，若 i + j 的值与 m + 1 的值相等（即 i + j == m + 1）的话，说明这个元素在副对角线上。代码描述如下：

```cpp
for (i = 1; i <= m; i++)
{
    for (j = 1; j <= m; j++)
    {
        if (i + j == m + 1) // 行下标和列下标之和与行/列的总数加 1 的值相等
        {
            cout << a[i][j] << endl; // 输出副对角线上的数
        }
    }
}
```

4.2.4　实例讲解二

例 4：主对角线元素求和

现在有一个 $n \times n$ 的方阵，你要找到该方阵的主对角线上所有的元素，并且求这些元素的总和。（$1 \leqslant n \leqslant 30$，元素的值不超过 10000。）

【输入格式】输入 n+1 行。

第 1 行输入一个正整数 n，表示二维数组的行数和列数（均为 n）。

接下来输入 n 行，每行 n 个数，表示二维数组中每个元素。

【输出格式】输出两行。

第1行为主对角线上所有元素，元素之间用空格隔开。

第2行为主对角线上元素的总和。

【输入样例】 3

2 4 6

5 3 9

8 7 1

【输出样例】 2 3 1

6

解析

本题要求处理一个 $n \times n$ 的方阵，找出方阵主对角线上的所有元素，并计算这些元素的总和。主对角线是指从方阵左上角到右下角的那条斜线，该斜线上元素的特点是其行下标和列下标相等。

1) 先输入方阵的行数和列数 n，接着输入方阵中每个元素的值。

2) 若行下标和列下标相等，说明该元素是主对角线上的元素，则需要进行输出，元素间用空格分隔，并且需要将这些元素的值相加保存，然后换行输出这些元素的总和。

参考代码

```cpp
#include <iostream>
using namespace std;
int n, a[32][32], c;
int main()
{
    cin >> n;
    for (int i = 1; i <= n; i++)
        for (int j = 1; j <= n; j++)
            cin >> a[i][j];
    for (int i = 1; i <= n; i++)
        for (int j = 1; j <= n; j++)
            if (i == j)
            {
                cout << a[i][j] << " ";
                c += a[i][j];
            }
    cout << endl << c;
    return 0;
}
```

例5: 两条对角线上的和

现在有一个 $n \times n$ 的方阵，请你求出该方阵对角线上的所有元素的总和。(对角线包括主对角线和副对角线，$1 \le n \le 30$，元素的值不超过 10000。)

【输入格式】输入 $n+1$ 行。

第 1 行输入一个正整数 n，表示二维数组的行数和列数（均为 n）。

接下来输入 n 行，每行 n 个数，表示二维数组中每个元素。

【输出格式】输出一行，一个数，表示对角线上元素的总和。

【输入样例】3
　　　　　2 4 6
　　　　　5 3 9
　　　　　8 7 1

【输出样例】20

解析

主对角线和副对角线上的数均需要求和，即满足行下标等于列下标的，或者行下标和列下标之和与总的行数加 1 相等的，均需要求和。

参考代码

```cpp
#include <iostream>
using namespace std;
int n, a[30][30], c;
int main()
{
    cin >> n;
    for (int i = 1; i <= n; i++)
        for (int j = 1; j <= n; j++)
            cin >> a[i][j];
    for (int i = 1; i <= n; i++)
        for (int j = 1; j <= n; j++)
            if (i == j || i + j == n + 1)
                c += a[i][j];
    cout << c;
    return 0;
}
```

4.3　第 21 课：字符串与字符数组

在讲解字符串和字符数组之前，我们先回顾一下字符类型。大家还记得什么是字符类型吗？

字符类型（char）是一种数据类型，和实数类型、整型类似，不同的是一个字符类型变量可存储的内容为单个字符（蛙蛙发现自己记不起来了，于是他赶紧复习了 1.6 节的内容）。

字符变量定义为：char 字符变量;

字符类型是一个有序的类型，字符的大小顺序按其 ASCII 码的大小而定。

现在我们通过一个简单的案例考查一下你是否还记得字符类型的知识：请你按字母表顺序和逆序每隔一个字母打印字母表。

即要求你从 a 开始隔一个字母打印下一个字母，比如打印 a 之后打印 c，然后是 e，一直打印到最后一个字母 z（如果能打印到的话），再换行逆序从 z 开始直到打印字母 a（如果能打印到的话）结束，每两个字母之间需要打印一个空格。

输出的结果如下，但要求不能直接输出这些字符：

```
a c e g i k m o q s u w y
z x r v t p n l j h f d b
```

蛙蛙回顾完字符类型的知识点之后，觉得这很简单，只要从字符 a 遍历到字符 z，每次变化的量加 2 即可，也就是 `for (char i = 'a'; i <= 'z'; i += 2)`，接着输出 i，但要注意 i 是 char 类型的。倒序输出也类似，从字符 z 遍历到字符 a，每次减 2 即可，也就是 `for (char i = 'z'; i >= 'a'; i -= 2)`，然后输出 i，参考代码如下：

```cpp
#include <iostream>
using namespace std;
int main()
{
    for (char i = 'a'; i <= 'z'; i += 2)
        cout << i << " ";
    cout << endl;
    for (char i = 'z'; i >= 'a'; i -= 2)
        cout << i << " ";
    return 0;
}
```

编译运行后，果然无误，给蛙蛙和自己点个赞吧！

4.3.1　字符串

字符串主要有以下两种定义方式，一种不赋初始值，另一种赋初始值：

```cpp
string s1;  // 定义一个字符串 s1
string s2 = "Hello world!";  // 定义字符串 s2 并初始化字符串为"Hello world!"
```

注意　在 C++ 中，声明 string 通常需要包含 string 头文件，即 #include <string>。

字符串与字符的区别

字符与字符串的区别见表 4-2。

表 4-2 字符与字符串的区别

	字 符	字 符 串
区分标志	一对单引号	一对双引号
包含内容	1 个字符	0 个到多个字符
所占字节数	1 字节	字符个数+1 字节

注意 字符串的末尾隐藏了一个 '\0'，它的 ACSII 码的值为 0。

例 1：输出两个单词

蛙蛙在控制台输入了两个用空格隔开的单词，他现在希望这两个单词能换行输出。

【输入格式】输入一行，两个英文单词，用空格隔开。

【输出格式】输出两行，将输入的两个单词换行输出。

【输入样例】coding wa

【输出样例】coding
        wa

参考代码

```
#include <iostream>
#include <string>
using namespace std;
int main()
{
    string s1, s2; // 声明两个字符串变量
    cin >> s1 >> s2; // 输入这两个字符串
    cout << s1 << endl << s2; // 换行输出这两个字符串
    return 0;
}
```

4.3.2 字符数组

字符数组本质上是由一系列字符元素组成的数组，这些字符依次存储在内存中，其中每个字符占据一个存储单元，在 ASCII 编码下一个字符通常占 1 字节。

字符数组的定义

字符数组的定义格式与一般的数组相似，所不同的是数组类型是字符型，第一个元素同样是从下标 0 开始，而不是从下标 1 开始。具体的格式如下：

char 数组名[常量表达式1]…

例如：

```
char ch1[5]; // 数组 ch1 是一个具有 5 个字符元素的一维字符数组
char ch2[3][5]; // 数组 ch2 是一个具有 15 个字符元素的二维字符数组
```

字符数组的赋值

字符数组的赋值与一般的数组赋值相似，赋值分为数组的初始化和对数组元素进行赋值。

初始化的方式有用字符初始化和用字符串初始化两种，也有用数组元素赋值进行初始化的。

1) 用字符初始化数组

例如：`char chr1[5] = {'a','b','c','d','e'};`

说明：初始值表中的每个数据项是一个字符，用字符给数组 chr1 的各个元素初始化。

2) 用字符串初始化数组

例如：`char chr2[5] = "abcd";`

说明：字符串的长度应小于字符数组的大小，因为结尾还隐藏了一个'\0'。

3) 数组元素赋值

例如：`char chr[3];`

`chr[0] = 'a'; chr[1] = 'b'; chr[2] = 'c';`

字符数组常用函数

1) cin.getline 函数

格式：`cin.getline(字符串名称,字符数组长度)`

说明：使用 cin.getline 可以读取一行字符串，并将其存储到字符数组中。它会读取指定最多数量的字符，或者直到遇到换行符为止。

例如：`cin.getline(s1,100);`

输入 Hello World，以换行结束，s1 获取的结果是 Hello World。

2) strlen 函数

说明：求字符串的长度，如 a = strlen(a)即求字符数组 a 的长度。使用 strlen 函数需要使用 cstring 头文件，即#include <cstring>。

✏️ **例 2：统计数字个数**

蛙蛙在玩《神秘王国》这款游戏时，发现了一条神奇的字符通道。

这个通道中每天都会有一行神秘的字符缓缓流过，这些字符里藏着许多数字小精灵。蛙蛙现在的任务就是接收从这条通道中流出的这一行字符，找出其中隐藏的数字小精灵，并统计它们的数量。

【输入格式】输入一行，总长度不超过 255 的字符串。

【输出格式】输出一行，为字符串里面数字的个数。

【输入样例】Peking University is set up at 1898.

【输出样例】4

解析

1) 使用字符串引入 cstring 头文件，即：#include <cstring>。

2) 输入一行字符串可使用 cin.getline 函数，若字符数组名为 s，长度为 256，则有：cin.getline(s,256)。

3) 要统计数字字符的个数，需要遍历字符数组，即：

```
for (i = 0; i < len; i++)
{
    if (s[i] >= '0' && s[i] <= '9')
        n++; // n 表示数字字符的数量
}
```

参考代码

```
#include <iostream>
#include <cstring>
using namespace std;
int main()
{
    int n = 0, i, len = 0;
    char s[256];
    cin.getline(s,256);
    len = strlen(s);
    for (i = 0; i < len; i++)
    {
        if (s[i] >= '0' && s[i] <= '9')
            n++;
    }
    cout << n;
    return 0;
}
```

✏️ **例 3：只出现一次的字符**

给定一个只包含小写字母的字符串，请你找到第一个仅出现一次的字符，如果没有，则输出 no。

【输入格式】输入一行，一个字符串，长度小于 10000。

【输出格式】输出一行，为第一个仅出现一次的字符，若没有则输出 no。

【输入样例】 `abcabd`

【输出样例】 `c`

解析

1) 假设有一个字符串 s 为 abcabd，如图 4-3 所示，分别在字符数组下标 0 到 5 的位置。

图 4-3　只出现一次的字符解析 1

2) 要想查询某个字符出现的次数，可以让一个字符与字符串的所有字符相比较，比如用 s[0]，也就是字符 a 与字符串内的所有字符相比较，然后再记录这个字符出现了多少次，如图 4-4 所示。

图 4-4　只出现一次的字符解析 2

3) 我们可以用 k 来计算字符出现的次数。k 的初始值为 0，每出现当前字符一次，就加 1。还是以 s[0]，也就是字符 a 为例，a 出现了 2 次，k 的值最终为 2，不满足只出现一次的条件，如图 4-5 所示。

图 4-5　只出现一次的字符解析 3

4）再重新初始化 k 为 0，分别拿 s[1]、s[2]……与所有字符比较，发现字符 c 为第一个只
　出现一次的字符，输出 c 结束。

参考代码

```cpp
#include <iostream>
#include <cstring>
using namespace std;
int main()
{
    char s[10010];
    cin.getline(s, 10010);
    int len = strlen(s);
    for (int i = 0; i < len; i++)
    {
        int k = 0;
        for (int j = 0; j < len; j++)
        {
            if (s[i] == s[j])
                k++;
        }
        if (k == 1)
        {
            cout << s[i];
            break;
        }
    }
    return 0;
}
```

4.4　第 22 课：字符数组的基本操作

上节课我们已经学了 cin.getline 函数，它能够实现一个包含空格的字符串的读取，读取指定最多数量的字符，或者直到遇到换行符为止。

现在我们继续学习字符数组的格式化输入输出以及其他操作。

4.4.1　输入和输出

字符数组的输入

字符数组的输入可使用 scanf 函数（需要 cstdio 头文件）。

使用 scanf 语句可以输入多个字符串，%s 格式说明符可用于读取字符串，在碰到空格时停止读取。

输入单个字符串：scanf("%s",s1); // s1 表示字符数组名

输入多个字符串：scanf("%s%s%s",s1,s2,s3); // 输入多个字符串

示例代码：

```
#include <iostream>
#include <cstdio> // 使用 scanf 需要添加的头文件
using namespace std;
int main() {
    char str1[100],str2[100]; // 声明两个字符数组
    scanf("%s%s",str1,str2); // 输入两个不包含空格的字符串
    cout << str1 << " " << str2; // 输出这两个字符串，用空格隔开
    return 0;
}
```

字符数组的输出

字符数组的输出可使用 printf 函数（需要 cstdio 头文件）。

使用 printf 语句可以输出多个字符串，可在 printf 的格式字符串里使用多个 %s 占位符，然后依次列出对应的字符数组名。

输出单个字符串：printf("%s",s1); // 输出一个字符串

输出多个字符串：printf("%s %s %s",s1,s2,s3); // 输出一个字符串

需要注意以下两点。

1) 用 %s 格式输出时，printf 的输出项只能是字符串（字符数组）名称，而不能是数组元素。例如：printf("%s",a[5]);是错误的。
2) 输出字符串不包括字符串结束标识符 '\0'。

示例代码：

```
#include <iostream>
#include <cstdio>
using namespace std;
int main() {
    char str1[100],str2[100];
    scanf("%s%s", str1,str2);
    printf("%s %s",str1,str2); // 输出之前输入的两个字符串，并用空格隔开
    return 0;
}
```

4.4.2 实例讲解

例 1：过滤多余空格

一个句子中也许有多个连续的空格，现要求你过滤掉多余的空格，只留下一个空格进行输出。

【输入格式】输入一行，一个字符串（长度不超过 200），句子的开头和结尾都没有空格。

【输出格式】输出一行，为过滤掉多余空格之后的句子。

【输入样例】`Hello      world. This is    c language.`

【输出样例】`Hello world. This is c language.`

使用 scanf 函数只能一个一个读"单词",不读空格,可以使用 while (scanf("%s",st) == 1),它的功能是循环读入数据,在读不到的时候停止循环,代码如下:

```
while (scanf("%s", &st) == 1)
    printf("%s ", st);
```

参考代码

```
#include <iostream>
#include <cstdio>
using namespace std;
char st[201];
int main()
{
    while (scanf("%s", st) == 1) // 输入到空格就结束,相当于过滤掉所用空格
        printf("%s ", st); // %s 后面有空格,每输出一个单词就多输出一个空格
    return 0;
}
```

例2:替换文档

在应用计算机编辑文档的时候,我们经常遇到替换任务,例如把文档中的"电脑"都替换成"计算机",现在请你编程模拟一下这个操作。

输入两行内容,第1行是原文(长度不超过200个字符),第2行包含以空格分隔的两个字符 a 和 b,要求将原文中所有的字符 a 都替换成字符 b,注意区分大小写字母。

【输入格式】输入两行,第1行包含一个字符串(长度不超过200),中间有可能包含空格。

第2行包含两个以空格隔开的字符 a 和 b。

【输出格式】输出一行,为将原文中所有的字符 a 都替换成字符 b 的字符串。

【输入样例】`I love China. I love Beijing.`

`        I U`

【输出样例】`U love China. U love Beijing.`

解析

1) 首先要将给定的原文保存在字符串 s 内,注意输入的字符串可能包含空格,可以使用 cin.getline 函数。

2) 直接使用 cin 输入字符 a 和 b。

3) 在原文中，从头开始寻找字符 a，找到一个字符 a，便将其替换成字符 b，再继续寻找下一个字符 a，找到了就替换…… 直到将原文的所有字符都处理完。若 len 表示字符数组的长度、字符数组名为 s，则有：

```
for (int i = 0; i < len; i++)
{
    if (s[i] == a) // 若找到字符 a
        cout << b; // 将其替换为字符 b
    else
        cout << s[i]; // 若不是字符 a 则原样输出
}
```

参考代码

```cpp
#include <iostream>
#include <cstdio>
#include <cstring>
using namespace std;
char s[201], a, b;
int main()
{
    cin.getline(s,201);
    int len = strlen(s);
    cin >> a >> b;
    for (int i = 0; i < len; i++)
    {
        if (s[i] == a)
            cout << b;
        else
            cout << s[i];
    }
    return 0;
}
```

4.4.3 复制与比较

strcpy "复制" 函数

格式：strcpy(字符串 1,字符串 2);

说明：将字符数组 2 的字符复制到字符数组 1 中，返回字符串 1 的值。

示例代码：

```cpp
char a[10],b[]={"COPY"};  // 定义两个字符数组 a 和 b
strcpy(a,b);  // 将 b 中的 COPY 复制到 a 中
```

strcmp "比较" 函数

格式：strcmp(字符串 1,字符串 2);

说明如下。

1) 比较字符串 1 和字符串 2 的大小，比较的结果由函数带回：

    a. 如果字符串 1 **大于**字符串 2，返回一个正整数；

    b. 如果字符串 1 **等于**字符串 2，返回 0；

    c. 如果字符串 1 **小于**字符串 2，返回一个负整数。

2) 判断两个字符串的大小，是在字符串中自左向右逐个字符按其 ASCII 值的大小进行比较，比如：

    a. `"A" < "B"`，因为 B 的 ASCII 值是 66，A 是 65，所以 A 小于 B；

    b. `"A" < "AB"`，因为第一个字符串 A 后面没有字符，第二个字符串多了个 B，所以后面的字符串大；

    c. `"Apple" > "Aanana"`，首字母相等，比较第二个字母，第二个字母大的这个字符串大，所以前面一个字符串大。

注　以上两个函数均需要使用 cstring 头文件，即：include <cstring>。

📝 例 3：输出国家名

在国际交流日益频繁的今天，对国家名称进行有序管理和展示十分重要。蛙蛙想编写一个程序，对给定的国家名称列表进行排序处理，以便于后续的查询和展示，排序的规则是按其字母顺序。

【输入格式】 输入一行，共 10 个国家名，用空格隔开（国家名的长度不超过 20 个字母）。

【输出格式】 输出一行。按首字母大小顺序输出这十个国家名，若首字母相同，则对比第二个字母，以此类推，其中所有国家名均为首字母大写，其他字母为小写，不同国家用空格隔开。

【输入样例】 China India Japan Laos Kenya Malaysia Pakistan Maldives Australia Egypt

【输出样例】 Australia China Egypt India Japan Kenya Laos Malaysia Maldives Pakistan

解析

下面以输入样例为例进行讲解。

1) 从第一个国家开始，与后面的国家一个个比较，如果字符串 1 大于字符串 2，则将字符串 1 与字符串 2 互换位置，由于"China"小于"India"，所以不互换（见图 4-6）。

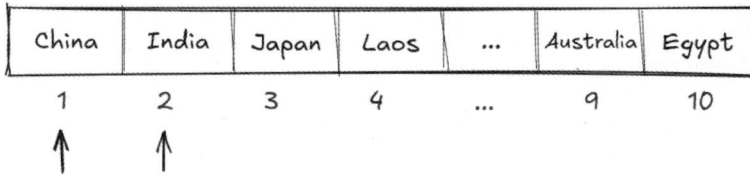

图 4-6 输出国家名解析 1

2) 接下来第一个国家继续与第三个国家相比较,如果字符串 1 大于字符串 3,则将字符串 1 与字符串 3 互换位置,由于"China"小于"Japan",依旧不互换(见图 4-7)。

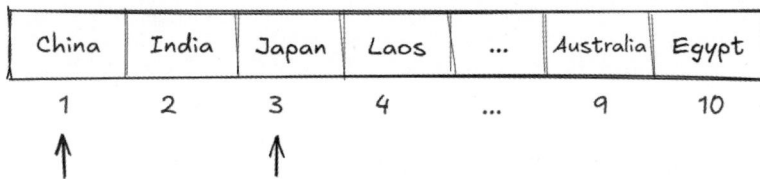

图 4-7 输出国家名解析 2

3) 当第一个国家与第九个国家相比较时,发现字符串 1 大于字符串 9,所以要将字符串 1 与字符串 9 互换位置,所以当前"Australia"的下标数字为 1,"China"的下标数字为 9(见图 4-8)。

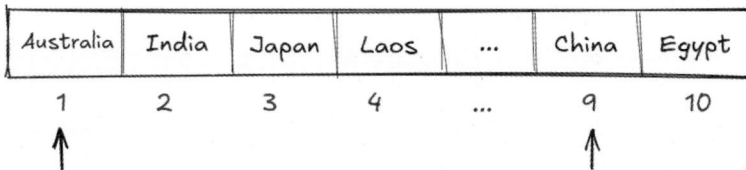

图 4-8 输出国家名解析 3

4) 当第一个国家与最后一个国家比较完之后,以第二个国家为参考点,接着让它与第三、第四,一直到最后一个国家相比较。如果字符串 2 大于后面的字符串,则将字符串 2 与后面小的字符串互换位置,一直比到最后一个国家(见图 4-9)。

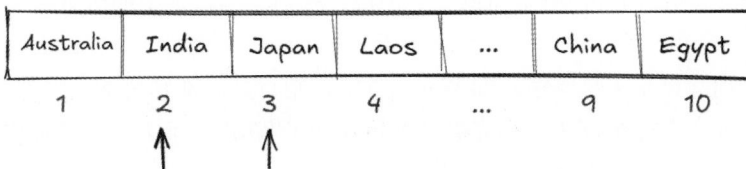

图 4-9 输出国家名解析 4

参考代码

```cpp
#include <iostream>
#include <cstring>
using namespace std;
int main()
{
    char t[21], cname[11][21]; // cname 二维数组用于保存多个国家的国家名
    for (int i = 1; i <= 10; i++)
        cin >> cname[i]; // 输入第 i 个国家的国家名
    for (int i = 1; i <= 9; i++)
    {
        int k = i;
        for (int j = i + 1; j <= 10; j++)
            if (strcmp(cname[k], cname[j]) > 0) // 当前国家名大
                k = j;
        strcpy(t, cname[i]);
        strcpy(cname[i], cname[k]);
        strcpy(cname[k], t); // 将小的国家名更新到当前位置
    }
    for (int i = 1; i <= 10; i++)
        cout << cname[i] << " ";
    return 0;
}
```

例 4：字符串判等

判断两个由大小写字母和空格组成的字符串在忽略大小写且忽略空格的情况下是否相等。

【输入格式】输入两行，每行包含一个字符串。

【输出格式】输出一行，若两个字符串在忽略大小写且忽略空格的情况下相等，则输出 YES，否则输出 NO。

【输入样例】a A bb BB ccc CCC
　　　　　　Aa BBbb CCCccc

【输出样例】YES

解析

1) 输入两行字符串，分别存储到字符数组 s1 和 s2 中。
2) 利用 for 循环遍历字符串中的每一个字符，将两个字符串中的所有大写字母转换为小写字母。
3) 再判断当前字符是不是空格，如果不是空格，则将其添加到新的字符数组中。
4) 通过 strcmp 函数比较两个字符串是否相等，如果相等（返回 0）则输出 YES，否则输出 NO。

参考代码

```cpp
#include <iostream>
#include <cstring>
using namespace std;
const int N = 256;
char s1[N], s2[N], a[N], b[N];
int l1, l2;
int main()
{
    cin.getline(s1, N);
    cin.getline(s2, N);
    for (int i = 0; i < strlen(s1); i++)
    {
        // 将大写字母全部转换成小写字母
        if (s1[i] >= 'A' && s1[i] <= 'Z')
            s1[i] += 32;
        // 删除字符串中所有空格
        if (s1[i] != ' ')
            a[l1++] = s1[i];
    }
    for (int i = 0; i < strlen(s2); i++)
    {
        if (s2[i] >= 'A' && s2[i] <= 'Z')
            s2[i] += 32;
        if (s2[i] != ' ')
            b[l2++] = s2[i];
    }
    if (strcmp(a, b) == 0)
        cout << "YES" << endl;
    else
        cout << "NO" << endl;
    return 0;
}
```

第 5 章

排序算法

排序在生活中有着广泛的应用，比如学校会对学生的成绩进行排名，购物软件会按销量或价格等对商品进行排序，跑步比赛时会按时间对运动员进行排序。排序帮助我们在各种场景下对事物进行合理的安排，以提高效率。

在信息学奥赛中，许多基础问题都涉及排序知识，比如给定一组数据，对这组数据进行排序，还有可能让你找出排名第几的元素，等等。

如何将一组数据从小到大或从大到小进行排序呢？我们跟着氪町博士一起来学习一下本章的四个排序算法吧！

5.1　第 23 课：选择排序

选择排序（selection sort）是一种简单、直观的比较排序算法，我们先来了解它的概念。

5.1.1　选择排序的概念及步骤

概念

选择排序的基本思想是：每一次从待排序的数据元素中选出最小（或最大）的一个元素，存放在序列的起始位置，直到全部待排序的数据元素排完。

步骤

1) 初始状态：无序区为 a[1,…,n]，有序区为空。
2) 第 i 轮排序（i = 1,2,3,…,n - 1）开始时，当前有序区和无序区分别为 a[1,…,i - 1]和 a[i,…,n]。该轮排序从当前无序区中选出最小的元素 a[k]，将它与无序区的第 1 个元素（即下标为 i 的元素）交换，使 a[1,…,i]和 a[i + 1,…,n]分别变为元素个数增加 1 个的新有序区和元素个数减少 1 个的新无序区。
3) N - 1 轮结束，数组就变有序了。

5.1.2 演示及实现

演示

假设有一个无序数组 arr=[5, 3, 8, 6, 2]，使用选择排序对其进行升序排列的过程如下。

1) 第一轮排序。在整个数组[5, 3, 8, 6, 2]中找到最小的元素 2，将其与数组的第一个元素 5 交换位置，得到数组[2, 3, 8, 6, 5]。此时，已排序部分为[2]，未排序部分为[3, 8, 6, 5]。

2) 第二轮排序。在未排序部分[3, 8, 6, 5]中找到最小的元素 3，由于 3 已经在未排序部分的开头，无须交换。已排序部分变为[2, 3]，未排序部分为[8, 6, 5]。

3) 第三轮排序。在未排序部分[8, 6, 5]中找到最小的元素 5，将其与未排序部分的第一个元素 8 交换位置，得到数组[2, 3, 5, 6, 8]。已排序部分变为[2, 3, 5]，未排序部分为[6, 8]。

4) 第四轮排序。在未排序部分[6, 8]中找到最小的元素 6，由于 6 已经在未排序部分的开头，无须交换。已排序部分变为[2, 3, 5, 6]，未排序部分为[8]。

5) 第五轮排序。此时未排序部分只有一个元素 8，整个数组已经有序，排序完成，最终得到有序数组[2, 3, 5, 6, 8]。

代码实现

```cpp
#include <iostream>
using namespace std;
int main()
{
    int arr[] = {5, 3, 8, 6, 2};
    int n = 5;
    // 选择排序的核心代码
    for (int i = 0; i < n - 1; i++)
    {
        int minIndex = i;
        for (int j = i + 1; j < n; j++)
        {
            if (arr[j] < arr[minIndex]) // 找无序区的最小值
            {
                minIndex = j;
            }
        }
        // 交换元素
        if (minIndex != i)
        {
            int temp = arr[i];
            arr[i] = arr[minIndex];
            arr[minIndex] = temp;
        }
    }
```

```
    // 输出排序后的数组
    cout << "排序后的数组: ";
    for (int i = 0; i < n; i++)
    {
        cout << arr[i] << " ";
    }
    return 0;
}
```

运行结果：

排序后的数组：2 3 5 6 8

5.1.3 实例讲解

例 1：成绩排名

期末考试结束以后，语文老师想把班级中 n 位学生的成绩按照从高到低的顺序进行排列，并公布排名，请写程序帮助老师完成这个步骤。（一个班最多有 50 人。）

【输入格式】输入两行。

第 1 行输入一个正整数 n，表示班级总人数（ $2 \leqslant n \leqslant 50$ ）。

第 2 行共输入 n 个整数，表示每个人的分数。

【输出格式】输出一行，用空格隔开的 n 个数表示按照从高到低顺序排列的分数。

【输入样例】5
　　　　　95 92 94 90 97

【输出样例】97 95 94 92 90

解析

前面的代码实现是给定一个无序数组，把这个数组从小到大排序，而本题要求从大到小排序，只需将每次找最小值改为找最大值即可，这样就可以按照从大到小排序。

参考代码

```
#include <iostream>
using namespace std;
int arr[55];
int main()
{
    int n;
    cin >> n;
    for(int i = 0; i < n; i++) cin >> arr[i];
```

```
    // 选择排序的核心代码
    for (int i = 0; i < n - 1; i++)
    {
        int maxIndex = i;
        for (int j = i + 1; j < n; j++)
        {
            if (arr[j] > arr[maxIndex]) // 找无序区的最大值
            {
                maxIndex = j;
            }
        }
        // 交换元素
        if (maxIndex != i)
        {
            int temp = arr[i];
            arr[i] = arr[maxIndex];
            arr[maxIndex] = temp;
        }
    }
    for (int i = 0; i < n; i++)
    {
        cout << arr[i] << " ";
    }
    return 0;
}
```

🖋 例 2：同时找最大值和最小值

我们刚刚学习了从一组数中找出最大值或者最小值的方法，如果一道题目既要求找出最大值，又要求找出最小值，该怎么办呢？

其实，遇到这类题目时，只需对数据进行排序即可。无论是将数据按照从小到大排序，还是按照从大到小排序，一旦排序完成，我们所需要的最大值和最小值就会出现在数组的两端。

具体来说，若按从小到大排序，最小值就在数组的第一个位置，最大值则在最后一个位置；若按从大到小排序，则最大值在数组的第一个位置，最小值在最后一个位置。通过排序，我们可以轻松地获取这两个关键元素，从而解决问题。

蛙蛙已经独立完成这个程序了，你可以将最大值和最小值同时输出吗？

参考代码

```
#include <iostream>
using namespace std;
int arr[55];
int main()
{
    int n;
    cin >> n;
    for(int i = 0; i < n; i++) cin >> arr[i];
    // 选择排序的核心代码，从大到小排序
```

```
for (int i = 0; i < n - 1; i++)
{
    int maxIndex = i;
    for (int j = i + 1; j < n; j++)
    {
        if (arr[j] > arr[maxIndex]) // 找无序区的最大值
        {
            maxIndex = j;
        }
    }
    // 交换元素
    if (maxIndex != i)
    {
        int temp = arr[i];
        arr[i] = arr[maxIndex];
        arr[maxIndex] = temp;
    }
}
cout << arr[0] << " " << arr[n - 1];  // 分别输出了最大值和最小值
return 0;
}
```

5.2　第 24 课：冒泡排序

顾名思义，这个算法的名字由来是最小的元素在不断交换中，像气泡一样慢慢"浮"到数列的顶端。先来了解一下它的概念。

5.2.1　冒泡排序的概念及步骤

概念

冒泡排序（bubble sort）是一种基础排序算法。

它会重复地走访要排序的数列，一次比较两个元素，如果它们的顺序错误，就把它们交换过来。走访数列的工作重复进行，直到再没有元素需要交换，也就是说该数列已经排序完成。

步骤（以从小到大排序为例）

1) 先比较相邻的元素，如果第一个比第二个大，就交换它们两个。

2) 对每一对相邻元素做同样的工作，从开始的第一对到结尾的最后一对，这一步做完后，最后的元素会是最大的数。

3) 针对所有的元素重复以上的步骤，除了最后一个。

4) 每次对越来越少的元素重复上面的步骤，直到没有任何一对数需要比较。

5.2.2 演示及实现

演示

下面以将数组 [5，3，8，4，2] 按照从小到大排序为例，详细说明冒泡排序的过程。

1) 第一轮排序

    a. 比较第 1 个和第 2 个元素（5 和 3），因为 5 > 3，所以交换它们的位置，数组变为 [3，5，8，4，2]。

    b. 比较第 2 个和第 3 个元素（5 和 8），因为 5 < 8，所以位置不变，数组还是 [3，5，8，4，2]。

    c. 比较第 3 个和第 4 个元素（8 和 4），因为 8 > 4，所以交换它们的位置，数组变为 [3，5，4，8，2]。

    d. 比较第 4 个和第 5 个元素（8 和 2），因为 8 > 2，所以交换它们的位置，数组变为 [3，5，4，2，8]。

    经过第一轮排序，最大的元素 8 已经"浮"到了数组的末尾。

2) 第二轮排序

    a. 比较第 1 个和第 2 个元素（3 和 5），因为 3 < 5，所以位置不变，数组还是 [3，5，4，2，8]。

    b. 比较第 2 个和第 3 个元素（5 和 4），因为 5 > 4，所以交换它们的位置，数组变为 [3，4，5，2，8]。

    c. 比较第 3 个和第 4 个元素（5 和 2），因为 5 > 2，所以交换它们的位置，数组变为 [3，4，2，5，8]。

    经过第二轮排序，第二大的元素 5 也到了它最终的位置。

3) 第三轮排序

    a. 比较第 1 个和第 2 个元素（3 和 4），因为 3 < 4，所以位置不变，数组还是 [3，4，2，5，8]。

    b. 比较第 2 个和第 3 个元素（4 和 2），因为 4 > 2，所以交换它们的位置，数组变为 [3，2，4，5，8]。

4) 第四轮排序

    a. 比较第 1 个和第 2 个元素（3 和 2），因为 3 > 2，所以交换它们的位置，数组变为 [2，3，4，5，8]。

代码实现

```cpp
#include <iostream>
using namespace std;
int main()
{
    int arr[] = {5, 3, 8, 4, 2};
    int n = 5;
    // 冒泡排序
    for (int i = 0; i < n - 1; i++)
    {
        for (int j = 0; j < n - i - 1; j++)
        {
            if (arr[j] > arr[j + 1])
            {
                // 交换 arr[j]和 arr[j + 1]
                int temp = arr[j];
                arr[j] = arr[j + 1];
                arr[j + 1] = temp;
            }
        }
    }
    cout << "排序后的数组: ";
    for (int i = 0; i < n; i++)
    {
        cout << arr[i] << " ";
    }
    return 0;
}
```

5.2.3 实例讲解

例1：第 k 小的数

给定一个长度为 n（$1 \leqslant n \leqslant 10000$）的序列，问该序列中第 k（$1 \leqslant k \leqslant n$）小的元素是多少。

【输入格式】输入两行。

第1行输入两个整数 n 和 k。

第2行输入 n 个数，表示这个序列。

【输出格式】输出一行，为第 k 小的元素。

【输入样例】5 3

         18 23 4 5 12

【输出样例】12

解析

通过冒泡排序对序列进行从小到大排序，排在第几位就是第几小的元素，直接输出这个元素即可。

参考代码

```cpp
#include <iostream>
using namespace std;
int s[10001];
int main()
{
    int n, k;
    cin >> n >> k; // n 表示共 n 个数，k 表示输出第 k 个元素
    for (int i = 1; i <= n; i++)
        cin >> s[i];
    for (int i = 1; i <= n - 1; i++)
    {
        for (int j = 1; j <= n - i; j++)
        {
            if (s[j] > s[j + 1]) // 从小到大排序
            {
                int t;
                t = s[j];
                s[j] = s[j + 1];
                s[j + 1] = t;
            }
        }
    }
    cout << s[k]; // 数组下标从 1 开始，所以第 k 小的元素即为 s[k]
    return 0;
}
```

5.2.4　冒泡排序优化

在某些序列，比如[12, 35, 99, 18, 76]的冒泡排序过程中，我们不难发现，第二轮排序进行完之后，整个序列已经是有序的了，也就是说第二轮排序结束就可以不用进行接下来的比较了。

因此我们可以对刚才的程序进行优化。那么什么时候可以结束排序过程呢？经过观察我们发现，如果某轮排序过程中没有交换发生，那么就说明序列已经有序，无须再次比较了。

优化代码

```cpp
#include <iostream>
using namespace std;
int main()
{
    int n, flag = 1; // flag 标记是否有交换
    int arr[200];
```

```
cin >> n;
for (int i = 1; i <= n; i++)
    cin >> arr[i];
for (int i = 1; i <= n - 1; i++)
{
    if (flag == 0) // 没有交换，直接结束排序
        break;
    flag = 0; // 每轮比较均初始化 flag
    for (int j = 1; j <= n - i; j++)
    {
        if (arr[j] > arr[j + 1])
        {
            flag = 1; // 有交换发生则标记为 1
            int t = arr[j];
            arr[j] = arr[j + 1];
            arr[j + 1] = t;
        }
    }
}
for (int i = 1; i <= n; i++)
    cout << arr[i] << " ";
return 0;
}
```

例2：枇杷树

蛙蛙在他的果树林里种了两个品种的枇杷树，第一种高度为 2 米，第二种高度为 3 米。

它们在园地中从低到高排成了一排，现在蛙蛙只知道他一共种了 n 棵枇杷树，但不知道每种枇杷树各有多少棵。

但他有一份树高记录表，每种一棵树他就会在表中做记录。由于枇杷树并不是按照从低到高的顺序种植的，所以表中的记录是无序的。他打算把种植的这一排枇杷树的前 m 棵卖掉，请问第 m 棵枇杷树的高度是 2 还是 3？

【输入格式】输入两行。

第 1 行是两个由空格隔开的整数 n、m，表示一共有 n 棵枇杷树（$n < 10000$），求种的第 m 棵枇杷树的高度。

第 2 行是 n 个由空格隔开的整数，$h_1, h_2, \cdots, h_n$，分别表示一棵树的高度。

【输出格式】输出一行，为种的树中第 m 棵树的高度。

【输入样例】8 2

　　　　　2 3 3 2 2 3 3 2

【输出样例】2

解析

根据输入的 n 和 m，对第二行输入的 n 个整数进行排序，从排序后的数组中直接取出第 m 个整数，该整数就是第 m 棵枇杷树的高度。

比如在样例中，排序后第 2 棵枇杷树的高度为 2 米，所以输出为 2。

参考代码

```cpp
#include <iostream>
using namespace std;
int s[10001];
int main()
{
    int n, m, flag = 1;
    cin >> n >> m;
    for (int i = 1; i <= n; i++)
        cin >> s[i];
    for (int i = 1; i <= n - 1; i++)
    {
        if (flag == 0)
            break;
        flag = 0;
        for (int j = 1; j <= n - i; j++)
        {
            int t;
            if (s[j] > s[j + 1])
            {
                flag = 1;
                t = s[j + 1];
                s[j + 1] = s[j];
                s[j] = t;
            }
        }
    }
    cout << s[m];
    return 0;
}
```

5.3 第25课：插入排序

过年了，蛙蛙和家里人一起打扑克牌，他发现自己总是将扑克牌有序地拿在手上，当抓到一张新牌的时候，也会将此牌有序放置。类似于蛙蛙这种排序方式，称为插入排序。

5.3.1 插入排序的概念及步骤

概念

插入排序（insertion sort）是一种简单、直观且稳定的排序算法。

如果有一个已经有序的数据序列，要求在这个数据序列中插入一个数，插入后此数据序列仍然有序，这个时候就要用到一种新的排序方法——插入排序。

插入排序的基本操作就是将一个数据插入已经排好序的有序数列中，从而得到一个新的、个数加 1 的有序数列，该算法适用于少量数据的排序。

步骤

1) 从第一个元素开始，该元素被认为已排序。

2) 取出下一个元素，在已排序的序列中从后往前扫描。

3) 如果已排序的序列中该元素大于新元素，将该元素移到下一个位置。

4) 重复步骤 3)，直到找到已排序的元素小于或者等于新元素的位置。

5) 将新元素插入后，重复步骤 2) ~ 5)。

5.3.2 演示及实现

接下来我们以对序列[5，6，3，1，8，7]从小到大排序为例来讲解插入排序的具体过程。

第一步：有序序列为[5]，从第二个数 6 开始进行插入排序。因为 5 是小于 6 的，所以位置不用改动，在第二个位置插入数字 6，得到有序序列[5，6]。

第二步：有序序列为[5，6]，从第三个数 3 开始进行插入排序。由于 5、6 均大于 3，因此数字 5、6 各需要往后挪一个位置，然后再将 3 放到第一个位置，得到有序序列[3，5，6]。

第三步：有序序列为[3，5，6]，从第四个数 1 开始进行插入排序。由于 3、5、6 均大于 1，因此数字 3、5、6 需要往后挪一个位置，然后再将 1 放到第一个位置，得到有序序列[1，3，5，6]。

第四步：有序序列为[1，3，5，6]，从第五个数 8 开始进行插入排序。由于 1、3、5、6 都是小于 8 的，所以位置不用改动，在最后一个位置插入数字 8，得到有序序列 [1，3，5，6，8]。

第五步：有序序列为[1，3，5，6，8]，从第六个数 7 开始进行插入排序。因为 1、3、5、6 都是小于 7 的，所以位置不用改动。由于 8 大于 7，因此把它往后挪一个位置，然后在 6 和 8 之间插入数字 7，得到有序序列[1，3，5，6，7，8]。

至此，整个插入排序过程完成。

代码实现

```
#include <iostream>
using namespace std;
int arr[10005];
int main()
{
    // key 用于暂存当前要插入的元素，j 用于遍历已排序部分
    int n, key, j;
```

```
cin >> n;
// 读取 n 个元素, 并将它们存储到数组 arr 中
for (int i = 0; i < n; i++)
    cin >> arr[i];
// 从第二个元素 (下标为 1) 开始进行插入排序, 第一个元素 (下标为 0) 可看作已排序
for (int i = 1; i < n; i++)
{
    // 暂存当前要插入的元素
    key = arr[i];
    // j 初始化为 i - 1, 指向已排序部分的最后一个元素
    j = i - 1;
    // 当 j 大于或等于 0 且当前要插入的元素小于已排序部分的元素时
    while (j >= 0 && key < arr[j])
    {
        // 将已排序部分中大于 key 的元素向后移动一位
        arr[j + 1] = arr[j];
        // j 减 1, 继续向前比较
        j--;
    }
    // 找到合适的位置后, 将 key 插入该位置
    arr[j + 1] = key;
}
for (int i = 0; i < n; i++)
    cout << arr[i] << ' ';
return 0;
}
```

5.3.3 实例讲解

📝 **例 1: 批改试卷**

在一次考试过后, 老师将批改完的试卷按分数从低到高的顺序整理好了, 但是整理完之后老师发现有 m 份试卷掉在地上没有批改, 于是就拿起来重新批改并打上分数。

请你帮老师将重新批改好的试卷插入已经整理好的试卷之中, 而不改变试卷分数的高低顺序。

【输入格式】输入三行。

第 1 行为正整数 n 和 m, 分别表示试卷的份数 (除去漏改的 m 份) 以及漏改试卷的份数 ($0 < n \leq 40000$, $0 \leq m \leq 500$)。

第 2 行为 n 个整数, 分别表示 n 份试卷按分数由低到高的顺序排列的分数 ($0 \sim 100000$)。

第 3 行为 m 个整数, 分别表示 m 份遗忘试卷的分数 ($0 \sim 100000$)。

【输出格式】输出一行, $n+m$ 个有序 (由低到高) 整数, 为整理完成的试卷的分数。

【输入样例】10 2

45 55 60 65 70 75 80 85 90 95

80 97

【输出样例】 45 55 60 65 70 75 80 80 85 90 95 97

解析

已批改试卷分数是数组 a 的前 n 个元素，为 [45, 55, 60, 65, 70, 75, 80, 85, 90, 95]；漏改试卷分数是数组 a 的第 n + 1 到第 n + m 个元素，为 [80, 97]。

1) 处理第一个漏改试卷分数 80。从 a 的开头遍历，当 i = 6（i 从 0 开始）时，a[6] = 80，80 不小于 80，所以继续向后遍历；当 i = 7 时，a[7] = 85，80 小于 85，所以插入位置为 i = 7。将 a 中第 7 个及后面的元素向后移动一位，然后将 80 放入第 7 的位置，此时 a 的前 n + 1 个元素变为 [45, 55, 60, 65, 70, 75, 80, 80, 85, 90, 95]。

2) 处理第二个漏改试卷分数 97。从 a 的开头遍历，当 i = 10 时，a[10] = 95，97 大于 95，继续向后遍历，发现已经遍历到数组末尾，所以插入位置为 i = 11。将 a 中第 11 个及后面的元素（没有）向后移动一位（不操作），然后将 97 放入第 11 的位置，此时 a 数组变为 [45, 55, 60, 65, 70, 75, 80, 80, 85, 90, 95, 97]。

最后输出 a 数组中的所有元素，即 45 55 60 65 70 75 80 80 85 90 95 97。

参考代码

```cpp
#include <iostream>
using namespace std;
int a[41005];
int main()
{
    int n, key, j, m;
    cin >> n >> m;
    for (int i = 1; i <= m + n; i++)
        cin >> a[i];
    for (int i = n + 1; i <= m + n; i++)
    {
        key = a[i];
        j = i - 1;
        while (j >= 1 && key < a[j])
        {
            a[j + 1] = a[j];
            j--;
        }
        a[j + 1] = key;
    }
    for (int k = 1; k <= m + n; k++)
        cout << a[k] << ' ';
    return 0;
}
```

5.4 第 26 课：计数排序

前面所讲述的都是需要比较才能进行的排序，现在我们学习一种非比较型的整数排序算法，它是利用元素的数值范围来统计元素出现的次数，进而实现的排序。

5.4.1 计数排序的概念及步骤

概念

当需要排序的数据在一个明显有限的范围内（整型）时，我们可以将数组下标与数值一一对应，将每个数值放进与它对应的数组元素中，然后按照顺序输出数组下标，得到有序的序列。这种排序方式，我们称为计数排序（counting sort）。

步骤

1) 初始化数组：创建一个长度比元素最大值大 1 的数组，用于记录每个元素出现的次数，数组元素的初始值默认为 0。
2) 计数：读取待排序元素的数量，并逐个读取元素，将对应元素值作为数组下标，该下标位置的计数加 1。
3) 输出结果：按照元素值从小到大的顺序遍历数组，依据每个下标位置的计数值，输出对应元素相应次数。

5.4.2 演示及实现

演示

我们以输入的 5 个数 [3, 1, 2, 3, 1] 为例，来演示计数排序的过程。

1) 先定义一个大小为 5 的数组 a，用于统计每个元素出现的次数。在这个例子开始时，数组 a 的所有元素默认初始化为 0，即 a = [0, 0, 0, 0, 0]。
2) 计数

   a. 读取第一个数 3：将 a[3] 的值加 1，此时 a = [0, 0, 0, 1, 0]。
   b. 读取第二个数 1：将 a[1] 的值加 1，此时 a = [0, 1, 0, 1, 0]。
   c. 读取第三个数 2：将 a[2] 的值加 1，此时 a = [0, 1, 1, 1, 0]。
   d. 读取第四个数 3：将 a[3] 的值再加 1，此时 a = [0, 1, 1, 2, 0]。
   e. 读取第五个数 1：将 a[1] 的值再加 1，此时 a = [0, 2, 1, 2, 0]。

   此时，计数数组 a 记录了每个元素出现的次数：a[1] = 2 表示数字 1 出现了 2 次；a[2] = 1 表示数字 2 出现了 1 次；a[3] = 2 表示数字 3 出现了 2 次。

3) 按元素值从小到大的顺序遍历计数数组 a，根据每个位置的计数值输出相应个数的下标。

代码实现（假设输入的数最大到 10000）

```cpp
#include <iostream>
using namespace std;
int main()
{
    int a[10005] = {0};
    int input[] = {3, 1, 2, 3, 1}; // 输入的五个数
    int n = 5;
    for (int i = 0; i < n; i++)
    {
        int t = input[i];
        a[t]++; // 计数
    }
    for (int i = 1; i <= 10000; i++) // 遍历所有的下标
    {
        for (int j = 1; j <= a[i]; j++) // 输出 a[i]个下标
        {
            cout << i << " ";
        }
    }
    return 0;
}
```

5.4.3 实例讲解

📖 **例 1：奇怪的排序**

现在有 n 个整数，这些数的取值范围为-1000 到 1000，请你设计程序，将这些数据按照从大到小排序后输出。

【输入格式】 输入两行。

第 1 行输入一个正整数 n（$-1000 \leq n \leq 1000$）。

第 2 行输入 n 个用空格隔开的整数。

【输出格式】 输出一行，n 个用空格隔开的整数。

【输入样例】 5

      -1 2 4 -3 5

【输出样例】 5 4 2 -1 -3

解析

1) 创建一个长度为 2001 的计数数组 a，用于统计每个元素出现的次数。

2) 读取输入的整数 n，表示待排序元素的数量。

3) 读取 n 个整数，对于每个整数 t，将其映射到计数数组的下标 t + 1000，并将该下标的计数值加 1。

4) 从计数数组的最大下标 2000 开始反向遍历到下标 0，对于每个下标 i，如果计数值 a[i] 大于 0，则输出 i - 1000 共 a[i] 次。

参考代码

```cpp
#include <iostream>
using namespace std;
int a[2100];
int main()
{
    int n, t;
    cin >> n;
    for (int i = 1; i <= n; i++)
    {
        // 读取一个数 t
        cin >> t;
        // 将数 t 映射到数组 a 的下标位置并计数（加 1）
        a[t + 1000]++;
    }
    // 从大到小遍历数组 a（对应数从 1000 到 -1000）
    for (int i = 2000; i >= 0; i--)
    {
        // 根据每个数的计数，输出相应个数的该数
        for (int j = 1; j <= a[i]; j++)
            cout << i - 1000 << ' ';
    }
    return 0;
}
```

5.4.4 计数排序的去重与计数

我们可以利用计数排序来完成去重与计数的任务。

1) 解决去重问题时，只需将每个数据装入数组中，再根据数组中是否有数据（count[i] > 0），来输出对应的下标，而不需要循环输出多个下标。

2) 解决计数问题时，输出数组中的数据即为元素出现的次数。

例 1：教务主任的烦恼（去重）

蛙蛙所在的学校近期统计了师生的年龄数据，教务处主任希望你帮忙把这些年龄从小到大排序，重复的年龄只保留一个。

作为编程小高手的你能帮他解决这个问题吗？

【输入格式】输入两行。

第 1 行输入整数 *n*，表示要输入 *n* 位师生的年龄。

第 2 行输入 n 个整数，用空格隔开，分别表示每一位老师或学生的年龄。

（$0 < n \leqslant 100000$，年龄在 1 和 100 之间）

【输出格式】输出一行，去掉重复项后从小到大排列的年龄，年龄用空格隔开。

【输入样例】10

　　　　　15 28 35 15 45 23 14 19 26 33

【输出样例】14 15 19 23 26 28 33 35 45

参考代码

```cpp
#include <iostream>
using namespace std;
int a[105];
int main()
{
    int n, t;
    cin >> n;
    for (int i = 1; i <= n; i++)
    {
        cin >> t;
        a[t]++;
    }
    for (int i = 1; i <= 100; i++)
        if (a[i]) // 数据不为 0, 输出一次
            cout << i << ' ';
    return 0;
}
```

例 2：信息学成绩统计（计数）

蛙市中小学刚刚结束期中测试，信息学老师想统计全市学生信息学的得分情况，即得到某些分数的人数，以便改进教学内容和方法，提高同学们的信息学成绩。同学们写个程序，帮助老师实现吧。

【输入格式】输入三行。

第 1 行是两个由空格分隔的正整数 n 和 k，其中 n 表示全市所有学生的人数，k 表示老师想要统计 k 个分数的人数。

第 2 行共有 n 个由空格分隔的正整数，表示每一位学生的成绩。

第 3 行有 k 个由空格分隔的正整数，表示想要统计的 k 个分数。

（$1 \leqslant n \leqslant 10000$，$k \geqslant 0$，分数在 100 以内。）

【输出格式】输出一行，k 个由空格分隔的正整数，对应每个得分的学生数。

【输入样例】10 3

90 96 60 65 67 72 75 75 80 85

65 75 95

【输出样例】1 2 0

参考代码

```cpp
#include <iostream>
using namespace std;
int t[105];
int main()
{
    int a,n,k;
    cin >> n >> k;
    for (int i = 1; i <= n; i++)
    {
        cin >> a;
        t[a]++;
    }
    for (int i = 1; i <= k; i++)
    {
        cin >> a;
        cout << t[a] << ' '; // 查找a出现的次数
    }
    return 0;
}
```

第 6 章

基础算法

算法是信息学奥赛考查的核心内容，随着赛事的发展，竞赛的题目也在不断地创新与变化，对算法的要求也越来越高，因此同学们需要掌握更多的算法知识。在此之前，为了平稳地过渡，我们要先掌握一些基础算法。

6.1　第 27 课：暴力枚举

氪町博士想通过一个问题，带蛙蛙学习枚举知识，他想到了我国古代数学家张邱建在《算经》一书中提出的百钱买百鸡的问题：鸡翁一值钱五，鸡母一值钱三，鸡雏三值钱一，百钱买百鸡，问鸡翁、鸡母、鸡雏各几何？

意思是一只公鸡值 5 元，一只母鸡值 3 元，而 1 元可买 3 只小鸡。现有 100 元钱，想买 100 只鸡，可买公鸡、母鸡、小鸡各几只？

6.1.1　枚举的概念与案例实现

氪町博士告诉蛙蛙，可通过枚举来解这个题目。所谓枚举就是列出一个范围内的所有成员，或者说是将所有情况都举出，并判断其是否符合题目条件。

常见的枚举有以下几种。

1) 寻找可行解：某些问题可能的解处于一个有限的范围之内，这时就可以枚举全部可能的解，然后逐一检查这些解是否符合问题的要求，像氪町博士提出的百钱买百鸡的问题就是寻找可行解。

2) 确定最优解：在一些求最优值的问题中，可通过枚举所有可能的情况，再比较每种情况的目标值，从而确定最优解。

3) 预处理数据：在处理复杂问题时，可先通过枚举对数据进行预处理，获取一些必要的信息，从而简化后续的计算。

4) 缩小搜索范围：枚举部分条件，能够缩小后续搜索的范围，减少不必要的计算。

5) 验证算法正确性：在设计出一个复杂算法之后，可使用枚举算法对一些小规模的特殊情况进行求解，再将结果与复杂算法的结果进行对比，以此验证复杂算法的正确性。或者通过枚举所有可能的输入情况，检查程序在每种情况下的输出是否符合预期，从而定位和修复程序中的错误。

案例实现

蛙蛙准备先使用数学知识来解决这个问题，他先假设共买了 x 只公鸡、y 只母鸡、z 只小鸡，接着列出了一个方程组，即：

$$\begin{cases} x+y+z=100 & （三种鸡总共 100 只） \\ 5x+3y+z/3=100 & （三种鸡一共花了 100 元） \end{cases}$$

根据题目要求，同时满足上述两个条件的 x、y、z 值就是所求，但是蛙蛙通过数学知识实在不知道该如何去求解，还是要用到编程。

为了解决以上问题，蛙蛙准备通过三重循环将所有的情况都列举一遍，最外层循环遍历公鸡数量、第二层循环遍历母鸡数量、第三层循环遍历小鸡数量，然后通过 if 判断是不是满足条件，如果满足条件，便输出。

参考代码

```cpp
#include <iostream>
using namespace std;
int main()
{
    for (int x = 0; x <= 100; x++) // 遍历公鸡数量
        for (int y = 0; y <= 100; y++) // 遍历母鸡数量
            for(int z = 0; z <= 100; z++) // 遍历小鸡数量
                if (x + y + z == 100 && 5 * x + 3 * y + z / 3 == 100)
                    cout << x << " " << y << " " << z << endl;
    return 0;
}
```

运行结果：

```
0 25 75
3 20 77
4 18 78
7 13 80
8 11 81
11 6 83
12 4 84
----------------------------------
```

蛙蛙观察运行结果，发现有几组输出是不符合条件的，比如 3 20 77，不可能有 77 只小鸡，因为一元可以买 3 只小鸡，所以小鸡的数量一定是 3 的倍数。所以除了要满足 x + y + z == 100 && 5 * x + 3 * y + z / 3 == 100 外，还需要加上一个条件 z % 3 == 0。改完之后编译运行，结果如下：

```
0 25 75
4 18 78
8 11 81
12 4 84
--------------------------------
```

于是蛙蛙很开心地告诉氪町博士，一共有上述四种情况。氪町博士很开心，因为蛙蛙不仅回答对了问题，而且在无意间也学会了枚举。蛙蛙首先枚举了公鸡的所有情况，再枚举了母鸡的所有情况，最后还枚举了小鸡的所有情况，符合条件就将其输出。

但是氪町博士补充道，这并不是一个很好的枚举程序，因为其时间复杂度相对来说较高，可以对其进行优化。

时间复杂度

时间复杂度是用来衡量算法运行时间与输入规模之间关系的一个概念。它描述了随着输入规模的增长，算法执行时间的增长趋势，通常用大 O 符号来表示，比如 $O(1)$、$O(n)$、$O(n^2)$ 等。

1) $O(1)$ 意味着算法的执行时间与输入规模无关，始终是一个固定的常数。例如，访问数组中的一个特定元素，无论数组大小如何，都可以在常数时间内完成。

2) $O(n)$ 意味着算法的执行时间与输入规模成正比。例如，遍历一个长度为 n 的数组，对每个元素进行一次操作，操作次数与数组长度 n 直接相关。

3) $O(n^2)$ 常出现于双层嵌套循环的算法，例如冒泡排序，其执行时间与输入规模的平方成正比。当 n 增大时，执行时间增长较快。

4) 其他的时间复杂度，例如 $O(\log n)$、$O(2^n)$，我们后续都会遇到。

案例优化

公鸡最多买 100 / 5 只，所以 x 的取值范围是 0 到 100 / 5，母鸡最多买 100 / 3，所以 y 的取值范围是 0 到 100 / 3，依此来分析，小鸡的取值范围是 0 到 3 * 100，由于最多买 100 只鸡，所以小鸡的取值范围依然是 0 到 100。

在确定公鸡和母鸡的数量之后，小鸡的数量便可以由公鸡和母鸡的数量推算出来。因为要买 100 只鸡，所以小鸡的数量 = 100 - 公鸡的数量 - 母鸡的数量。

所以我们便可以将三重 for 循环的程序优化成两重，同时优化每一层遍历的次数，但别忘了小鸡的数量是 3 的倍数。代码优化后如下：

```cpp
#include <iostream>
using namespace std;
int main()
{
    for (int x = 0; x <= 100 / 5; x++) // 公鸡数量
        for (int y = 0; y <= 100 / 3; y++) // 母鸡数量
        {
            int z = 100 - x - y; // 小鸡数量
            if (5 * x + 3 * y + z / 3.0 == 100)
                cout << x << " " << y << " " << z << endl;
        }
    return 0;
}
```

6.1.2 枚举的优缺点

优点

1) 实现简单：代码实现的逻辑较为直接、简单，易于理解和实现，只需确定枚举的范围和判断条件，然后遍历所有可能的情况进行检查即可。

2) 覆盖所有的解：枚举可以覆盖问题所有的可能情况，保证不遗漏任何一个解，在一些需要找出所有可行解的问题中，枚举算法能确保找到所有符合条件的答案。

3) 结果准确：由于枚举算法会对所有可能的情况进行检查，所以其得到的结果是准确可靠的。

4) 便于调试：枚举算法的逻辑简单，代码结构清晰，所以在调试过程中容易发现问题；当程序出现错误时，可以很方便地检查每一个枚举步骤和判断条件，找出错误所在。

缺点

1) 效率低下：枚举算法的时间复杂度通常较高，尤其是当枚举范围较大时，计算量会急剧增加。

2) 空间需求大：在某些情况下，枚举算法可能需要存储大量的中间结果或状态信息，从而占用较多的内存空间。

3) 不适用于复杂问题：对于一些复杂的问题，枚举的范围可能非常大或者难以确定，使用枚举算法不具有可行性。

这就是为什么枚举常被叫作暴力枚举。暴力虽然出奇迹，但是在大多数情况下都不可取。枚举仅适用于一些规模较小的问题，否则可能会超时。

6.1.3 实例讲解

例 1：换钱

氪町博士想将手中的一张面值 100 元的人民币换成 10 元、5 元、2 元和 1 元面值的纸币，他想要换 40 张，且每种纸币至少一张。他想考考蛙蛙的枚举知识学得如何，于是问他：有哪些换法？

【输入格式】无

【输出格式】输出 n 行，每行 4 个数，分别表示 10 元、5 元、2 元、1 元的数量。

解析

1) 先假设 10 元、5 元、2 元和 1 元的纸币数量分别为 x、y、z、k。

2) 约束条件

   a. 每种纸币至少一张：这意味着 $x \geq 1$，$y \geq 1$，$z \geq 1$，$k \geq 1$。

   b. 总张数为 40 张：即 $x + y + z + k = 40$，由此可以推导出 $k = 40 - x - y - z$。

   c. 总面值为 100 元：也就是 $10x + 5y + 2z + k = 100$。

3) 枚举范围确定

   a. 对于 10 元纸币数量 x：由于每种纸币至少有一张，且总面值为 100 元，若全部为 10 元纸币，最多只能有 10 张，但因为还有其他面值的纸币，所以 x 的取值范围是从 1 到 9（即 $1 \leq x < 10$）。

   b. 对于 5 元纸币数量 y：同理，若全部为 5 元纸币，最多可以有 20 张，但要考虑其他面值纸币的存在以及每种纸币至少一张的条件，所以 y 的取值范围是从 1 到 19（即 $1 \leq y < 20$）。

   c. 对于 2 元纸币数量 z：若全部为 2 元纸币，最多可以有 50 张，结合其他条件，z 的取值范围是从 1 到 49（即 $1 \leq z < 50$）。

参考代码

```cpp
#include <iostream>
using namespace std;
int x, y, z, k;
int main()
{
    for (x = 1; x < 10; x++)
        for (y = 1; y < 20; y++)
            for (z = 1; z < 50; z++)
            {
                k = 40 - x - y - z;
                if (10 * x + 5 * y + 2 * z + k == 100 && k > 0)
                {
                    cout << x << " " << y << " " << z << " " << k << endl;
                }
            }
    return 0;
}
```

例 2：独特的三位数

在数学世界里，有着一些独特的三位数，它们隐藏着有趣的规律。以整数 543 为例，它具有一个特殊的性质：其百位数字的平方恰好等于十位数字的平方与个位数字的平方之和，即 $5^2 = 4^2 + 3^2$。现在，请你编写一个程序，找出所有符合这种特殊性质的三位数，并将它们一一输出。

【输入格式】无

【输出格式】输出 n 行，每行一个三位数。

解析

1) 假设这个三位数是 xyz（如 543，即 x = 5，y = 4，z = 3），根据题目要求得知百位数字的平方等于十位数字的平方与个位数字的平方之和，即：x * x = y * y + z * z，代码如下：

```
if (x * x == y * y + z * z)
    cout << x << y << z;
```

2) 根据题目要求我们得知，xyz 是一个三位数，所以 x 不为 0，最外层循环为百位数 x，从 1 开始，小于 10；中层循环为十位数 y，从 0 开始，小于 10；内层循环为个位数 z，从 0 开始，小于 10，即：

```
for (x = 1; x < 10; x++)
    for (y = 0; y < 10; y++)
        for (z = 0; z < 10; z++)
```

参考代码

```cpp
#include <iostream>
using namespace std;
int main()
{
    for (int x = 1; x < 10; x++)
        for (int y = 0; y < 10; y++)
            for (int z = 0; z < 10; z++)
            {
                if (x * x == y * y + z * z)
                    cout << x << y << z << endl;
            }
    return 0;
}
```

例 3：银行取钱

蛙蛙来到银行柜台，准备将自己银行卡里剩余的钱全部取出，用于即将开始的旅行。

蛙蛙查询后得知，银行卡里恰好还剩下 n 元。然而，近期由于银行资金调配的情况，目前银行储备的纸币只有 5 元、2 元和 1 元这三种面值。

现在，蛙蛙好奇地想知道，将这 n 元全部取出来，到底会有多少种不同的纸币组合办法呢？

【输入格式】输入一行，一个正整数 n，$n \leqslant 10000$。

【输出格式】输出一行，一个数，表示取钱的组合数量。

【输入样例】 50

【输出样例】 146

解析

先枚举 5 元纸币和 2 元纸币的张数，然后根据总金额 n 计算出 1 元纸币的张数，最后判断计算出的 1 元纸币张数是否为非负整数。如果是，则说明找到了一种有效的组合方式。

参考代码

```cpp
#include <iostream>
using namespace std;
int main()
{
    int n, count = 0, k;
    cin >> n;
    for (int i = 0; i <= n / 5; i++) // 枚举 5 元纸币
    {
        for (int j = 0; j <= n / 2; j++)  // 枚举 2 元纸币
        {
            k = n - i * 5 - j * 2; // 计算 1 元纸币
            if (k >= 0)
                count++; // 找到了一种有效的组合方式
        }
    }
    cout << count << endl;
    return 0;
}
```

6.2 第 28 课：递推算法

递推算法在数学领域可用于求等差数列、等比数列第 n 项的值，也可以用于计算几何图形的划分方式数量；在金融领域可用于复利计算，算出存入本金 P 元钱若干年后应得的本息和；在生物领域，可用于计算种群增长规模；在建筑设计领域，可用于解决铺瓷砖问题，提前计算在地面铺设瓷砖等工作时所需材料的数量，以节约成本。

递推算法在很多行业都已经崭露头角，但究竟什么是递推算法呢？这个知识点还能用于求解哪些领域的问题呢？让我们一起来了解并学习一下。

6.2.1 递推算法的概念

递推算法是一种处理问题的重要方法。它通过对问题的分析，找到问题相邻项之间的关系（递推式），然后从起点出发（首项或者末项），使用循环不断地迭代，得到最后需要的结果。

设定场景

举个通俗点的例子。已知蛙蛙可以一次蹦一个台阶，也可以一次蹦两个台阶。现在蛙蛙想知道自己蹦到第 n 个台阶，一共有多少种方法。

提炼基础情况

首先，我们需要从问题描述中提炼出一些有用的信息。

当 $n = 1$ 时，蛙蛙只能蹦一个台阶来到终点，所以来到第 1 个台阶时只有这 1 种方法。

当 $n = 2$ 时，蛙蛙可以从地面一次蹦两个台阶来到第 2 个台阶，这是 1 种方法；还可以从地面先到第 1 个台阶，再从第 1 个台阶蹦一个台阶来到第 2 个台阶，所以一共有 1+1=2 种方法。

也就是当 $n=1$ 时，有 1 种方法；当 $n=2$ 时，有 2 种方法。这是递推的起点。

建立递推关系

那当 $n > 2$ 时，该如何处理呢？

比如当 $n = 3$ 时，到达第 3 个台阶的方法可以分为两类：一是从第 1 个台阶直接蹦两个台阶来到第 3 个台阶（具体操作是，先蹦一个台阶来到第 1 个台阶，再蹦两个台阶来到第 3 个台阶）；二是可以先来到第 2 个台阶，再从第 2 个台阶蹦一个台阶来到第 3 个台阶（到达第 2 个台阶的方法前面已经说过，是 2 种，再从第 2 个台阶蹦一个台阶到第 3 个台阶，所以一共有 $2 \times 1 = 2$ 种方法）。所以一共有 $1 + 2 = 3$ 种方法。

当 $n = 4$ 时，同理，要想来到第 4 个台阶，可以从第 2 个台阶蹦两个台阶，也可以从第 3 个台阶蹦一个台阶。到达第 2 个台阶有两种方法，到达第 3 个台阶有 3 种方法，所以一共是 $2 + 3 = 5$ 种方法。

总结递推规律

设到达第 n 个台阶的方法数为 $f(n)$ 种，经过上述推论，我们可以得出 $f(n) = f(n-1) + f(n-2)$，其中 $n \geqslant 3$，这就是一个递推公式。

我们得到 $n = 1$ 和 $n = 2$ 情况下的基础值，然后利用递推公式就可以推出第 n 个台阶的方法数。比如要计算到达第 6 个台阶的方法数，就可以逐步从前面往后推。现在已经知道 $f(3)$ 为 3，$f(4)$ 为 5，那么 $f(5) = f(4) + f(3) = 5 + 3 = 8$，那么 $f(6) = f(5) + f(4) = 8 + 5 = 13$。

纪要

通过上述描述，我们提炼出递推的三要素：一是找到初始条件（基础项），二是找到递推公式（通过公式，利用基础项往后推导出所有项），三是找到终止条件（指递推的范围，比如递推到第 n 项）。

6.2.2 实例讲解

📖 例1：斐波那契数列

对于斐波那契（Fibonacci）数列，已知：$f(1)=1$，$f(2)=1$，从第三项开始满足公式 $f(i)=f(i-1)+f(i-2)$。输入一个整数 n（$1 \leqslant n \leqslant 20$），求 $f(n)$ 的值。

【输入格式】输入一行，一个整数 n。

【输出格式】输出一行，斐波那契数列第 n 项的值。

【输入样例】5

【输出样例】5

解析

按照我们刚刚所描述的三要素，可分为以下几个步骤进行求解。

1) 先确定问题的目标：求得斐波那契数列第 n 项的数值。

2) 找到初始条件，初始条件为前两项，题目中已经给出，分别为：

$$f(1) = 1, \ f(2) = 1$$

3) 找到递推公式，题目中也已给出，从第 3 项开始，满足如下规律：

$$f(i) = f(i-1) + f(i-2)$$

即当前项由前两项之和构成。

4) 根据题目给出的 $f(1)$ 和 $f(2)$ 推出 $f(3)$，再按照顺序由 $f(2)$ 和 $f(3)$ 推出 $f(4)$，以此类推，循环到第 n 项即可。

参考代码

```cpp
#include <iostream>
using namespace std;
int main()
{
    int n,f,f1,f2; // 其中 f 表示当前项，f1 和 f2 为当前项的前面两项
    cin >> n;
    f1 = f2 = 1; // 初始条件，此时 f1 和 f2 就是前面两项，均为 1
    for(int i = 3;i <= n;i++) // 从第 3 项开始，最终所求为第 n 项
    {
        f = f1 + f2; // 当前项为前面两项之和
        f1 = f2;  // 更新第 1 项
        f2 = f;  // 更新第 2 项
    }
    cout << f;
    return 0;
}
```

例2: 昆虫繁殖

蛙蛙经常在田野里玩耍, 某天他偶然间发现了一种特殊的昆虫, 这种昆虫的繁殖能力很强。每对成虫过 x 个月产 y 对卵, 每对卵要过 3 个月后才能长成成虫。假设每个成虫不死, 第一个月有一对成虫, 蛙蛙想知道, 到第 z 个月后能有多少对成虫。

【输入格式】输入一行, 用空格隔开的整数 x、y、z。

【输出格式】输出一行, 1 个整数, 即第 z 个月昆虫的数量。

【输入样例1】1 2 8

【输出样例1】9

【输入样例2】3 2 10

【输出样例2】9

【数据范围】对于 100% 数据, $1 \leqslant x \leqslant 20$, $1 \leqslant y \leqslant 20$, $z \leqslant 50$ (其中 $x < z$)。

解析

通过之前的题目解析, 蛙蛙已经知道该如何解这种题目了。首先需要找初始条件, 你认为初始条件是什么呢?

非常棒, 就是第一个月有一对成虫。假设第 n 个月的成虫对数为 F[n], 那么 F[1] = 1, 其中前面的 1 表示第一个月, 后面的 1 表示已有的第一对成虫。

实际上, 前 x 个月的成虫数量都为 1, 卵的数量都为 0。

递推公式应该是什么呢?

蛙蛙继续思考: 第 n 个月的成虫可以分为两部分, 一部分是上个月就有的, 由于成虫不会死, 所以它们会累加到这个月, 即 F[n - 1] 要累加到 F[n]; 还有一部分是从卵长大后变成成虫的, 卵要想长到成虫, 需要经过三个月, 也就是说新增的成虫对数就是三个月前卵的对数 f[n - 3], 这里用 f 表示卵的对数。

所以成虫对数就等于 F[n - 1] + f[n - 3]。

那么问题又来了, 卵的数量又该如何去求呢?

聪明的你应该从题目中提取出有用信息了, 已知每对成虫过 x 个月产 y 对卵, 所以卵的数量等于 x 个月之前的成虫数量乘上 y, 即 f[n] = F(n - x)*y。

参考代码

```
#include <iostream>
using namespace std;
```

```
long long F[55],f[55];
// F[i]表示第i个月的成虫对数,f[i]表示第i个月新增的虫卵对数
int main()
{
    int x,y,z;
    cin >> x >> y >> z;
    // 前x个月成虫还没开始产卵,所以成虫对数一直为1,卵的对数为0
    for(int i = 1;i <= x;i++){
        F[i] = 1;
        f[i] = 0;
    }
    for(int i = x + 1;i <= z;i++)
    {
        // 新增的卵的对数
        f[i] = F[i - x] * y;
        // 当前成虫对数
        F[i] = F[i - 1] + f[i - 3];
    }
    cout << F[z];
    return 0;
}
```

例 3:蛙蛙爬楼梯

经过一段时间的练习,蛙蛙已经能一次蹦上 3 个台阶了,他现在来到一处楼梯前,准备蹦到楼梯顶。

已知楼梯共有 n(1≤n≤50)个台阶。由于蛙蛙最多可以蹦上 3 个台阶,所以他现在可以选择蹦一个台阶,也可以选择蹦 2 个台阶或 3 个台阶,问:蹦到楼梯顶的方法一共有多少种?

【输入格式】输入一行,一个正整数 n,表示这个楼梯的总台阶数量。

【输出格式】输出一行,表示蹦到楼梯顶一共有多少种方法。

【输入样例】4

【输出样例】7

解析

这个问题我们可以直接套公式。还记得第一步要干什么吗?

是的,要先找初始条件。我们用 f[n] 表示蛙蛙跳到第 n 阶楼梯的所有方法。

蛙蛙蹦到第 1 阶楼梯的方法只有 1 种,所以 f[1] = 1;蛙蛙蹦到第 2 阶楼梯的方法有 2 种,一是可以一阶一阶跳,二是可以两阶跳,所以 f[2] = 2;蛙蛙蹦到第 3 阶楼梯的方法有 4 种,分别是一阶一阶一阶跳、一阶两阶跳、两阶一阶跳、三阶跳,所以 f[3] = 4。

第一个步骤已经完成了,第二个步骤自然是要去找递推公式了。

已知蛙蛙最多蹦 3 阶楼梯,所以要想蹦到第 4 阶楼梯,则可以从第 1 阶楼梯跳 3 阶,也可以

从第 2 阶楼梯跳 2 个台阶或者从第 3 阶楼梯跳 1 个台阶，这三种情况都能到达第 4 阶楼梯，还有其他可能吗？

自然没有啦！就这几种情况，所以 f[4] = f[1] + f[2] + f[3]，也就是到达当前楼梯的所有方法数为到达前面 3 阶的方法数之和，即 f[n] = f[n - 1] + f[n - 2] + f[n - 3]。

参考代码

```cpp
#include <iostream>
using namespace std;
long long f[55];
int main()
{
    int n;
    cin >> n;
    // 初始条件
    f[1] = 1;
    f[2] = 2;
    f[3] = 4;
    // 从第 4 项开始递推，一直递推到第 n 项
    for(int i = 4;i <= n;i++)
    {
        // 递推公式
        f[i] = f[i - 1] + f[i - 2] + f[i - 3];
    }
    cout << f[n];
    return 0;
}
```

例 4：毕业信活动

毕业之际，蛙蛙的班级举行了一个活动，活动要求每个人写一封信给班里的所有同学，然后将信排成一排。每位学生挑选一封其他同学写的信，所有的学生都不能挑选自己写的那封信。

蛙蛙想知道所有人都不拿到自己的信有多少种不同的情况，你能帮帮他吗？

【输入格式】输入一行，一个整数 n，表示班级人数。

【输出格式】输出一行，一个整数，表示所有的情况数。

【输入样例】4

【输出样例】9

【数据范围】对于 100% 的数据，$1 \leq n \leq 20$。

解析

开始时，信的编号和学生编号相对应，即编号相同为自己写的信，如表 6-1 所示。

表 6-1　开始时信的编号与学生的编号

信的编号	1	2	3	4	5	6	…	n
学生编号	1	2	3	4	5	6	…	n

假设编号为 1 的同学先取信，可供选择的信有： $n-1$ 种情况（自己的那封信不能选）。

无论选择哪封信，都属于以下两种情况之一。

1）自己那封信没有与剩余的任意一封信的位置互换，那么只使用了一封信。

剩余的问题就是：其余 $n-1$ 位学生，选剩下 $n-1$ 封信，即 f[n - 1]。

2）自己那封信与剩余的某一封信的位置互换了，此时会有 2 封信被使用。

剩余的问题就是：其余 $n-2$ 位学生，选剩下 $n-2$ 封信，即 f[n - 2]。表 6-2 是一种情况，即 1 号学生和 3 号学生的信交换，交换后还剩下 $n-2$ 封信。

表 6-2　1 号学生和 3 号学生的信交换

信封编号	3	2	1	4	5	6	…	n
学生编号	1	2	3	4	5	6	…	n

于是可得出递推式： f[n] = (n - 1) * (f[n - 1] + f[n - 2])。

如果这个班里只有一位学生，选一封信的话，必然是自己写的那封，所以没得选，即 f[1] = 0。

如果这个班里只有两位学生，那么这两位学生的信必然要交换，只有这一种情况，即 f[2] = 1。

所以初始条件为： f[1] = 0, f[2] = 1。

参考代码

```cpp
#include <iostream>
using namespace std;
long long f[25];
int main()
{
    int n;
    cin >> n;
    // 初始条件
    f[1] = 0;
    f[2] = 1;
    // 从第 3 项开始递推, 一直递推到第 n 项
    for(int i = 3;i <= n;i++)
    {
        // 递推公式
        f[i] = (i - 1) * (f[i - 1] + f[i - 2]);
    }
    cout << f[n];
    return 0;
}
```

6.3 第29课：认识函数

蛙蛙发现最近的编程学习越来越复杂了，有些编程题目甚至要用到上百行代码，如果出现错误，去调试的话非常麻烦。他担心，如果以后代码越来越多，维护起来会越来越困难。

氪町博士准备教会他一项实用编程技能，帮他将一个程序分成多个模块，每个模块负责特定的任务。比如构建一个学生管理系统，就可以将这个系统划分为求平均分、找最高分、找最低分的模块，这样不仅能更好地维护每个功能，还可以重复使用这些功能，以减少代码的编写，并且可以让代码结构更清晰，提高可读性，易于理解和调试。

像这种编程技能，我们称为函数。

认识函数

我们可以将函数理解成：为了实现某种功能而组合起来的多个指令。

例如我们可以把"做饭"当作一个函数，它里面包含了淘米、加水、煮饭等多条指令。

我们下达"做饭"指令（调用函数），就相当于执行了淘米、加水、煮饭等多条指令。

场景实现

假设我们就在主函数内调用自定义的"做饭"函数：

```cpp
#include <iostream>
using namespace std;
int main()
{
    zuofan(); // 这里用 zuofan 代表做饭函数
    return 0;
}
```

但执行程序后，会发现程序报错，显示：'zuofan' was not declared in this scope.。

这是因为我们使用了一个未定义的函数，我们还需对其进行定义：

```cpp
#include <iostream>
using namespace std;
void zuofan() // 定义 zuofan 函数
{
    cout << "淘米" << endl; // 执行"淘米"指令
    cout << "加水" << endl; // 执行"加水"指令
    cout << "煮饭" << endl; // 执行"煮饭"指令
}
int main()
{
    zuofan();
    return 0;
}
```

运行结果：

淘米

加水

煮饭

解释：在主函数内调用 zuofan 函数，相当于执行了 zuofan 内的指令。该函数里面有三条指令，分别是输出"淘米""加水""煮饭"，并且换行显示，其中定义 zuofan 函数的 void 是数据类型，表示这个函数不会返回任何值。

听了这句解释，蛙蛙有些不解：没有返回值，为什么还会输出"淘米""加水""煮饭"呢？

氪町博士告诉他，这是因为执行 zuofan 函数，就相当于执行做饭里面的程序，里面的程序就是直接输出这三个词，但是并没有返回任何值。我们再来看一个有返回值的例子，并详细了解函数的结构。

6.3.1 函数的定义

函数的定义格式如下：

数据类型 函数名() // 函数头

{

    函数体；// 执行语句（包括返回值）

}

需要注意的是，在 C++中，函数不允许嵌套定义，即不能在一个函数内部定义另一个函数，不过函数允许嵌套调用。

样例程序

```
#include <iostream>
using namespace std;
int jc(){
    int s = 1;
    for (int i = 1; i < 6; i++) {
        s *= i;
    }
    return s;
}
int main() {
    cout << jc() << endl;
    return 0;
}
```

关于本段程序的详细解释如下。

1) **函数的功能**: 函数 jc 是我们自己定义的函数, 它的功能是计算 5 的阶乘 (即 1 * 2 * 3 * 4 * 5), 最后再返回这个阶乘的结果。

2) **函数的定义**: int jc(){}。

    a. int: 表示函数的返回类型, 它表明函数 jc 执行完毕后会返回一个 int 类型的值。

    b. jc: 是函数的名称, 这里用于表示阶乘。

    c. (): 括号内为空, 表示函数 jc 不需要任何参数, 也就是说, 在调用 jc 函数时, 不需要给它传递任何数据 (后面会提到有参数的情况, 这里先做了解)。

    d. {}: 大括号内的是函数要执行的具体代码, 这里的代码是用来计算 5 的阶乘, 并将结果保存到变量 s 中。

3) **返回结果**: return s;。

    a. return 是一个关键字, 用于将函数的执行结果返回给调用者。

    b. 这里返回变量 s 的值, 也就是 5 的阶乘的结果 120, 所以在主函数内输出 jc 函数, 相当于输出 120。

6.3.2 形参与实参

修改样例程序如下:

```cpp
#include <iostream>
using namespace std;
int jc(int n) // 添加参数 (即小括号内声明变量)
{
    int s = 1;
    for (int i = 1; i <= n; i++) {
        s *= i;
    }
    return s;
}
int main()
{
    cout << jc(5) << endl;
    return 0;
}
```

1) 对于 int jc(int n): 这里的变量 n 叫作形式参数 (简称形参), 主函数内 jc(5) 中的数 5 叫作实际参数 (简称实参)。

2) 形式参数相当于函数的入口, 我们可以通过形参将一些数值 (实参) 传给函数, 来丰富函数的功能。

3) 多个形式参数之间要用 "," 隔开, 并且都要指明数据类型。

例如：(int a,char b,double c,int d)。

总结：形式参数（简称形参）是在函数定义时声明的参数，用于指定函数在被调用时需要接收的数据类型和数量；实际参数（简称实参）是在函数调用时传递给函数的具体数据，用于为函数的形参提供实际的值。

📝 例1：阶乘的和

输入一个数 n，求 $1! + 2! + \cdots + n!$ 的结果。

【输入格式】输入一行，一个正整数 n，$n < 20$。

【输出格式】输出一行，一个整数，表示 $1! + 2! + \cdots + n!$ 的结果。

【输入样例】3

【输出样例】9

解析

1) 定义阶乘函数。

    a. 通过 long long jc(int x) 定义一个名为 jc 的函数，这个函数可以接收一个整型参数 x，并返回一个 long long 类型的值，long long 类型可以用于存储比较大的阶乘结果，避免数据溢出。

    b. 计算阶乘：通过 for 循环，从 1 开始，每次循环 i 递增 1，直到 i 等于 x 为止，在每次循环中，j = j * i;将当前的 j 值乘以 i，更新 j 的值，从而实现阶乘的计算。

    c. 返回结果：return j;将计算得到的阶乘结果返回给调用者。

2) 主函数求阶乘和：利用 for 循环进行阶乘累加，从 1 开始，每次循环 i 递增 1，直到 i 等于 n，在每次循环中，sum += jc(i);调用 jc 函数计算 i 的阶乘，并将结果累加到 sum 中，这样便可以求出 1 到 n 的阶乘的累加和。

参考代码

```cpp
#include <iostream>
using namespace std;
long long jc(int x) // 求阶乘
{
    long long j = 1;
    for (int i = 1; i <= x; i++)
        j = j * i;
    return j; // 返回某数的阶乘结果
}
int main()
{
    int n;
```

```
    long long sum = 0;
    cin >> n;
    for (int i = 1; i <= n; i++)
        sum += jc(i); // 计算阶乘和
    cout << sum;
    return 0;
}
```

6.3.3 函数的声明

当程序中有多个函数时，如果都将函数定义在 main 之前，则整个程序会相当混乱。

为了避免这种情况，我们可以在 main 之前先声明函数，在 main 函数之后统一定义，函数声明的格式如下：

数据类型 函数名(形式参数); // 也就是函数头之后加了一个分号（;）

比如我们可以使用 long long jc(int x);对 jc 函数进行声明。这样，main 函数在调用 jc 函数时就知道它的存在和参数、返回值类型。

接下来我们通过一个例题加深理解。

例 2：计算结果

输入 N 行（$N \leqslant 20$）数据 a、b、c，分别计算表达式 $ab - 4ac$ 的值。

【输入格式】输入 $N+1$ 行，第 1 行输入一个数 N，后面 N 行每行分别输入三个整数 a、b、c，用空格隔开，a、b、c 均小于 10000。

【输出格式】输出 N 行，每行输出一个数，为式子的结果。

【输入样例】2
1 2 3
1 3 5

【输出样例】-10
-17

解析

1) 函数声明：声明一个函数 js，含有三个 int 类型的形式参数。代码如下：

```
void js(int a, int b, int c);
```

2) 调用函数：在主函数里面调用此函数。

```
int main(){
    ......
```

```
    js(a, b, c);
    ......
}
```

3) 定义 js 函数：js 函数到目前为止并没有什么实际意义，我们还需要定义此函数的功能，功能就是输出 a * b - 4 * a * c。

```
void js(int a, int b, int c){
    cout << a * b - 4 * a * c << endl;
}
```

参考代码

```
#include <iostream>
using namespace std;
void js(int a, int b, int c);
int main()
{
    int n, a, b, c;
    cin >> n;
    for (int i = 1; i <= n; i++)
    {
        cin >> a >> b >> c;
        js(a, b, c);
    }
    return 0;
}
void js(int a, int b, int c)
{
    cout << a * b - 4 * a * c << endl;
}
```

6.3.4 函数的值传递和引用传递

蛙蛙编写了一个程序，他的目的是交换 a 和 b 的值，代码如下：

```
#include <iostream>
using namespace std;
void sp(int x, int y)
{
    int t;
    t = x; x = y; y = t;
}
int main()
{
    int a,b;
    cin >> a >> b;
    sp(a,b);
    cout << a << " " << b;
}
```

当蛙蛙输入 3 4 之后，程序输出的结果依然是 3 4，并没有发生交换，这是为什么呢？

这是因为刚才蛙蛙编写的 sp 函数，只是交换了形参 x 和 y 的数值，并未影响到变量 a 和 b 的初始值。若在 sp 函数内输出 x 和 y 的值，会发现已经发生了改变，因为这里的函数参数是值传递。

函数的值传递

蛙蛙刚刚编写的函数，在函数调用时，只是将实参的值复制到形参里，因此对形参的任何操作都不会改变实参。

比如 sp 函数只是交换了 x、y 的值，实参 a、b 未受影响。

函数的引用传递

若想通过 sp 函数改变实参，可以使用引用传递。

在函数调用时，形参是实参的引用，也就是形参和实参指向同一块内存地址，函数内部对形参的操作会直接影响到实参。

引用传递格式：sp(int& x,int& y) // 在形参前加上取地址符&

也可以写成这样：sp(int &x,int &y) // 两者没有本质区别

蛙蛙将 sp 函数部分进行修改，加上&后再编译运行，果然可以交换 a 和 b 的数值了。

例 3：质数判断

输入 n 个正整数，请你判断每个数是不是质数。

【输入格式】输入 $n+1$ 行。

第 1 行，一个正整数 n，表示有 n 组数据，n 和输入的数据均小于 100000。

接下来 n 行，每行一个正整数 m，表示数据 m 是否为质数，是则输出 yes，否则输出 no。

【输出格式】输出 n 行，每行一个字符串 yes 或者 no。

【输入样例】3
1
17
51

【输出样例】no
yes
no

解析

为了检验自己有没有掌握刚学的内容，蛙蛙准备采用最新学习的知识来完成这个任务。

1) 函数声明：他声明了一个名为 prime 的函数，用于判断接收的参数是不是质数。代码如下：

```
void prime(int &x);
```

2) 质数判断

   a. 如果 x 小于 2，由于质数是大于 1 且只能被 1 和自身整除的正整数，所以 x 不是质数，输出 no 并使用 return 语句提前结束函数。

   b. 通过 for 循环判断大于或等于 2 的数，从 2 开始，每次循环 i 递增 1，直到 i * i 大于 x 为止。这样做的原因是，如果一个数 x 不是质数，那么它一定可以分解为两个因数，其中一个数小于 x 的平方根，所以只需要检查到 x 的平方根即可，降低时间复杂度。

   c. 在循环中，判断 x 是否能被 i 整除。如果 x 能被 i 整除，说明 x 不是质数，输出 no 并使用 return 语句提前结束函数；如果循环结束后都没有找到能整除 x 的数，说明 x 是质数，输出 yes 并使用 return 语句结束函数。

参考代码

```cpp
#include <iostream>
using namespace std;
void prime(int &x);
int main()
{
    int n, a, i;
    cin >> n;
    while (n--)
    {
        cin >> a;
        prime(a);
    }
    return 0;
}
void prime(int &x)
{
    if (x < 2)
    {
        cout << "no" << endl;
        return;
    }
    for (int i = 2; i * i <= x; i++)
    {
        if (x % i == 0)
        {
            cout << "no" << endl;
            return;
        }
    }
```

```
    }
    cout << "yes" << endl;
    return;
}
```

6.3.5 数组作为函数参数

数组可以作为函数参数，其中数组名是该数组在内存中的首地址，将数组名作为参数传给函数，就相当于引用传递了。

在被调用函数中对数组元素值进行改变，主函数中实参数组的相应元素值也会改变。接下来我们以实现选择排序的函数为例子来说明数组作为函数参数的应用。

💾 **例 4：学生成绩排序**

现在需要对一些班级的学生成绩进行处理。

输入多组数据，每组数据的第一个数 x 表示这个班级中参与统计的学生人数（$2 \leqslant x \leqslant 100$），接下来输入 x 个整数，表示这些学生的考试成绩（成绩范围为 0 到 100 分，包含 0 和 100）。

对于每组数据输出一行，将该班级学生的成绩按照从大到小的顺序排列好后输出，成绩用空格隔开。

【输入格式】输入 $t + 1$ 行。

第 1 行输入一个整数 t，表示有 t 组数据。

之后的每一行，第一个数为 x，接下来 x 个数为该班级学生的考试成绩。

【输出格式】输出 t 行，每行为一个班级学生成绩从大到小排序的序列。

【输入样例】2

8 88 76 92 65 80 78 95 82

5 70 70 60 80 60

【输出样例】95 92 88 82 80 78 76 65

80 70 70 60 60

解析

1) 在主函数中先读取 t 组输入数据：首先读取一个整数 t，它代表数据的组数，然后读取学生人数 x 及 x 个学生的成绩并存储到数组中。

2) 在选择排序的函数中循环处理每组数据。对于每组数据，执行以下操作：

   a. 对数组中的成绩进行从大到小的排序；

   b. 输出排序后的成绩序列。

参考代码

```cpp
#include <iostream>
using namespace std;
void selectSort(int a[], int x); // 声明选择排序函数
int a[101], t, x;
int main()
{
    cin >> t;
    while (t--)
    {
        cin >> x;
        for (int i = 0; i < x; i++)
            cin >> a[i];
        selectSort(a, x);
    }
    return 0;
}
void selectSort(int a[], int x) // 定义选择排序函数
{
    for (int i = 0; i < x - 1; i++)
    {
        int maxIndex = i; // 假设当前位置为最大值的索引
        for (int j = i + 1; j < x; j++)
        {
            // 如果找到比当前最大值更大的元素，更新最大值的索引
            if (a[j] > a[maxIndex])
            {
                maxIndex = j;
            }
        }
        // 如果最大值的索引不是当前位置，交换它们
        if (maxIndex != i)
        {
            int temp = a[i];
            a[i] = a[maxIndex];
            a[maxIndex] = temp;
        }
    }
    // 输出排序好的数组
    for (int i = 0; i < x; i++)
        cout << a[i] << " ";
    cout << endl;
    return;
}
```

6.4 第 30 课：结构体及排序

在我们平时的生活中，一些数据往往包含不同的数据类型，而不仅仅是单一的整型、浮点型、字符型等。最近蛙蛙就听班主任说学校要做一个教务管理系统，他想利用自己所学的知识帮助学校搭建这个系统，但在编写程序的过程中，他遇到了一些问题。

比如对于每个学生，蛙蛙需要根据学校的需求统计他们的姓名（string）、性别（char）、年龄（int）、学号（string）、成绩（int）等信息。

由于数据种类很多，很容易产生混乱。为了解决这个问题，氪町博士给蛙蛙讲解了结构体的知识点，告诉蛙蛙结构体是 C++给出的可以让用户自定义的数据类型。通过结构体，我们可以构造自己需要的数据类型。

6.4.1　定义及操作

结构体的定义

```
struct 结构体名
{
    成员列表; // 成员可以是各种数据类型、结构体类型
    成员函数; // 与结构体相关的函数
}; // 结尾的分号不能丢
```

在定义结构体时，系统不给它分配实际内存，只有在定义结构体变量时，系统才为其分配内存。

对于前面所述的问题，我们可以构造一个"学生类型"，每个学生类型都有姓名、性别、年龄等多个元素（成员变量）。

```
struct Stu{ // 定义学生结构体类型 Stu
    string name; // 姓名
    char sex; // 性别
    int age; // 年龄
};
Stu stu,stus[100]; // 定义 Stu 类型变量 stu 和数组 stus
```

结构体变量的调用

使用结构体变量的成员格式：结构体变量名.成员名

例如，对于上面定义的结构体变量，我们可以这样操作：

```
cin >> stu.name;
stu.sex = 'f';
stu.age = 25;
cout << stu.name << " " << stu.sex << " " << stu.age << endl;
```

6.4.2　实例讲解

📖 例 1：成绩统计

统计两位同学的姓名、年龄以及语文、数学、英语三门科目的成绩，计算每位同学的总分。

若两位同学总分存在差异，则输出总分较高的同学的姓名；若总分相同，则将两位同学的姓名一同输出，姓名以单个空格分隔。

【输入格式】输入两行，每行是一位同学的姓名（为简单起见，假设本例中只输入同学的名字）、年龄、语文成绩、数学成绩、英语成绩。

【输出格式】输出一行，如果总分不同，则输出总分较高的同学的姓名，如果总分相同，则分别输出两位同学的姓名，用单个空格隔开。

【输入样例】Bob 9 45 89 30

Alice 10 73 83 72

【输出样例】Alice

【数据范围】姓名为长度不超过 20 的字符串，且不包含空格；年龄为正整数，范围是 1 到 100；语文、数学、英语成绩均为 0 到 100 的整数。

解析

1) 先构造一个结构体类型，包括学生的姓名（string）、年龄（int），以及语文、数学、英语成绩（int），代码如下：

```
struct STU{
    string name;
    int age,chn,math,eng;
};
```

2) 声明两个整型变量，分别用来保存两位同学的总分，代码如下：

```
int suma, sumb;
cin >> a.name >> a.age >> a.chn >> a.math >> a.eng;
cin >> b.name >> b.age >> b.chn >> b.math >> b.eng;
suma = a.chn + a.math + a.eng;
sumb = b.chn + b.math + b.eng;
```

3) 比较两位同学的总成绩，输出总成绩分数较高的那位同学的姓名，代码如下：

```
if (suma > sumb)
    cout << a.name;
else if (suma < sumb)
    cout << b.name;
else
    cout << a.name << " " << b.name;
```

参考代码

```
#include <iostream>
using namespace std;
struct STU
{
    string name;
    int age, chn, math, eng;
};
int main()
```

```
{
    STU a, b;
    int suma, sumb;
    cin >> a.name >> a.age >> a.chn >> a.math >> a.eng;
    cin >> b.name >> b.age >> b.chn >> b.math >> b.eng;
    suma = a.chn + a.math + a.eng;
    sumb = b.chn + b.math + b.eng;
    if (suma > sumb)
        cout << a.name;
    else if (suma < sumb)
        cout << b.name;
    else
        cout << a.name << " " << b.name;
    return 0;
}
```

例 2：涨薪

蛙蛙父亲所在的公司拥有 n 名员工，为激励员工更高效地为公司贡献力量，公司老板决定为每位员工上调工资。

此次工资涨幅与员工在公司的工作年限紧密相关，员工每在公司工作满一年，月薪将相应增加 500 元。现已知每位员工的姓名、当前月薪以及在公司的工作年限，请计算出每位员工涨薪后的月薪是多少。

【输入格式】输入 $n+1$ 行。

第 1 行为该公司的员工数 n（$n \leqslant 100$）；之后的 n 行分别为该公司每位员工的姓名、当前月薪以及在该公司的工作年限，中间用单个空格隔开。

【输出格式】输出 n 行，每一行分别为该公司每位员工的姓名以及对应员工涨完工资之后的月薪，中间用单个空格隔开。

【输入样例】5

```
Zhangsan 12000 5
Lisi 10000 4
Wangwu 15000 10
Zhaoliu 8000 2
Tianqi 5432 2
```

【输出样例】Zhangsan 14500
```
Lisi 12000
Wangwu 20000
Zhaoliu 9000
Tianqi 6432
```

解析

本题要求先读取员工数量，接着读取每位员工的姓名、当前月薪以及工作年限，算出每位员工涨薪后的月薪，最后输出每位员工的姓名和涨薪后的月薪。

1) 结构体定义：可以定义一个名为 sal 的结构体，用来存储员工的相关信息。

  a. string 类型的 name 用于存储员工的姓名。

  b. int 类型的 salary 用于存储员工的当前月薪。

  c. int 类型的 year 用于存储员工在公司的工作年限。

2) 读取员工信息并计算涨薪后的月薪：先定义一个 sal 类型的数组 s 用于存储员工的信息，然后通过 for 循环遍历所有员工，再根据工作年限计算涨薪额度并将其加到当前月薪上，代码如下：

```
for (int i = 0; i < n; i++)
{
    cin >> s[i].name >> s[i].salary >> s[i].year;
    s[i].salary += 500 * s[i].year;
}
```

参考代码

```
#include <iostream>
using namespace std;
struct sal
{
    string name;
    int salary, year;
} s[101];
int main()
{
    int n;
    cin >> n;
    for (int i = 0; i < n; i++)
    {
        cin >> s[i].name >> s[i].salary >> s[i].year;
        s[i].salary += 500 * s[i].year;
    }
    for (int i = 0; i < n; i++)
        cout << s[i].name << " " << s[i].salary << endl;
    return 0;
}
```

6.4.3 结构体成员函数

除了成员变量外，我们还可以在结构体内定义一些函数来作为结构体的成员函数。结构体中的变量可以作为成员函数的引用参数，而不需要另外定义形参。

例如我们可以在记录学生数学、语文、英语成绩的结构体 Grade 中加入一个表示总分的函数 sum，代码如下：

```
struct Grade
{
    int math;
    int chinese;
    int english;
    int sum()
    {
        return math + chinese + english;
    }
} a, b, c;
```

结构体成员函数的调用

调用结构体成员函数的一般形式为：结构体变量名.成员函数();

例如需要调用刚才 Grade 中的 sum 函数来求总分的时候，我们可以这样使用：

```
cout << a.sum(); // 输出 a 的总分
```

例 3：竞赛优秀生认定

蛙蛙所在的学校有一个竞赛班，班级里共有 n 个学生，为了激发学生的学习热情和竞争意识，学校精心组织了一系列竞赛活动，该班级的全体学生都需要参与四轮紧张激烈的竞赛。

每一轮竞赛的满分设定为 100 分，其难度不容小觑，对学生的知识储备、应变能力以及心理素质都提出了很高的要求。经过综合考量，学校制定了严格的优秀生选拔标准：只有四轮竞赛总分累计能达到 200 分的学生，才有资格被认定为优秀生。

现在，学校需要蛙蛙帮忙编写程序，对学生的竞赛成绩进行处理。程序要能够依次输出符合优秀生标准的学生信息，这些信息包括学生的学号以及每一轮竞赛的具体成绩等。在完成所有优秀生信息的输出后，最后一行要明确输出在该班级中成功挑选出的优秀生的人数，以便直观地了解班级优秀学生的整体情况。

【输入格式】输入 $n+1$ 行。

第 1 行输入一个正整数 n，$n \leqslant 200$。

接下来 n 行中，每行输入 5 个数，第 1 个数为该班级当前学生的学号，后面的 4 个数为四轮竞赛的得分，其中学生学号不超过 8 个数字，每轮竞赛得分不超过 100。

【输出格式】先输出所有选出的优秀生的信息，包括学号和四轮竞赛的得分，最后一行输出在该班级被认定为优秀生的人数。

【输入样例】 4

```
1947 54 43 52 59
2848 57 43 50 56
4687 60 49 45 48
4955 41 46 43 50
```

【输出样例】 1947 54 43 52 59

```
2848 57 43 50 56
4687 60 49 45 48
3
```

解析

1) 结构体定义：定义一个名为 STU 的结构体，用于存储学生的信息，其中包含：int 类型的学生学号 num 以及学生四轮竞赛得分 a、b、c、d 这五个成员变量；int 类型的 sum 成员函数，用于计算学生四轮竞赛的总分，它将四轮得分相加并返回结果。紧接着声明 STU 类型的 stu 一维数组用于存储学生信息，代码如下：

```
struct STU
{
    int num, a, b, c, d;
    int sum()
    {
        return a + b + c + d;
    }
} stu[205];
```

2) 读取学生信息并筛选优秀生

    a. 使用 for 循环遍历每个学生。循环变量 i 从 0 开始，到 n - 1 结束，确保处理完所有学生的信息。

    b. 读入第 i 个学生的学号以及四轮竞赛的得分，并存储到结构体数组 stu 的对应元素中。

    c. 调用结构体 STU 的成员函数 sum 计算第 i 个学生的四轮竞赛总分，并判断是否大于或等于 200 分。如果满足条件，说明该学生是优秀生，输出其学号及四轮竞赛得分，并将优秀生的数量加 1。

参考代码

```
#include <iostream>
using namespace std;
struct STU
{
    int num, a, b, c, d;
    int sum()
    {
```

```
        return a + b + c + d;
    }
} stu[205];
int main()
{
    int n, t = 0;
    cin >> n;
    for (int i = 0; i < n; i++)
    {
        cin >> stu[i].num >> stu[i].a >> stu[i].b >> stu[i].c >> stu[i].d;
        if (stu[i].sum() >= 200) // 判断该生总分是否不小于200
        {
            cout << stu[i].num << " " << stu[i].a << " " << stu[i].b << " ";
            cout << stu[i].c << " " << stu[i].d << endl;
            t++;
        }
    }
    cout << t;
    return 0;
}
```

6.4.4 结构体排序

sort 函数

在之前课程的学习中，我们学习了选择、冒泡、插入、计数等排序的知识，今天氪町博士给大家介绍一种排序函数 sort，我们可以直接调用 sort 函数来实现排序。下面我们来看看 sort 的具体使用方法。

形式：sort(first_pointer, first_pointer + n, cmp)

第一个参数：数组的首地址，通常是数组名。

第二个参数：首地址 + 数组的长度 n。

第三个参数：排序规则函数的名称（自定义函数 cmp），若无此参数，sort 会默认按数组升序排序（从小到大）。

注意，使用 sort 需要加 algorithm 头文件，即：#include <algorithm>。

比如对一组数进行从小到大排序，使用 sort 函数可以这样写：

```cpp
#include <iostream>
#include <algorithm>
using namespace std;
int main() {
    int arr[] = {5, 2, 8, 1, 9};
    sort(arr, arr + 5);
    for (int i = 0; i < 5; i++) {
        cout << arr[i] << " ";
```

```
    }
    return 0;
}
```

运行结果: 1 2 5 8 9

但在平时的生活中，我们常常要对一些数据按照不同的规则进行排序，例如：对学生的总分进行排序，总分相同再按照数学成绩进行排序，数学成绩相同再按照语文成绩进行排序。这该如何解决呢？

我们可以使用 sort 来对结构体数组进行排序，排序规则在 cmp 函数里定义即可。比如要想对上述场景进行排队，我们可以这样写：

1) 定义结构体

```
struct Grade
{
    int math, chinese, english; // 三科成绩
    int sum()
    {
        return math + chinese + english; // 三科总分
    }
} a[101];
```

2) 排序规则

```
bool cmp(Grade a, Grade b)
{
    if (a.sum() != b.sum())
        return a.sum() > b.sum(); // 降序排列，总分高的排在前面
    if (a.math != b.math)
        return a.math > b.math; // 总分相同，数学成绩高的排在前面
    return a.chinese > b.chinese; // 数学成绩也相同，语文成绩高的排在前面
}
```

3) sort 排序

```
sort(a + 1, a + 100 + 1, cmp);
```

例 4：学生成绩排名

期末考试落下帷幕，学校需要对学生成绩进行精准分析。

现已知每位学生的学号以及对应的考试成绩，现在学校有一个特殊需求，希望你能够凭借聪明才智，对学生成绩进行排序，最后精准输出第 m 名学生的学号和成绩。但需要注意的是，可能存在若干个学生成绩相同的情况，此时学号较小的学生将优先被输出。

【输入格式】输入 $t + 1$ 行。

第 1 行输入两个整数，第一个整数 t 表示有 t 组数据，第二个整数 m 表示所求学生的成绩排名。

接下来 t 行中，每行一组数据，其中第一个数表示学号 n，第二个数表示学生的总成绩 s（$t \leqslant 10000$，$m \leqslant 10000$，$n \leqslant 10000$，$s \leqslant 1000$）。

【输出格式】输出一行，为成绩排第 m 名的学生的学号及成绩。

【输入样例】3 2
     1234 179
     1345 172
     1435 167

【输出样例】1345 172

解析

1) 结构体定义：定义一个名为 stu 的结构体，用于存储学生的信息，在结构体内声明两个 int 类型的变量，分别表示学生的学号和学生成绩。

2) 自定义比较函数：定义比较函数 cmp，用于在排序时比较两个学生的信息，如果两个学生的成绩不相等，那么按照成绩从高到低排序，即成绩高的学生排在前面；如果两个学生的成绩相等，那么按照学号从小到大排序，即学号小的学生排在前面。代码如下：

```
bool cmp(stu a, stu b)
{
    if (a.s != b.s)
        return a.s > b.s;
    return a.n < b.n;
}
```

3) 主函数内调用 sort 函数对其学生成绩进行排序，最后输出第 m 名学生的信息。

参考代码

```
#include <iostream>
#include <algorithm>
using namespace std;
struct stu
{
    int n, s;
} xs[10001];
bool cmp(stu a, stu b)
{
    if (a.s != b.s)
        return a.s > b.s;
    return a.n < b.n;
}
int n, m, t = 0, sum;
int main()
{
    cin >> n >> m;
    for (int i = 1; i <= n; i++)
```

```
        cin >> xs[i].n >> xs[i].s;
    sort(xs + 1, xs + n + 1, cmp);
    cout << xs[m].n << " " << xs[m].s;
    return 0;
}
```

6.5 第 31 课：递归算法

在编程中，我们把函数直接或者间接调用自身的过程叫作递归。

递归处理问题的过程通常是：把一个大型的复杂问题，转变成一个与原问题类似的、规模更小的问题来进行求解。

6.5.1 递归的实例演示

偶数证明

我们现在要用递归来证明一个数是偶数。已知：

1) 0 是一个偶数；
2) 一个偶数与 2 的和是一个偶数。

接下来，我们来通过递归证明 10 是偶数。

证明过程

因为 $10 = 8 + 2$，根据第 2) 条定义可以知道，一个偶数与 2 的和是一个偶数，现在我们只需要证明 8 是偶数即可得到结论。

我们声明一个 f 函数，用来判断某个数是不是偶数，那么 f(10) 就表示判断 10 是否为偶数。

则整个证明过程如下：

f(10) → f(10 - 2) → f(8)
f(8) → f(8 - 2) → f(6)
f(6) → f(6 - 2) → f(4)
f(4) → f(4 - 2) → f(2)
f(2) → f(2 - 2) → f(0)

最终我们的问题变成判断 0 是否为偶数，而定义中已经给出 0 是偶数，所以我们可以得出 10 是偶数。

样例代码

```cpp
#include <iostream>
using namespace std;
bool f(int n)
{
    if (n == 0) // 如果n等于0, 则n是偶数
        return true;
    return f(n - 2); // 否则判断n - 2是否为偶数
}
int main()
{
    int n;
    cin >> n;
    cout << f(n);
    return 0;
}
```

输入奇数会怎么样?

如果输入奇数, 函数就会无限递归下去, 因为我们并没有为 n 是奇数的情况设计递归出口。

假设 n = 7, 函数就会去求 f(5)、f(3)、f(1)、f(-1)、f(-3)……一直递归下去。

但我们可以在函数中添加针对奇数情况的**终止条件**, 比如当 n == 1 时, 返回 false, 这样就可以结束递归。

6.5.2　递归的三大要素

1) 函数的参数。在用递归解决问题时, 要合理地设计函数的参数。通过精心设置参数, 我们能精准地描述当前问题与子问题之间的关系, 使得递归过程中, 每一次函数调用都能依据参数的变化, 顺利从当前问题过渡到规模更小的子问题。
2) 递归公式。要找到当前问题与子问题之间的关系, 也就是找关系式, 从而借助子问题的解来描述当前问题的解。
3) 终止条件。要找到问题的终止条件, 避免出现无限递归的情况。我们在设计递归函数时, 第一步就是判断当前是否已经到达递归出口, 若未到达, 则继续递归。

6.5.3　实例讲解

例1: 递归求和

请使用递归的方法, 计算 $1 + 2 + 3 + \cdots + n$ 的结果。

【输入格式】输入一行, 一个正整数 n ($n \leqslant 10000$)。

【输出格式】输出一行, 一个整数, 表示求和的结果。

【输入样例】5

【输出样例】15

解析

1) 递归函数

　　a.定义一个用于求和的函数 sum，它能够接收输入的 n，并能返回 1 到 n 的累加和。

　　b.终止条件是当 n 等于 1 的时候，函数直接返回 1，防止无限递归下去。

　　c.当 n 大于 1 时，返回 sum(n - 1) + n，函数会调用自身来计算 1 到 n - 1 的累加和，
　　然后再加上当前的 n，就得到了 1 到 n 的累加和。

代码如下：

```
int sum(int n)
{
    if (n == 1)
        return 1;
    return sum(n - 1) + n;
}
```

2) 调用函数：直接在主函数内调用 sum 函数，将实参 n 代入即可求 1 到 n 的累加和。

参考代码

```
#include <iostream>
using namespace std;
int sum(int n)
{
    if (n == 1)
        return 1;
    return sum(n - 1) + n;
}
int main()
{
    int n;
    cin >> n;
    cout << sum(n);
    return 0;
}
```

例2：递归求阶乘

请使用递归的方法，计算 n 的阶乘的值。

【输入格式】输入一行，一个正整数 n（n≤15）。

【输出格式】输出一行，一个整数，表示 n 的阶乘的结果。

【输入样例】5

【输出样例】120

解析

1) 函数声明：定义一个返回值为 long long 类型的函数 jc 用来计算 n 的阶乘，使用 long long 是因为当 n 较大时，n 的阶乘值会很大，普通的 int 类型可能无法存储。

2) 终止条件：当 n 等于 0 时，返回 1。0 的阶乘为 1 是递归的终止条件，到此处不再进行递归调用，这是防止递归无限循环下去的关键。

3) 递归公式：当 n 大于 0 时，函数会调用自身 jc(n - 1) 来计算 n - 1 的阶乘，然后将结果乘以 n，就得到了 n 的阶乘。

例如，计算 5 的阶乘时，会先计算 4 的阶乘，再将其结果乘以 5，而计算 4 的阶乘又会先计算 3 的阶乘，以此类推，直到计算到 0 的阶乘。

参考代码

```cpp
#include <iostream>
using namespace std;
long long jc(int n)
{
    if (n == 0) // 终止条件
        return 1;
    return jc(n - 1) * n; // 递归公式
}
int main()
{
    int n;
    cin >> n;
    cout << jc(n);
    return 0;
}
```

例3：根号多项式

多项式的表达式如下，给出不同的 x 和 n，试计算相应的多项式的结果。

$$f(x,n) = \sqrt{n+\sqrt{(n-1)+\sqrt{(n-2)+\sqrt{\cdots+\sqrt{2+\sqrt{1+x}}}}}}$$

【输入格式】输入一行，共 2 个数，第 1 个数是一个正小数 x，第 2 个数是一个正整数 n。

【输出格式】输出一行，为 $f(x, n)$ 的结果，并保留两位小数。

【输入样例】3 2

【输出样例】2.00

根号

根号（$\sqrt{\ }$）是什么？蛙蛙还没有学过，氪町博士需要先跟蛙蛙解释一下。

根号（$\sqrt{\ }$）是一个数学符号，用于表示对一个数或算式进行开方运算。如果一个数 x 的平方等于 a，即 $x^2=a$，那么 x 就叫作 a 的平方根，记作 $\pm\sqrt{a}$，其中，非负的平方根叫作 a 的算术平方根，记作 $\sqrt{a}$。

例如，因为 $3^2=9$，$(-3)^2=9$，所以 9 的平方根是 3 和 -3，9 的算术平方根记为 $\sqrt{9}=3$。

在只考虑算术平方根的情况下，观察下面几个数据开平方的结果：

$$\sqrt{4}=2,\quad \sqrt{9}=3,\quad \sqrt{1.21}=1.1,\quad \sqrt{6.25}=2.5$$

在 C++语言中开算术平方根的函数是 `sqrt(x)`，若 `a = sqrt(x)`，如果 `x` 被赋值为 `9`，那么通过这个函数得出 `a` 为 `3`。

若要使用 `sqrt` 函数，则需要添加 cmath 头文件，即`#include <cmath>`。

解析

1) 确定终止条件：观察多项式的形式，当 n 等于 1 时，这个多项式就只剩下最内层的部分，即 $f(x,1)=\sqrt{1+x}$，这是递归的终止条件，因为当 n 等于 1 时，我们不需要再进行更深入的嵌套计算了。

2) 推导递归公式：对于 $n>1$ 的情况，我们来分析 $f(x,n)$ 与 $f(x,n-1)$ 之间的关系。

a. 我们已知 $f(x,n)=\sqrt{n+\sqrt{(n-1)+\sqrt{(n-2)+\sqrt{\cdots+\sqrt{2+\sqrt{1+x}}}}}}$。

b. 而 $f(x,n-1)=\sqrt{(n-1)+\sqrt{(n-2)+\sqrt{\cdots+\sqrt{2+\sqrt{1+x}}}}}$。

可以发现，$f(x,n)$ 的表达式中，在最外层的根号下，除了 n 之外，剩下的部分正好就是 $f(x,n-1)$。

所以，我们可以得到 $f(x,n)=\sqrt{n+f(x,n-1)}$。

综上所述，这个多项式 $f(x,n)$ 的递归公式为：

$$f(x,n)=\begin{cases} \sqrt{1+x}, & \text{当 } n=1 \text{ 时} \\ \sqrt{n+f(x,n-1)}, & \text{当 } n>1 \text{ 时} \end{cases}$$

参考代码

```cpp
#include <iostream>
#include <cmath>
#include <cstdio>
using namespace std;
double f(double x, int n)
{
    if (n == 1)
        return sqrt(1 + x);
    return sqrt(n + f(x, n - 1));
}
int main()
{
    int n;
    double x;
    cin >> x >> n;
    printf("%.2f", f(x, n)); // 保留两位小数
    return 0;
}
```

例4：数根

现要求一个数的"数根"。数根是这样定义的：给定一个数，不断求其各位数字之和，持续这一操作，直至得到的和小于10，此时得到的结果就是该数的数根。

以54817为例，先计算它的各位数字之和，即5+4+8+1+7=25，由于25大于10，所以要对25继续做同样的操作，计算2+5=7，7小于10，那么7就是54817的数根。

【输入格式】输入一行，一个正整数 n，$n \leqslant 100000$。

【输出格式】输出一行，一个整数，表示 n 的数根。

【输入样例】54817

【输出样例】7

解析

1) 定义函数 numroot 用于求某个数的数根，定义函数 sum 用于求各位数字之和。

2) 确定终止条件：根据数根的定义，当一个数的各位数字之和小于10时，这个和就是该数的数根。所以当 sum(n) < 10 时，数根就是 sum(n)本身，即：如果 sum(n) < 10，那么数根 numroot(n)等于 sum(n)。

3) 推导递归关系：对于 sum(n) >= 10 的情况，我们需要继续对 sum(n) 求各位数字之和，直到得到的结果小于10。

例如，对于 n 为54817，sum(54817) = 25，由于 25 >= 10，那么 54817 的数根就等于 25 的数根，也就是 numroot(54817) = numroot(sum(54817)) = numroot(25)。然后对 25 继

续求各位数字之和 sum(25) = 7，由于 7 < 10，所以 numroot(25) = sum(25) = 7，最终得到 numroot(54817) = 7。

综上所述，当 sum(n) >= 10 时，numroot(n) = numroot(sum(n))。

参考代码

```
#include <iostream>
using namespace std;
int sum(int n) // 求各位数字之和
{
    int s = 0;
    while (n)
    {
        s += n % 10;
        n /= 10;
    }
    return s;
}
int numroot(int n) // 求数根
{
    if (sum(n) < 10)
        return sum(n);
    return numroot(sum(n));
}
int main()
{
    int n;
    cin >> n;
    cout << numroot(n);
    return 0;
}
```

6.5.4 汉诺塔问题

汉诺塔问题源于印度的一个古老传说。相传，大梵天创造世界的时候做了三根金刚石柱子，在一根柱子上从下往上按照大小顺序摞着 64 片黄金圆盘。大梵天命令婆罗门把所有圆盘按从下往上越来越小的顺序重新摆放在另一根柱子上，并且规定，在小圆盘上不能放大圆盘，在三根柱子之间一次只能移动一个圆盘（见图 6-1）。

图 6-1　汉诺塔

问题建模

我们可以使用 4 个参数去描述汉诺塔问题，函数定义如下：

```
void Hanoi(int n,char a,char b,char c);
```

其中 n 表示要移动从 1 到 n 号的共 n 个盘子，a、b、c 分别表示汉诺塔问题中的三根柱子。我们称 a、b、c 分别为：起始柱、辅助柱、目标柱。

递归公式

1) 根据游戏规则：想要把 n 号盘移动到 c 柱，则需要先将前 n - 1 个盘子从 a 柱移动到 b 柱。
2) 此时我们的问题变成 Hanoi(n - 1, a, c, b);，也就是将前 n - 1 个盘子从 a 柱出发，借助 c 柱，移动到 b 柱。在这次移动的过程中，a、c、b 分别为起始柱、辅助柱、目标柱。
3) 将这 n - 1 个盘子移到 b 柱之后，我们就可以将 n 号盘子直接从 a 移动到 c，即 a->c，到这一步，我们完成了第 n 号盘子的移动。
4) 接下来我们还需要将前 n - 1 个盘子（此时在 b 柱）移动到 c 柱上，即 Hanoi(n - 1, b, a, c);。在这次移动的过程中，b、a、c 分别为起始柱、辅助柱、目标柱。

终止条件

当问题变成只有一个盘子时，我们就无须借助辅助柱，直接将其从 a 柱移动到 c 柱即可。

参考代码

```cpp
#include <iostream>
using namespace std;
void Hanoi(int n, char a, char b, char c)
{
    if (n == 1)
    {
        cout << n << ":" << a << "->" << c << endl;
        return;
    }
    else
    {
        Hanoi(n - 1, a, c, b);
        cout << n << ":" << a << "->" << c << endl;
        Hanoi(n - 1, b, a, c);
    }
}
int main()
{
    int n;
    cin >> n; // 输入盘子个数
    Hanoi(n, 'a', 'b', 'c'); // 调用递归函数
    return 0;
}
```

输入 3 的运行结果：

```
1:a->c
2:a->b
1:c->b
3:a->c
1:b->a
2:b->c
1:a->c
```

6.6 第 32 课：二分查找

蛙蛙路过一家电子产品专卖店，店长为了吸引顾客，推出了一个"猜价格赢优惠券"活动。刚好蛙蛙想要买一台平板电脑，于是他便准备参与这项活动。

蛙蛙挑选出一台平板电脑，店长告诉蛙蛙这个价格在 1000 元和 5000 元之间，且为整数。蛙蛙可以通过向店长提问来猜出这个价格，每次提问店长只能回答"是"或者"不是"，一共给蛙蛙 9 次机会。

如果通过枚举的方式去猜，肯定不行，那该怎么解决这个问题呢？于是他拨通了氪町博士的电话，氪町博士教给了他一种方法，叫作二分查找。

6.6.1 二分查找的概念

二分查找又称为折半查找，主要用于查找一个有序数组中某一个数的位置，它的主要思想如下：在一个有序数组中，取数组的中间值与要查找的数进行比较，若要查找的数等于中间值，查找成功。

查找步骤

以表 6-3 为例，其中 16 为中间值。

表 6-3　从中间值 16 开始查找

1	3	5	8	10	16	21	24	26	30	33

1) 若要查找的数大于中间值（比如要查找的数是 24），则在右半区间（21 到 33）继续取中间值与要查找的数进行比较；

2) 若要查找的数小于中间值（比如要查找的数是 8），则在左半区间（1 到 10）继续取中间值与要查找的数进行比较；

3) 直至要查找的数等于中间值，查找成功，或者未出现过与中间值相等的情况，查找失败。

场景演示

了解完二分查找的方式后，蛙蛙对店长进行了折半提问，他先问："这个价格大于 3000 元吗？"店长回答："不是。"

于是蛙蛙将价格范围缩小到 1000 元和 3000 元之间。他接着问："这个价格大于 2000 元吗？"店长回答："是。"

这样蛙蛙又把范围缩小到 2000 元和 3000 元之间。他继续提问："这个价格大于 2500 元吗？"店长回答："是。"

范围进一步缩小到 2500 元和 3000 元之间，蛙蛙接着问："这个价格大于 2750 元吗？"店长回答："不是。"

此时蛙蛙知道价格在 2500 元和 2750 元之间，他又问："这个价格大于 2625 元吗？"店长回答："是。"

最后蛙蛙再问："这个价格是 2688 元吗？"店长笑着回答："是！恭喜你猜对了！"

蛙蛙通过不断运用二分查找的策略，每次将可能的价格范围缩小一半，最终成功猜出了平板电脑的价格，赢得了一张价值 500 元的购物优惠券。

6.6.2　二分查找的操作

定义 Search 函数表示二分查找算法并引入三个参数，这三个参数分别是数组、数组长度、查找值，返回的是查找值在数组中的位置。

```c
int Search(int a[], int n, int key)
{
    int low = 1;  // 左边界从 1 开始
    int high = n; // 右边界从 n 开始
    while (low <= high)
    {
        int mid = low + ((high - low) / 2);  // 中间下标
        if (key == a[mid]) // 相等代表找到
            return mid;
        else if (key < a[mid]) // 比中间值小，把右边界缩小
            high = mid - 1;
        else // 比中间值大，把左边界缩小
            low = mid + 1;
    }
    return -1; // 如果都找不到
}
```

6.6.3 二分查找的优势

二分查找是一种高效的查找算法，相较于顺序查找等其他查找方法，具有以下显著优势。

1) 时间复杂度低：二分查找的时间复杂度为 $O(\log n)$，其中 n 是数据集合的元素个数，这意味着随着数据规模的增大，二分查找所需的时间增长非常缓慢。例如，对于一个包含 1000 个元素的有序数组，顺序查找最多需要 1000 次，而二分查找最多只需 10 次（因为 $2^{10} = 1024$）。
2) 查找效率高：每次比较都能将搜索范围缩小一半，能够快速定位到目标元素或确定目标元素不存在。
3) 空间复杂度低：二分查找只需要常数级别的额外空间，即 $O(1)$ 的空间复杂度，它不需要额外的大量空间来存储数据或中间结果，只需要几个变量来记录查找的范围和中间元素的位置等信息。

6.6.4 实例讲解

📝 **例 1：查找某个数的位置**

在一个有序数组中查找某个数，并输出这个数的下标。数组中不存在重复的值，若没有找到这个数，则返回 -1。

【输入格式】输入 $n + 2$ 行。

第 1 行输入用空格隔开的两个整数，分别表示序列长度 n 以及查询次数 m。

第 2 行输入 n 个整数。

接下来 m 行，每行一个整数，表示查询的数。

【输出格式】输出 m 行，每行为查询数的位置（位置从 1 开始算）。

【输入样例】3 3

4 6 9

9

4

7

【输出样例】3

1

-1

【数据范围】

序列长度 n，满足 $1 \leqslant n \leqslant 10^5$。

查询次数 m，满足 $1 \leqslant m \leqslant 10^3$。

数组中的每个整数 a_i，满足 $-10^9 \leqslant a_i \leqslant 10^9$。

每次查询的数 x，满足 $-10^9 \leqslant x \leqslant 10^9$。

解析

样例分析

输入 4 6 9，输出 9。以下左边界为 low，右边界为 high，中间下标为 mid。

初始时，low = 1, high = 3, mid = (1 + 3) / 2 = 2，a[2] = 6。

因为 9 > 6，所以更新 low = mid + 1 = 3。

此时，low = 3, high = 3, mid = (3 + 3) / 2 = 3，a[3] = 9。

因为 9 == 9，所以返回 mid = 3。

参考代码

```cpp
#include <iostream>
using namespace std;
int Search(int a[], int n, int key)
{
    int low = 1;
    int high = n;
    while (low <= high)
    {
        int mid = low + ((high - low) / 2);
        if (key == a[mid])
            return mid;
        else if (key < a[mid])
            high = mid - 1;
        else
            low = mid + 1;
    }
    return -1;
}
int main()
{
    int s[100001], n, m, b;
    cin >> n >> m;
    for (int i = 1; i <= n; i++)
        cin >> s[i];
    for (int i = 1; i <= m; i++)
    {
        cin >> b;
        cout << Search(s, n, b) << endl;
    }
    return 0;
}
```

例2：查找第一个比某数大的数

从一个有序的整数序列中查找第一个大于整数 x 的数，如果存在则输出该数出现位置，否则输出-1。序列中有重复元素，并且单调递增。

【输入格式】输入 $n + 2$ 行。

第1行输入用空格隔开的两个整数，分别表示序列长度 n 以及查询次数 m。

第2行输入 n 个整数。

接下来 m 行中，每行一个整数，表示查询的数。

【输出格式】输出 m 行，每行为查询数的位置（位置从1开始算）。

【输入样例】5 3
        2 2 3 3 5
        3
        2
        6

【输出样例】5
        3
        -1

【数据范围】

对于序列长度 n，满足 $1 \le n \le 10^5$。

对于查询次数 m，满足 $1 \le m \le 10^3$。

对于数组中的每个整数 a_i，满足 $-10^9 \le a_i \le 10^9$。

对于每次查询的数 x，满足 $-10^9 \le x \le 10^9$。

解析

1) 初始化查找范围：由于位置从1开始计数，所以需要将左边界 low 初始化为1，右边界 high 初始化为序列的长度 n，以此确定初始的查找范围。

2) 二分查找循环

    a. 只要 low 小于或等于 high，就持续进行查找操作。

    b. 若查找值 key 小于中间位置的数，说明第一个大于 key 的数可能在左半部分，于是更新 high 为 mid - 1，缩小查找范围。

    c. 若查找值 key 大于或等于中间位置的数，说明第一个大于 key 的数在右半部分，更新 low 为 mid + 1。

3) 结果判断

    a. 当循环结束后，若 low 小于或等于 n，表明找到了第一个大于 key 的数，其位置就是 low，返回 low。

    b. 若 low 大于 n，意味着序列中不存在大于 key 的数，返回-1。

参考代码

```cpp
#include <iostream>
using namespace std;
int Search(int a[], int n, int key)
{
    int low = 1;
    int high = n;
    while (low <= high)
    {
        int mid = low + ((high - low) / 2);
        if (key < a[mid])
            high = mid - 1;
        else
            low = mid + 1; // 包含相等的情况
    }
    if (low <= n)
        return low; // 判断左边界是否超过最后一个数
    else
        return -1;
}
int main()
{
    int s[100001], n, m, b;
    cin >> n >> m;
    for (int i = 1; i <= n; i++)
        cin >> s[i];
    for (int i = 1; i <= m; i++)
    {
        cin >> b;
        cout << Search(s, n, b) << endl;
    }
    return 0;
}
```

例 3：查找第一个大于或等于某数的位置

从一个有序的整数序列中查找第一个大于或等于整数 x 的数，如果存在，则输出出现位置，否则输出-1。序列中有重复元素，并且单调递增。

【输入格式】输入 $n+2$ 行。

第 1 行输入以空格隔开的两个整数，分别表示序列长度 n 以及查询次数 m。

第 2 行输入 n 个整数。

接下来的 m 行中，每行一个整数，表示查询的数。

【输出格式】输出 m 行，每行为查询数的位置（位置从 1 开始算）。

【输入样例】5 3

2 2 3 4 4

2

4

6

【输出样例】1

4

-1

【数据范围】

对于序列长度 n，满足 $1 \leq n \leq 10^5$。

对于查询次数 m，满足 $1 \leq m \leq 10^3$。

对于数组中的每个整数 a_i，满足 $-10^9 \leq a_i \leq 10^9$。

对于每次查询的数 x，满足 $-10^9 \leq x \leq 10^9$。

解析

本题主要分析左右边界移动情况。

1) 当 key < a[mid] 时：这种情况下，第一个大于或等于 key 的数肯定在当前中间位置 mid 的左边，所以要把右边界 high 移动到 mid - 1，以此缩小查找范围到左半部分。

2) 当 key > a[mid] 时：此时，第一个大于或等于 key 的数必定在当前中间位置 mid 的右边，因此将左边界 low 移动到 mid + 1，把查找范围缩小到右半部分。

3) 当 key == a[mid] 时：虽然当前的 a[mid] 已经满足大于或等于 key 的条件，但由于序列中存在重复元素，可能在 mid 左边还有等于 key 的元素。为了找到第一个大于或等于 key 的元素，也就是最左边的那个满足条件的元素，我们需要继续在左半部分查找，所以需要把右边界 high 移动到 mid - 1 的位置。

参考代码

```
#include <iostream>
using namespace std;
int Search(int a[], int n, int key)
{
    int low = 1;
    int high = n;
    while (low <= high)
    {
```

```
            int mid = low + ((high - low) / 2);
            if (key <= a[mid]) // 相等时移动右边界
                high = mid - 1;
            else
                low = mid + 1;
    }
    if (low <= n)
        return low;
    else
        return -1;
}
int main()
{
    int s[100001], n, m, b;
    cin >> n >> m;
    for (int i = 1; i <= n; i++)
        cin >> s[i];
    for (int i = 1; i <= m; i++)
    {
        cin >> b;
        cout << Search(s, n, b) << endl;
    }
    return 0;
}
```

例4：查找某数第一次出现的位置

从一个有序的整数序列中查找整数 x，如果存在，则输出第一次出现的位置，否则输出−1。序列中有重复元素，并且单调递增。

【输入格式】输入 $n+2$ 行。

第 1 行输入以空格隔开的两个整数，分别表示序列长度 n 以及查询次数 m。

第 2 行输入 n 个整数。

接下来的 m 行中，每行输入一个整数，表示查询的数。

【输出格式】输出 m 行，每行为查询数的位置（位置从 1 开始算）。

【输入样例】5 3

2 2 3 4 5

1

2

3

【输出样例】−1

1

3

【数据范围】

对于序列长度 n，满足 $1 \leqslant n \leqslant 10^5$。

对于查询次数 m，满足 $1 \leqslant m \leqslant 10^3$。

对于数组中的每个整数 a_i，满足 $-10^9 \leqslant a_i \leqslant 10^9$。

对于每次查询的数 x，满足 $-10^9 \leqslant x \leqslant 10^9$。

解析

在上一题的基础上进行判断，只有当左指针 low 在数组范围内且 a[low] 等于 key 时，才能确定 low 就是目标元素 key 第一次出现的位置，此时返回 low；否则，返回-1，表示没有找到目标元素。

参考代码

```cpp
#include <iostream>
using namespace std;
int Search(int a[], int n, int key)
{
    int low = 1;
    int high = n;
    while (low <= high)
    {
        int mid = low + ((high - low) / 2);
        if (key <= a[mid])
            high = mid - 1;
        else
            low = mid + 1;
    }
    if (low <= n && a[low] == key) // 增加条件
        return low;
    else
        return -1;
}
int main()
{
    int s[100001], n, m, b;
    cin >> n >> m;
    for (int i = 1; i <= n; i++)
        cin >> s[i];
    for (int i = 1; i <= m; i++)
    {
        cin >> b;
        cout << Search(s, n, b) << endl;
    }
    return 0;
}
```

第 7 章

数学问题

信息学奥赛中的数学问题广泛且深入，涵盖组合数学、数论、图论、概率论等多个领域，在本章中我们主要讨论数论相关知识，包括最大公约数、最小公倍数、质数、合数等概念。

7.1 第 33 课：因数、公约数和公倍数

因数、公约数和公倍数的知识在数学及实际生活中有着广泛的应用。比如在数学领域，因数可用于分解质因数，帮助研究数的整除性等性质；在设计建筑尺寸方面，如用正方形瓷砖铺长方形地面时，瓷砖边长需为地面长和宽的公约数，以实现合理的铺设；在制订生产计划时，找出产品各部件生产周期的最小公倍数有助于安排整体生产流程。

具体什么是因数、公约数和公倍数呢？我们先来看一下蛙蛙班级的小故事。

场景引入

班主任将学生分成了若干组，准备玩一个叫作接力猜数的游戏。班主任先给出了一个数，假设这个数是 6，先让第一组的学生说出 6 能被哪些数整除，说出一个即可，比如 3。然后，班主任让第二组的学生根据前面一组说的数，说出另一个能够被这个数整除的数，比如 9。

游戏来到了第一组，班主任给的数就是 6，第一组需要回答的是 1、2、3、6 中的一个，因为这些数都能够整除 6。假设此时第一组回答的就是 3。

现在游戏来到了第二组，第二组需要回答一个能够被 3 整除的数，能被 3 整除的数实际上就是 3 的倍数，去掉 3 和 6，有 9、12、15……假设此时第二组回答的是 9。

然后来到了第三组，班主任要求第三组回答一个既是班主任给出的数 6 的倍数，又是第二组回答的数 9 的倍数的数。第三组给出的答案是 18，即 18 是 6 的倍数也是 9 的倍数。

第一组回答的数，就被称为 6 的因数；在第二组中，3 为 9 和 6 的公约数；第三组回答的 18 是 6 和 9 的公倍数。

7.1.1　因数及其相关知识

因数的概念

因数又称为约数。如果某个整数 a 除以某个整数 b 得到一个整数 c（其中 $b \neq 0$）且没有余数，我们就说 b 是 a 的因数，例如上面 $6/3$ 等于 2 没有余数，则 3 是 6 的因数。

试想一下，如果 $a/b = c$ 且没有余数，那么能不能满足 $a/c = b$ 且没有余数呢？比如 6 除以 3 没有余数，反过来 6 除以 2 也没有余数，所以可以看出如果 b 是 a 的因数，那么 c 也是 a 的因数。即因数大部分是成对出现的。

为什么说大部分呢？因为可能会出现 a 除以 b 得到 b 的情况，比如 $16/4 = 4$。

因数的求法

如果随便给你一个数 n，怎么知道这个数有哪些因数呢？

我们可以利用因数的特点，让一个正整数 n 除以某个小于或等于它的整数 a，如果能整除，那么 a 就是 n 的因数。

在编程中利用枚举的方法，从 1 开始枚举到 n 进行判断，如果能整除 n，那么这个数就是 n 的因数，把所有可能的数都列举一下进行判断即可。

📝 例 1：找因数

任给一个正整数 n，求这个数的不同的因数及其个数。

如 $n = 6$ 时，输出 1、2、3、6 四个因数，并且换行输出总数。

【输入格式】输入一行，一个不超过 10000 的正整数 n。

【输出格式】输出两行。

第 1 行输出正整数 n 的所有因数，从小到大输出，以空格隔开。

第 2 行输出因数的个数。

【输入样例】6

【输出样例】1 2 3 6
　　　　　　　4

解析

1) 使用 for 循环遍历从 1 到 n 的所有整数。
2) 判断计数器 i 是不是 n 的因数。通过取模运算 n % i 来判断，如果余数为 0，则说明 i 能整除 n，即 i 是 n 的因数。如果 i 是因数，将其输出。

3) 每找到一个因数, 因数个数就加 1, 最后输出总数。

参考代码

```cpp
#include <iostream>
using namespace std;
int main()
{
    int n, s = 0;
    cin >> n;
    for (int i = 1; i <= n; i++)
    {
        if (n % i == 0)
        {
            cout << i << ' ';
            s++;
        }
    }
    cout << endl << s;
    return 0;
}
```

7.1.2 最大公约数

最大公约数的概念

最大公约数, 也称最大公因数、最大公因子, 指两个或多个整数共有约数中最大的一个, 举个例子, 比如:

4 的因数有 1、2、4;

8 的因数有 1、2、4、8。

那么 4 和 8 共同的约数/因数中最大的那一个为 4。a 和 b 的最大公约数, 记作(a, b)。

求最大公约数, 同样可以使用枚举法, 先用最大的因数去除, 看这两个数是否都能被这个因数整除, 如果不能则继续遍历下一个因数, 如果能, 那么这个因数就是这两个数的最大公约数。

实现步骤

设要求的两个正整数为 a 和 b, 使用枚举法求它们的最大公约数。

1) 确定较小的数: 比较 a 和 b 的大小, 找出其中较小的数, 记为 minn。因为最大公约数不可能大于这两个数中的任何一个, 所以只需从 minn 到 1 进行枚举。

2) 枚举因数: 从 minn 开始, 依次检查每个数是否同时是 a 和 b 的因数。如果一个数 i 满足 a % i == 0 且 b % i == 0, 则说明 i 是 a 和 b 的公共因数, 第一个出现的即为最大公约数。

参考代码

```cpp
#include <iostream>
#include <algorithm>
using namespace std;
int main()
{
    int a, b, res, minn;
    cin >> a >> b;
    minn = min(a, b); // 求 a 和 b 的较小值
    for (int i = minn; i >= 1; i--) // 从较小值遍历到 1
    {
        if ((a % i == 0) && (b % i == 0)) // 若满足 i 为两个数的公约数
        {
            cout << i; // 输出的第一个满足条件的 i 为最大公约数
            return 0;
        }
    }
}
```

最大公约数的性质

1) 对于任意几个数，如果这几个数同时成倍放大，它们的最大公约数也放大相同倍数。例如，3 和 6 的最大公约数是 3，如果把它们都放大 3 倍，即变成 9 和 18，它们的最大公约数为 $3 \times 3 = 9$，即它们的最大公约数也放大了 3 倍。

2) 对于任意整数 x，$(a_1, a_2) = (a_1, a_2 + a_1 \times x)$，即一个整数加上另一个整数的任意倍数，它们的最大公约数不变。例如 9 和 24：

$(9, 24) = (9, 24 - 9) = (9, 15) = (9, 15 - 9) = (9, 6) = (9 - 6, 6) = (3, 6) = (3, 6 - 3) = (3, 3) = (3 - 3, 3) = (0, 3) = 3$。

注：$(a, 0) = (0, a) = a$。

3) 计算多元最大公约数，比如 $(12, 18, 21)$，可以先求出 $(12, 18) = 6$，再把 6 代入，求出 $(6, 21) = 3$，可以将这个规律称为最大公约数的结合律。

7.1.3 辗转相除法

辗转相除法又称欧几里得算法，是求解最大公约数的一种方法。

它的具体做法是：用较大数 m 除以较小数 n，得到的余数 r 作为下次运算中的较小数 n，原来的 n 作为下次运算中的较大数 m；如此反复，直到最后余数是 0 为止，最后的除数就是这两个数的最大公约数。下面我们通过一个例子去实现这一步骤。

✏ 例 2：辗转相除法求最大公约数

对于给定的任意两个正整数 a 和 b，求它们的最大公约数。

【**输入格式**】输入一行，两个正整数 a 和 b，a 和 b 均不超过 10000。

【**输出格式**】输出一行，一个正整数，为 a 和 b 的最大公约数。

【**输入样例**】6 14

【**输出样例**】2

【**提示**】本题使用辗转相除法去求解。

参考代码

```cpp
#include <iostream>
using namespace std;
int main()
{
    int a, b, t;
    cin >> a >> b;
    // 辗转相除法
    while (a % b) // 余数是 0 时，终止循环
    {
        t = a % b; // 余数保存下来
        a = b;
        b = t;
    }
    cout << b;
    return 0;
}
```

解释：若 a 和 b 分别是 21 和 12，则第一次循环结束后 a 为 12、b 为 9；第二次循环结束后 a 为 9、b 为 3；第三次循环条件为 9 % 3 结果为 0，结束循环，输出此时的 b，即 21 和 12 的最大公约数为 3。

7.1.4 最小公倍数

两个或多个整数公有的倍数叫作它们的公倍数，其中除了 0 以外最小的一个公倍数就叫作这几个整数的最小公倍数，比如对于整数 4 和整数 8：

4 的倍数有 4, 8, 12, …

8 的倍数有 8, 16, 32, …

则 4 和 8 的最小公倍数为 8。a 和 b 的最小公倍数，记为[a, b]。求最小公倍数还是可以利用枚举的思想，从小到大遍历较大的数 a 的倍数，然后判断是不是另外一个数 b 的倍数，如果是，那么遍历到的这个数就是 a 和 b 的最小公倍数。

实现步骤

1) 确定较大数：比较 a 和 b 的大小，找出其中较大的数，记为 maxn。因为最小公倍数一定大于或等于这两个数中的较大数，所以从 maxn 开始枚举。

2) 枚举寻找最小公倍数：从 maxn 开始，依次检查每个数是否能同时被 a 和 b 整除。如果一个数 i 满足 i % a == 0 且 i % b == 0，则说明 i 是 a 和 b 的公倍数，且由于是从较小的数开始枚举，所以这个 i 就是它们的最小公倍数。

参考代码

```cpp
#include <iostream>
#include <algorithm>
using namespace std;
int main()
{
    int a, b, maxn;
    cin >> a >> b;
    maxn = max(a, b);
    for (int i = maxn;; i++)
    {
        if (i % a == 0 && i % b == 0)
        {
            cout << i;
            return 0;
        }
    }
}
```

最小公倍数的性质

1) 对于任意几个数，若这几个数同时成倍放大，它们的最小公倍数也放大相同倍数。

例如：3 和 9 的最小公倍数是 9，如果把这两个数都放大 3 倍，即 9 和 27，它们的最小公倍数为 27，即它们的最小公倍数也放大了 3 倍。

2) 计算多元最小公倍数，比如[3, 6, 9]，可先求出[3, 6] = 6，再把 6 代入，求出[6, 9] = 18，这个规律被称为最小公倍数的结合律。

3) 两个数的最大公约数乘这两个数的最小公倍数等于原来两个数的乘积，比如(16, 10) × [16, 10] = 80 × 2 = 160 = 16 × 10。

方法优化

由于两个数的乘积等于这两个数的最大公约数（用 x 表示）与最小公倍数（用 y 表示）的积，即 m * n == x * y，可以利用最大公约数求两个数字 m 和 n 的最小公倍数，实现步骤如下。

1) 求两个数字的最大公约数，设为 x。

2) m / x * n 得到 m 和 n 的最大公约数。

接下来通过一个案例进行代码解析。

例3：方法优化后求最小公倍数

对于给定的任意两个正整数 a 和 b，求解它们的最小公倍数。

【输入格式】输入一行，两个正整数，a 和 b。

【输出格式】输出一行，为 a 和 b 的最小公倍数。

【输入样例】4 6

【输出样例】12

参考代码

```cpp
#include <iostream>
using namespace std;
int main()
{
    int a, b, t, c, d;
    cin >> a >> b;
    c = a;
    d = b;
    // 辗转相除法求最大公约数
    while (a % b)
    {
        t = a % b;
        a = b;
        b = t;
    }
    cout << c / t * d; // 利用最大公约数求最小公倍数
    return 0;
}
```

7.2 第34课：质数和合数

质数和合数在生活中有着比较广泛的应用，氪町博士为了让大家了解它们的应用，举了一些相关的例子。

质数的应用

比如，现代密码学通过两个大质数相乘的方式来加密和解密信息，确保信息在传输和存储过程中的安全性。像银行转账、网上购物等涉及敏感信息传输的场景，都依赖这种基于质数的加密技术来保障用户数据的安全。

在机械制造领域，为了使齿轮的磨损均匀，延长齿轮的使用寿命，制造者通常会将相邻两个齿轮的齿数设计为质数。

合数的应用

包装设计经常会用到合数，因为如果产品数量是合数的话，就可以根据合数的因数分解情况，设计出不同规格的包装方案。比如有 36 个产品，可以设计成 6 × 6、4 × 9、3 × 12 等不同排列方式的包装盒，方便运输、存储和销售。

接下来，我们再跟随氪町博士学习一下质数和合数在编程中有哪些应用。

7.2.1 质数的概念及判断

质数又称素数，是指只能被 1 和它本身整除的，大于 1 的自然数。换句话说就是有且只有两个因数的正整数就是质数。

以下列出了几个判断是质数还是合数的例子。

6 的因数有 1、2、3、6，除了 1 和 6 之外还多了 2 和 3 两个因数，因此 6 不是质数。

7 的因数有 1、7，有且只有 1 和 7 本身两个因数，所以 7 是质数。

5 的因数有 1、5，有且只有 1 和 5 本身两个因数，所以 5 是质数。

利用"小旗子"判断质数

"小旗子"的作用。在循环外定义一个变量 flag（小旗子），初始化为 0（代表放下的状态）。在循环中如果满足某个条件，则将 flag 变为 1（即将小旗子举起来），用来表示循环中出现某种情况。

判断质数。现在我们利用"小旗子"来判断数 a 是不是质数。先将 flag 初始化为 0，在循环中枚举 a 的因数，发现有除了 1 和 a 本身之外的其他因数的情况下将 flag 改为 1，则表示数 a 不是质数。最后只需要看 flag 这面旗子是放下的（0）还是举起来（1）的状态，就可以判断出这个数是不是质数。

📝 例 1：质数判断

任给一个自然数 n（1 ≤ n ≤ 10000），判断 n 是否为质数，如果是则输出 YES，否则输出 NO。

【输入格式】输入一行，一个正整数 n。

【输出格式】输出一行，YES 或者 NO。

【输入样例】121

【输出样例】NO

【样例解释】121 除了 1 和 121 之外还有其他因数，比如 11 也是 121 的因数，所以 121 不是质数，因此输出 NO。

解析

采用枚举法，从 2 开始到该数（假设该数是 a）的前一个数进行遍历，检查是否存在能整除该数的数。如果存在这样的数，那么这个数就不是质数；如果不存在，那么这个数就是质数。

1) 使用 flag 作为标志变量，初始值设为 0，先假设输入的数是质数。如果在后续的检查过程中发现该数有除了 1 和它本身之外的因数，就将 flag 的值设为 1。
2) 使用 for 循环从 2 开始到 a - 1 进行遍历，检查是否存在能整除 a 的数。如果存在这个数则说明 a 除了 1 和它本身之外还有其他因数，因此 a 不是质数。
3) 若满足上述情况，则将标志变量 flag 的值设为 1，表示 a 不是质数。
4) 一旦发现 a 有除了 1 和它本身之外的因数，就可以提前结束循环，因为已经确定 a 不是质数了。

参考代码

```cpp
#include <iostream>
using namespace std;
int main()
{
    int a, flag = 0; // 假设是质数，旗子放下的状态
    cin >> a;
    for (int i = 2; i < a; i++)
    {
        if (a % i == 0)
        {
            flag = 1; // 出现因数，把旗子举起来，说明a不是质数
            break;
        }
    }
    if (flag == 0) // 判断旗子是否被举起
        cout << "YES";
    else
        cout << "NO";
    return 0;
}
```

优化判断质数程序

上面判断质数的程序的时间复杂度为 $O(n)$，这个时间复杂度可以优化成 $O(\sqrt{n})$，它们的效率相差多大呢？

随着输入规模 n（要判断的数的大小）的不断增大，$O(\sqrt{n})$ 复杂度的算法运行时间的增长速度远慢于 $O(n)$ 复杂度的算法，时间越短，效率越高。例如，当 $n = 100$ 时，$\sqrt{n} = 10$；当 $n = 10000$ 时，$\sqrt{n} = 100$。n 从 100 增长到 10000 是 100 倍的增长，$\sqrt{n}$ 仅仅是 10 倍的增长。

若 n 为 10000，时间复杂度为 $O(\sqrt{n})$ 的程序效率比时间复杂度 $O(n)$ 的程序高出 100 倍，若数字继续增长，效率还将继续提高。那怎么将判断质数的程序优化成 $O(\sqrt{n})$ 的时间复杂度呢？

在上一节中我们提到过，因数是成对出现的，比如 16 的因数是 1 和 16、2 和 8、4 和 4。这些因数分别从最大和最小向中间靠拢，而这个中间值并不是这个数的一半，而是这个数的算术平方根。

所以只需要从 2 开始判断到这个数字的算术平方根的位置，就可以断定这个数是不是质数了。

📎 例 2：判断质数 2

任给一个自然数 n（$1 \leqslant n \leqslant 100000000000$），判断 n 是否为质数，如果是则输出 YES，如果不是则输出除了 n 自身外最大的因数，如果 n 是 1 就输出 1。

【输入格式】输入一行，一个正整数 n。

【输出格式】输出一行，YES，或者除 n 以外的最大因数或者 1。

【输入样例】123

【输出样例】41

解析

1) 质数判断原理：要判断一个数 n 是否为质数，只需检查 2 和 $\sqrt{n}$ 之间是否存在能整除 n 的数。这是因为如果 n 有一个大于 $\sqrt{n}$ 的因数 m，那么必然存在一个小于 $\sqrt{n}$ 的因数 k，使得 $m \times k = n$。例如，若 $n = 12$，$\sqrt{n} \approx 3.46$，我们检查到 2 时，发现 $12 / 2 = 6$，就知道 12 不是质数了。

2) 因数查找：如果在从 2 到 $\sqrt{n}$ 的检查过程中，找到了一个能整除 n 的数 i，那么 n / i 就是除 n 自身外的一个因数。由于我们是从较小的数开始检查，所以第一次找到的能整除 n 的数 i 是较小的因数，而 n / i 就是除 n 自身外的最大因数。例如，对于 $n = 123$，当 $i = 3$ 时，$123 / 3 = 41$，41 就是除 123 自身外的最大因数。

3) 特殊情况处理：当 $n=1$ 时，它既不是质数也没有除自身外的其他因数，所以直接输出 1。

参考代码

```cpp
#include <iostream>
#include <cmath>
using namespace std;
int main()
{
    long long a,t; // 注意输入的 a 和最大因数 t 的取值范围
    int flag = 0;
    cin >> a;
    for (int i = 2; i <= sqrt(a); i++)
```

```
{
    if (a % i == 0)
    {
        flag = 1;
        t = a / i;
        break;
    }
}
if (a == 1) // 判断三种情况，a 等于 1 时
    cout << 1;
else if (flag == 0) // a 为质数时
    cout << "YES";
else // a 不等于 1 且不为质数时
    cout << t;
return 0;
}
```

7.2.2 合数和质因数

若正整数 $a \neq 0$，$a \neq 1$，且 a 不是质数，则 a 为合数。

若一个质数 a 是另一个数 b 的因数，那么就说这个质数 a 是这个数 b 的质因数。例如对于整数 8，8 的因数有 1、2、4、8，其中 2 是质数，所以 2 是 8 的质因数。

📝 例 3: 寻找质因数

如果一个质数 a 是另一个数 b 的因数，那么就说这个质数 a 是这个数 b 的质因数。任给一个自然数 a（$2 \leq a \leq 10000$），找出它的质因数，并从小到大进行输出。

【输入格式】输入一行，一个正整数 a。

【输出格式】输出一行，包含 a 的所有质因数，以空格隔开。

【输入样例】180

【输出样例】2 3 5

解析

目标是找出给定自然数 a（$2 \leq a \leq 10000$）的所有质因数，并将这些质因数从小到大进行输出。已知质因数是指既是质数，又能整除给定数 a 的因数。

1) 判断是否为因数：从 2 开始，依次遍历到 a，对于每个数 i 进行检查，检查 i 是否能整除 a，即判断 a 除以 i 的余数是否为 0。如果余数为 0，说明 i 是 a 的一个因数。

2) 判断是否为质数：对于确定为因数的 i，需要进一步判断它是否为质数。为了判断 i 是否为质数，我们可以从 2 开始，检查到 $\sqrt{i}$。如果在这个范围内存在能整除 i 的数，那么 i 就不是质数，否则 i 是质数。

3) 输出质因数：如果 i 既是 a 的因数，又是质数，那么 i 就是 a 的一个质因数，将其输出。

4) 去除重复质因数：为了避免重复输出相同的质因数，当找到一个质因数 i 后，将 a 中所有 i 的倍数去除，即不断将 a 除以 i，直到 a 不能再被 i 整除为止。

参考代码

```cpp
#include <iostream>
#include <cmath>
using namespace std;
int main()
{
    int a;
    cin >> a;
    for (int i = 2; i <= a; i++)
    {
        int flag = 0;
        if (a % i == 0) // 判断因数
        {
            for (int j = 2; j <= sqrt(i); j++)
                if (i % j == 0)
                {
                    flag = 1;
                    break;
                } // 判断质数
            if (flag == 0)
                cout << i << " ";
            while (a % i == 0)
                a /= i;
            // 去重步骤
        }
    }
    return 0;
}
```

7.2.3 埃拉托色尼筛法

如果一个数 a 是合数，那么肯定能找到一个质数 p，这个质数 p 能够整除 a，并且这个质数 p 小于或等于 $\sqrt{a}$。

上面的描述给出了一个寻找一定范围内所有质数的算法，例如求 100 以内的所有质数的算法。

只需要将不超过 10（$\sqrt{100}$）的全部质数（2、3、5、7）找出，然后删去它们在 100 以内的所有倍数，就删去了所有 100 以内的合数，剩下的就是 100 以内的质数。

从上面的方法出发，还能寻找 10000（100 的算术平方根）以内的所有质数，这种寻找质数的方法称为埃拉托色尼筛法，简称埃氏筛。

埃氏筛是一种用于寻找质数的算法，它利用了所有比当前数字小的质数，将非质数筛选掉。具体过程如下。

1) 首先，创建一个长度为 n + 1 的布尔类型数组，设置初始值都为 true，即先假设所有的数均为质数。

2) 从 2 开始依次遍历到 $\sqrt{n}$，将每个质数 p 的倍数标记为非质数，即在数组中将 p 的倍数下标对应的值设置为 false。

3) 遍历数组，将值为 true 的下标对应的数字输出，即为质数列表。

筛出不超过 36 的所有质数

根据上面步骤，我们筛出不超过 36 的所有质数。

1) 首先创建一个布尔类型的数组 primes，将其初值全部设为 true，用来标记当前下标对应的数字是否为质数，即先假设 0~36 都是质数。代码如下：

```
bool primes[37];
for (int i = 0; i <= 36; i++) {
    primes[i] = true;
}
```

2) 将 primes[0] 和 primes[1] 设为 false，因为 0 和 1 明显不是质数。

```
primes[0] = primes[1] = false;
```

3) 从 2 开始遍历到 6，即遍历到 $\sqrt{36}$，将每个质数 p 的倍数标记为 false，即在 primes 数组中将 p 的倍数下标对应的值设置为 false。

```
for (int p = 2; p <= 6; p++)
{
    if (primes[p]) // 如果p是质数（一开始假设所有数都是质数）
    {
        for (int i = 2; i * p <= 36; i++)
            primes[i * p] = false; // 将36以内的p的倍数全部标记为合数
    }
}
```

4) 遍历数组，输出所有值为 true 的下标对应的数字，即质数列表。

```
for (int i = 0; i <= 36; i++)
{
    if (primes[i])
        cout << i << " ";
}
```

参考代码

```
#include <iostream>
#include <cmath>
using namespace std;
int main()
{
    int n;
```

```
cin >> n;
bool primes[n + 1];
for (int i = 0; i <= n; i++)
    primes[i] = true; // 先假设所有的数都是质数
primes[0] = primes[1] = false; // 0 和 1 不是质数
for (int i = 2; i * i <= n; i++)
{
    if (primes[i])
    {
        for (int j = i * i; j <= n; j += i) // 删去质数 i 在 n 以内的倍数
            primes[j] = false;
    }
}
for (int i = 0; i <= n; i++)
{
    if (primes[i])
    {
        cout << i << " "; // 若未被删去, 则说明 i 是质数, 输出 i
    }
}
return 0;
}
```

第 8 章

模拟算法

在信息学奥赛（如 CSP-J/S、NOIP）中，模拟算法是常考的内容。这类题目主要是根据题目描述直接复现问题流程，并不需要复杂的算法，但对代码细节、逻辑严谨性和边界处理的要求比较高，主要有以下类型。

- □ **暴力模拟**。按步骤执行操作即可，无须优化算法，主要是通过数组、结构体记录状态，然后按顺序处理每一个操作，但也要注意拆分操作步骤，用循环或者判断逐行实现，避免嵌套过深导致时间复杂度过高。
- □ **状态模拟**。枚举所有可能的状态，然后验证是否符合题目条件。
- □ **过程模拟**。按时间顺序或事件的优先级进行模拟，需管理时间线或事件队列（关于队列的知识，我们会在第 10 章中讲到）。

当然，还有其他的模拟算法，后面我们会逐步接触。

8.1 第 35 课：一维数组模拟

一维数组模拟是一种利用数组下标和元素值来存储状态或者模拟某种操作的手段。这里主要讲解信息学奥赛中一维数组模拟的核心方法与实战技巧。

8.1.1 核心考查

1) **时间线模拟**：用数组下标作为时间点，元素用来存储事件，比如记录各时间点的人数。
2) **状态位置**：用数组下标当作位置，用元素存储状态，比如记录线性迷宫的障碍物、线性扫雷中的雷区等。
3) **替代多维数组**：将二维数组的行和列展开，用一维数组代替。

8.1.2 实例讲解

📖 例 1：奇妙的灯控

在一个宽敞明亮的大厅里，整齐排列着 n 盏精致的灯，这些灯从 1 到 n 按照顺序依次被编上了独特的号码。

此时，有 m 位神秘的访客陆续来到这个大厅。这些访客也按照从 1 到 m 的顺序依次排好了队，他们每个人都拥有一项特殊的能力，那就是可以对大厅里的灯进行特定的操作。

首先，第一位访客迈着沉稳的步伐走进了大厅。他拥有掌控所有灯的能力，只见他轻轻一挥手，原本明亮的 n 盏灯瞬间全部熄灭，大厅一下子陷入了黑暗之中。

紧接着，第二位访客缓缓踏入了这片黑暗。他的能力与第一位不同，他只能对编号为 2 的倍数的灯进行操作。他专注地沿着灯的排列顺序走去，每遇到编号是 2 的倍数的灯，便施展能力将其打开。于是，2 号灯、4 号灯、6 号灯……一盏盏地重新亮起，大厅里又有了星星点点的光亮。

随后，第三位访客带着自信的神情走进了大厅。他的任务是对编号为 3 的倍数的灯进行相反的处理。他仔细地观察着每一盏灯，当遇到编号为 3 的倍数的灯时，如果灯是亮着的，他就将其关闭；如果灯是熄灭的，他就将其打开。就这样，3 号灯、6 号灯、9 号灯……它们的状态在第三位访客的操作下发生了改变。

随着时间的推移，后续的访客按照编号递增的顺序依次进入大厅。每一位访客都严格遵循规则，对编号为自己编号倍数的灯进行相反的处理。第四位访客会对 4 号、8 号、12 号等灯进行操作，第五位访客会对 5 号、10 号、15 号等灯进行操作……每一次操作都像是在这个灯的世界里掀起了一阵小小的波澜。

在经过这 m 位访客的操作之后，哪些灯是熄灭的呢？

【输入格式】输入一行，包含两个正整数 n 和 m，n 和 m 均大于 1 且小于 1000。

【输出格式】输出一行，依次输出熄灭状态的灯的编号，用英文状态下的逗号隔开。

【输入样例】10 10

【输出样例】1,4,9

解析

1) 因为灯只会出现 0 和 1 两种状态，我们可以使用数组中的元素来表示每盏灯的状态。随后，只需要重复执行 m 次操作：每次操作中，寻找下标为当前序号的倍数的元素，然后将其状态进行更改，如果是 1 就变成 0，是 0 就变成 1。

2) 最后对数组元素进行判断，找出状态为 0 的元素，并输出其对应的下标。

3) 输出时要注意的问题是，不同编号之间用逗号隔开，而不是用空格。

参考代码

```cpp
#include <iostream>
using namespace std;
```

```
int a[1010]; // 全部是 0，表示关闭
int main()
{
    int n, m;
    cin >> n >> m;
    for (int i = 2; i <= m; i++)           // 从第二个人开始操作
        for (int j = i; j <= n; j += i) // 编号对应倍数下标
            if (a[j] == 1)
                a[j] = 0;
            else
                a[j] = 1; // 更改状态
    cout << 1;                    // 1 号肯定关闭
    for (int i = 2; i <= n; i++)
        if (a[i] == 0)
            cout << "," << i; // 间隔逗号输出
    return 0;
}
```

例 2：数组变化

现有一个长度为 n 的数组，对这个数组进行 m 次操作。可以对数组进行的操作分为以下三类。

操作 1：输入 1 i，表示输出数组中第 i 个元素的值。

操作 2：输入 2 i v，表示在数组中第 i 个元素前加入新的元素 v。

操作 3：输入 3 i，表示删除数组中的第 i 个元素。

注意：三类操作都要满足 $i \leq n$。

【输入格式】输入 3+m 行。

第 1 行输入一个正整数 n，表示数组的初始长度。

第 2 行输入 n 个用空格隔开的正整数，表示原始的数组。

第 3 行输入一个正整数 m，表示操作的次数。

接下来的 m 行分别是每次对数组进行的操作（题目描述中三类操作中的一类）。

【输出格式】对于第一种操作输出对应的答案，一行输出一个数。

【输入样例】5

6 7 8 9 10

5

1 2

2 2 12

1 2

3 3

1 3

【输出样例】7

12

8

【数据范围】 $n \leqslant 500$，$m \leqslant 500$。

解析

题目要求对一个长度为 n 的数组进行 m 次操作，操作分为三类：输出指定位置元素的值、在指定位置前插入新元素、删除指定位置的元素。代码通过读取输入的数组和操作信息，根据不同的操作类型对数组进行相应的处理，并输出操作 1 的结果。

1) 读取数组初始信息：定义变量 n 表示数组的初始长度，m 表示操作的次数，p 表示操作类型，q 表示操作涉及的数组位置，v 表示插入元素的值。通过循环读取 n 个整数，将其存储到数组 a 中，数组下标从 1 开始，代码如下：

```
int n, m, p, q, v;
cin >> n;
for (int i = 1; i <= n; i++)
    cin >> a[i];
```

2) 读取操作次数，代码如下：

```
cin >> m;
```

3) 循环处理操作：使用 for 循环进行 m 次操作，每次循环均输入一次操作 p。

a. 操作 1（p == 1）：读取要查询的数组位置 q，输出数组 a 中第 q 个元素的值，并换行。代码如下：

```
if (p == 1)
{
    cin >> q;
    cout << a[q] << endl;
}
```

b. 操作 2（p == 2）：读取要插入的位置 q 和插入的值 v，使用 for 循环从数组末尾开始，将从第 q 个位置开始的元素依次向后移动一位，为插入新元素腾出位置，将新元素 v 插入第 q 个位置，并将数组长度 n 加 1。代码如下：

```
else if (p == 2)
{
    cin >> q >> v;
    for (int j = n; j >= q; j--)  // 依次向后移动
        a[j + 1] = a[j];
    a[q] = v;  // 单独把插入的数字放入位置
    n++;       // 数组长度加 1
}
```

c. 操作3 (p == 3): 读取待删除元素的位置 q, 使用 for 循环将从第 q + 1 个位置开始的元素依次向前移动一位, 覆盖第 q 个元素, 并将数组长度 n 减 1。代码如下:

```
else if (p == 3)
{
    cin >> q;
    for (int j = q; j < n; j++) // 依次向前移动
        a[j] = a[j + 1];
    n--; // 数组长度减1
}
```

参考代码

```cpp
#include <iostream>
using namespace std;
int a[1001];
int main()
{
    int n, m, p, q, v;
    cin >> n;
    for (int i = 1; i <= n; i++)
        cin >> a[i];
    cin >> m;
    for (int i = 0; i < m; i++)
    {
        cin >> p;
        if (p == 1)
        {
            cin >> q;
            cout << a[q] << endl;
        }
        else if (p == 2)
        {
            cin >> q >> v;
            for (int j = n; j >= q; j--) // 依次向后移动
                a[j + 1] = a[j];
            a[q] = v; // 单独把插入的数字放入位置
            n++;         // 数组长度加1
        }
        else if (p == 3)
        {
            cin >> q;
            for (int j = q; j < n; j++) // 依次向前移动
                a[j] = a[j + 1];
            n--; // 数组长度减1
        }
    }
    return 0;
}
```

例3: 折叠游戏

蛙蛙和氪町博士在玩数组折叠游戏。

游戏规则是，给出 n 个整数，按照从左到右的顺序排列，现在需要将这 n 个整数从中间折叠 m 次，右半部分的元素叠加到左半部分。每次折叠后，重合的两个数字会相加变成一个新的数字。

请你输出折叠 m 次后的 s 数组。

【输入格式】输入两行。

第 1 行输入一个正整数 n 表示序列的长度，输入一个正整数 m 表示折叠的次数。

第 2 行输入 n 个用空格隔开的正整数，数字不超过 100。

【输出格式】输出一行，为折叠 m 次后的数组。

【输入样例】5 2
　　　　　　1 2 3 4 5

【输出样例】9 6

【数据范围】$n \leqslant 1000$，$m \leqslant 1000$。

解析

按照给定的规则对数组进行 m 次折叠操作，每次折叠时将数组右半部分的元素对应叠加到左半部分，之后更新数组的长度，最后输出折叠 m 次后的数组。

1) 读取输入信息：定义变量 n 表示数组的初始长度，m 表示折叠的次数；从标准输入读取 n 和 m 的值，通过循环读取 n 个整数，将其存储到数组 a 中，数组下标从 1 开始。

```
int n, m;
cin >> n >> m;
for (int i = 1; i <= n; i++)
    cin >> a[i];
```

2) 进行 m 次折叠操作：外层 for 循环控制折叠的次数，共进行 m 次折叠。

a. 内层 for 循环实现当前折叠操作：对于 j 从 1 到 n / 2，将数组 a 中对称位置的元素相加，即 a[j] 加上 a[n - j + 1]。例如，当 n = 5 时，第一次折叠会将 a[1] 和 a[5] 相加，结果存于 a[1]；将 a[2] 和 a[4] 相加，结果存于 a[2]。

b. 折叠后数组长度的处理：如果 n 是奇数，执行 n++。这一步是为了后续计算新长度时能正确处理中间元素。例如，当 n = 5 时，先加 1 变为 6，再除以 2 得到新长度 3，这样中间元素也能正确处理。然后将 n 除以 2，更新数组的长度为原来的一半。

代码如下：

```
for (int i = 1; i <= m; i++)
{
    for (int j = 1; j <= n / 2; j++)
        a[j] += a[n - j + 1];
```

```
    if (n % 2 != 0)
        n++;
    n /= 2;
}
```

参考代码

```cpp
#include <iostream>
using namespace std;
int a[1010];
int main()
{
    int n, m;
    cin >> n >> m;
    for (int i = 1; i <= n; i++)
        cin >> a[i];
    for (int i = 1; i <= m; i++)
    {
        for (int j = 1; j <= n / 2; j++)
            a[j] += a[n - j + 1];
        if (n % 2 != 0)
            n++;
        n /= 2;
    }
    for (int i = 1; i <= n; i++)  // 输出折叠 m 次后的数组
        cout << a[i] << ' ';
    return 0;
}
```

例 4：数字消消乐

蛙蛙最近迷上了计算机游戏，有一天他发现了一款叫"数字消消乐"的游戏，其规则如下：给定一个长度为 n 的整型数组，指定一个数 a，如果该数组中有 3 个及 3 个以上的 a 连续出现，则该数字将会从数组中消除。

【输入格式】输入两行。

第 1 行输入 2 个正整数，分别代表数组长度 n 以及需要消除的数字 a，中间用一个空格隔开。

第 2 行输入 n 个正整数，相邻正整数之间用单个空格隔开。

【输出格式】输出一行，表示消除所有数字 a 之后的新整型数组，相邻数之间用单个空格隔开。

【输入样例】10 4

1 2 4 4 3 4 4 4 4 5

【输出样例】1 2 4 4 3 5

【数据范围】$1 \leqslant n \leqslant 1000$，$1 \leqslant a \leqslant 100$。

解析

要从给定的整型数组中消除连续出现 3 个及 3 个以上的指定数字 a,并输出消除后的新数组,可以通过两层循环遍历数组,统计连续出现的指定数字的个数,若个数达到 3 个, 则跳过这些数字,否则正常输出该数字。

先定义变量 n 表示数组的长度,a 表示需要消除的指定数字,num 用于统计连续出现的指定数字 a 的个数。通过循环读取 n 个整数,将其存储到数组 s 中,数组下标从 1 开始。

1) 外层 for 循环从数组的第一个元素开始遍历,直到最后一个元素。

2) 内层 for 循环从当前外层循环的元素位置 i 开始,向后遍历数组,统计连续出现的指定数字 a 的个数。

   a. 如果 s[j] 等于 a, 则 num 加 1。

   b. 如果 s[j] 不等于 a, 则跳出内层循环。

3) 内层循环结束后,根据 num 的值进行不同处理。

   a. 如果 num 大于或等于 3,说明连续出现了 3 个及 3 个以上的指定数字 a,将外层循环的下标 i 更新为 i + num - 1,即跳过这些连续的数字。

   b. 如果 num 小于 3,说明当前元素以及后续连续的指定数字 a 的个数不足 3 个,正常输出当前元素 s[i]。

4) 将 num 计数器归零,以便下一次统计。

参考代码

```cpp
#include <iostream>
using namespace std;
int s[1110];
int main()
{
    int n, a, num;
    cin >> n >> a;
    for (int i = 1; i <= n; i++)
        cin >> s[i];
    for (int i = 1; i <= n; i++)
    {
        for (int j = i; j <= n; j++)
        {
            if (s[j] == a)
                num++;
            else
                break;
        }
        if (num >= 3)          // 如果连续相同的数字超过 3 个
            i = i + num - 1;   // 将下标跳过
        else
```

```
        cout << s[i] << " "; // 否则正常输出
    num = 0; // 计数器归零
  }
  return 0;
}
```

8.2 第 36 课：二维数组模拟

二维数组模拟是通过二维数组模拟现实或抽象的二维场景，如矩阵、棋盘、网格地图等，其核心是用行列索引(i,j)对应场景中的位置，并通过数组元素存储状态（如数值、访问标记、属性等）。

8.2.1 核心考查

1) 索引与边界

a. 明确数组的下标起点（0 或 1），避免越界（比如当 n = 3 时，行尾初始为 3，收缩到 2 → 1）。

b. 边界判断（如外围元素的 i == 1）、螺旋的边界收缩（最后一列或最后一行收缩后，下一轮循环不包含已填充列和行）。

2) 遍历策略

a. 行优先/列优先遍历（稀疏矩阵、矩阵检测）。

b. 定向遍历（螺旋的四方向）、条件过滤（仅处理非零元素、边缘元素）。

3) 状态记录与压缩

稀疏矩阵的三元组压缩、矩阵检测的奇偶性标记。

4) 模拟复杂场景

螺旋填充的方向切换、外围元素的去重累加、奇偶性匹配的逻辑推理。

8.2.2 实例讲解

📝 例 1：收集露珠

有一只小青蛙在一片荷叶矩阵上玩耍，每片荷叶上都凝结着露珠。

妈妈告诉它："池塘最外围的荷叶（第一行、最后一行、第一列、最后一列）上的露珠最甜，但要注意角落的荷叶只能算一次哦！"小青蛙需要计算这些外围荷叶的露珠总和，证明自己是"露珠收集小能手"。

这个池塘是一个 m 行 n 列的网格，每片荷叶上的露珠数是整数。小青蛙经过努力，最终收集到了所有的最甜露珠，问小青蛙一共收集了多少露珠呢？

【输入格式】输入 $m+1$ 行。

第 1 行为两个正整数，分别表示池塘的行数 m 和列数 n，中间以一个空格隔开。

接下来的 m 行为该矩阵 m 行 n 列的露珠数量，都为整数，每行相邻元素之间以一个空格隔开。

【输出格式】输出一行，一个整数，表示小青蛙收集的所有最甜露珠之和。

【输入样例】3 4
　　　　　1 2 2 1
　　　　　5 6 7 8
　　　　　9 3 0 5

【输出样例】36

【数据范围】$1 \leqslant m \leqslant 100$，$1 \leqslant n \leqslant 100$，每片荷叶上的露珠数量不超过 100。

解析

本题其实是要求在一个 m 行 n 列矩阵中，位于第一行、最后一行、第一列和最后一列的所有元素之和，也就是矩阵外围元素的总和。

可以通过二维数组来存储矩阵元素，在输入每个元素时，判断其是否位于矩阵的外围（第一行、最后一行、第一列、最后一列），如果是则将其累加到总和中，最后输出总和即可，主要步骤如下。

1) 判断当前元素是否位于矩阵的外围。如果 i 等于 1（第一行）或者 i 等于 m（最后一行），或者 j 等于 1（第一列）或者 j 等于 n（最后一列），则说明该元素位于矩阵的外围，即：

```
if(i == 1 || i == m || j == 1 || j == n)
```

2) 如果当前元素位于矩阵的外围，则将其值累加到 sum 中，即：

```
sum += a[i][j];
```

参考代码

```cpp
#include <iostream>
using namespace std;
int a[110][110];
int main()
{
    int m, n, sum = 0;
    cin >> m >> n;
    for (int i = 1; i <= m; i++)
```

```
    {
        for (int j = 1; j <= n; j++)
        {
            cin >> a[i][j]; // 输入元素后即可判断
            if (i == 1 || i == m || j == 1 || j == n)
                sum += a[i][j]; // 满足任一条件求和
        }
    }
    cout << sum;
    return 0;
}
```

例2：稀疏矩阵

大部分元素是0的矩阵称为稀疏矩阵。假设有 n 个非零元素，则可把稀疏矩阵用 $n \times 3$ 的矩阵简记下来，其中第一列是行号，第二列是列号，第三列是该行、该列下的非零元素的值。

如：

0 0 0 3
0 2 0 0
0 5 0 0

简记成：

1 4 3表示第1行第4列有个数是3。

2 2 2表示第2行第2列有个数是2。

3 2 5表示第3行第2列有个数是5。

试编程读入一稀疏矩阵，转换成简记形式，并输出。

【输入格式】输入 $a+1$ 行。

第1行输入两个正整数，表示原始矩阵的行数 a 和列数 b。

之后的 a 行为 a 行 b 列的矩阵元素。

【输出格式】输出为化为简记形式之后的矩阵（行数不确定，列数为3）。

【输入样例】3 4
　　　　　0 0 0 3
　　　　　0 2 0 0
　　　　　0 5 0 0

【输出样例】1 4 3
　　　　　2 2 2
　　　　　3 2 5

【数据范围】

原始矩阵的行数 a 和列数 b 满足：$1 \leqslant a \leqslant 20$，$1 \leqslant b \leqslant 20$。

对于存储非零元素的简记矩阵，其行数 n 满足：$1 \leqslant n \leqslant 10000$。

解析

题目要求读取一个稀疏矩阵，将其转换为简记形式，然后输出该矩阵的简记形式。简记形式为一个 $n \times 3$ 的矩阵，这里的 n 代表非零元素的数量，第一列是行号，第二列是列号，第三列是该位置的非零元素的值。

1) 首先读取原始矩阵，我们可以运用两层嵌套的 for 循环来遍历原始矩阵的每一个元素并存储到 a 数组中。

2) 然后判断当前元素是否为非零元素，若为非零元素，则将其行号存储到 b 数组第一列中，列号存储到 b 数组第二列中，元素值存储到 b 数组第三列中。

3) 最后再输出矩阵的简记形式，可以利用一个 for 循环遍历 b 数组的每一行，按顺序输出 b 数组每一行的第一、二、三列，各列用空格分隔，每行结束后换行。

参考代码

```cpp
#include <iostream>
using namespace std;
int a[110][110], b[10010][4];
int main()
{
    int m, n, t = 1;
    cin >> m >> n;
    for (int i = 1; i <= m; i++)
        for (int j = 1; j <= n; j++)
        {
            cin >> a[i][j];
            if (a[i][j] != 0)
            {
                b[t][1] = i;
                // 把非零元素的行号保存到新数组第一列
                b[t][2] = j; // 把列号保存在新数组第二列
                b[t++][3] = a[i][j];
                // 把元素值保存在新数组第三列，且新数组的行号加 1
            }
        }
    for (int i = 1; i < t; i++)
        // 按顺序输出新数组每一行的第一、二、三列
        cout << b[i][1] << " " << b[i][2] << " " << b[i][3] << endl;
    return 0;
}
```

例 3：矩阵检测

给定由 0 和 1 组成的 $n \times n$ 矩阵，如果矩阵的每一行和每一列中 1 的数量都是偶数，则认为

符合条件。

你的任务就是检测矩阵是否符合条件，或者在仅改变一个矩阵元素的情况下能否符合条件。

"改变矩阵元素"的操作定义为 0 变成 1 或者 1 变成 0。

【输入格式】输入 $n+1$ 行。

第 1 行输入一个正整数 n，表示矩阵的行数和列数。

之后的 n 行为 n 行 n 列的矩阵元素。

【输出格式】输出一行。

如果矩阵符合条件，则输出 yes!。

如果矩阵仅改变一个矩阵元素就能符合条件，则输出需要改变的元素所在的行号和列号，以一个空格分开。

如果不符合以上两条，输出 no!。

【输入样例】 4

```
1 0 1 0
0 0 1 0
1 1 1 1
0 1 0 1
```

【输出样例】 2 3

【数据范围】 $1 \leqslant n \leqslant 20$。

解析

样例分析

输入 4 行 4 列的元素，如表 8-1 所示。

表 8-1　输入 4 行 4 列的元素

1	0	1	0
0	0	1	0
1	1	1	1
0	1	0	1

先看行，第 1 行有 2 个 1，1 的数量为偶数，满足条件；

第 2 行有 1 个 1，1 的数量为奇数，不满足条件；

第 3 行和第 4 行，1 的数量分别为 4 个和 2 个，均为偶数，满足条件。

再看列，第 1 列和第 2 列都有 2 个 1，1 的数量为偶数，满足条件；

第 3 列有 3 个 1，1 的数量为奇数，不满足条件；

第 4 列有 2 个 1，1 的数量为偶数，满足条件。

总结：根据样例，我们发现第 2 行和第 3 列不满足条件，仅有一行一列不满足，将第 2 行第 3 列的数字 1 变成 0 既能满足行上 1 的数量均为偶数，也能满足列上 1 的数量均为偶数，如表 8-2 所示。

表 8-2　改变第 2 行第 3 列的数字可满足要求

1	0	1	0
0	0	0	0
1	1	1	1
0	1	0	1

1) 统计奇数行和奇数列的数量，若没有，直接输出 yes!。

2) 如果奇数行和奇数列的数量都为 1，则改变它们的交点处的元素即可满足条件。

3) 若奇数行或奇数列的数量大于 1，则无法通过改变一个元素来满足条件，输出 no!。

参考代码

```
#include <iostream>
using namespace std;
int main()
{
    int m, t[21][21], h, l, hs = 0, ls = 0, a = 0, b = 0;
    cin >> m;
    for (int i = 1; i <= m; i++)
        for (int j = 1; j <= m; j++)
            cin >> t[i][j];
    for (int i = 1; i <= m; i++)
    {
        a = 0; // 每行找1，到下一行清零
        for (int j = 1; j <= m; j++)
            if (t[i][j] == 1)
                a++;
        if (a % 2 == 1) // 如果1的数量是奇数
        {
            hs++;  // 行数增加
            h = i; // 保存行下标
        }
    }
    for (int i = 1; i <= m; i++)
    {
        b = 0; // 每列找1，到下一列清零
```

```
        for (int j = 1; j <= m; j++)
            if (t[j][i] == 1) // 按列查找元素
                b++;
        if (b % 2 == 1)
        {
            ls++; // 列数增加
            l = i; // 保存列下标
        }
    }
    if (ls > 1 || hs > 1) // 行数或者列数大于 1 就不满足
        cout << "no!";
    else if (hs == 0 && ls == 0) // 都没有就满足
        cout << "yes!";
    else // 修改保存的行下标和列下标位置元素后满足条件
        cout << h << " " << l;
    return 0;
}
```

例 4：蛙蛙的惩罚

蛙蛙上课哼着"爱的魔力转圈圈"被老师听见，老师为了"惩罚"他，出了一道与转圈圈相关的题目，需要大家帮忙解决。

题目是要构建一个 $n \times n$ 的二维数组，然后按照顺时针转圈的方式，从数组的最右上角开始，依次填入数字 1、2、3、4……直至填满整个数组。

最后，将这个数组中的所有数字以三个位宽、左对齐的格式输出。

这就好像是数字在数组这个"大舞台"上顺时针"转圈圈"，每个数字都有其固定的位置和顺序，而我们的任务就是找到这个顺序并按照要求输出结果。

【输入格式】输入一行，一个正整数 n，表示二维数组的行数和列数。

【输出格式】输出 n 行，顺时针转圈输出二维数组内的所有元素，从 1 开始，到 $n \times n$ 结束。

【输入样例】3

【输出样例】
```
7   8   1
6   9   2
5   4   3
```

【数据范围】$1 \leqslant n \leqslant 20$。

对齐方式

左对齐：cout << left << setw(n) << a;

left 操作符的作用是设定对齐方式为左对齐，也就是说，后续输出的数据会在指定的字段宽度内靠左排列。

setw(n)操作符用于设置下一个输出项的宽度为 n，如果输出项的实际宽度小于 n，那么会按照指定的对齐方式（这里是左对齐）来填充剩余的空间。

右对齐：cout << setw(n) << a;

setw(n)操作符同样是设置下一个输出项的宽度为 n，如果输出项的实际宽度小于 n，默认会采用右对齐的方式来填充剩余的空间。

无论是左对齐还是右对齐，都需要使用 iomanip 头文件，即：#include <iomanip>。

解析

1) 从右上角开始，从 1 开始数数，所以这个数字需要放入一个变量中，在循环中不停地重复自加。

2) 在数组中走来走去，其实只有四种走法，分别是：

    a. 从行头到行尾（向下）

    b. 从列尾到列头（向左）

    c. 从行尾到行头（向上）

    d. 从列头到列尾（向右）

还要注意的是走完一行或者一列，行和列的数量要减少 1。

参考代码

```cpp
#include <iostream>
#include <iomanip>
using namespace std;
int a[21][21];
int main()
{
    int n;
    cin >> n;
    int t = 1; // 定义初始值为1的变量t，用于计数
    int ht = 1, hw = n, lt = 1, lw = n;
    // 行头1，行尾n，列头1，列尾n
    while (t <= n * n)
    {
        for (int i = ht; i <= hw; i++)
            a[i][lw] = t++;
        // 从行头到行尾，在最后一列上行走
        lw--; // 列尾减1（少一列）
        for (int i = lw; i >= lt; i--)
            a[hw][i] = t++;
        hw--; // 行尾减1（少一行）
        for (int i = hw; i >= ht; i--)
            a[i][lt] = t++;
        lt++; // 列头加1（少一列）
        for (int i = lt; i <= lw; i++)
```

```
                a[ht][i] = t++;
        ht++;  // 行头加 1 (少一行)
    }
    for (int i = 1; i <= n; i++)
    {
        for (int j = 1; j <= n; j++)
            cout << left << setw(3) << a[i][j] << " ";
        cout << endl;
    }
    return 0;
}
```

8.3 第 37 课：日期模拟

为了使自己的身体更健康，蛙蛙对自己的生活习惯做了全方位的改善，其中就包含了一个全年的健康饮食计划，他计划从 1 月 1 日开始，一直持续到第 d 天。

蛙蛙想清楚地知道在计划执行到第 d 天的时候是几月几日，以便提前准备相应的食材，合理安排饮食。他想到了通过程序进行计算，但是关于日期方面的知识蛙蛙了解甚少，于是他又去请教了氪町博士。

氪町博士告诉他，蛙蛙的问题被称作日期模拟算法，这种算法经常会涉及以下问题：

1) 到某年某月的天数；
2) 判断给定日期的合法性；
3) 给定年份，求这一年第 n 天的日期；
4) 给定年、月、日，求经过 n 天后的日期；
5) 查找两个日期之间有多少个回文日期。

8.3.1 基础模板

得到某年某月的天数

得到某年某月的天数问题经常会作为其他问题的模板来使用。首先我们需要存储一年中所有月份相对应的天数，操作如下：

```
int day[] = {0,31,28,31,30,31,30,31,31,30,31,30,31};
```

其中 day[0] 用不到，这里置为 0 天，day[1]表示一月份共有 31 天，2 月份先赋值为 28 天，具体天数还需要检测年份是不是闰年，如果是闰年还需要加 1 天。

闰年判断

闰年分为普通闰年和世纪闰年。

普通闰年：年份是 4 的倍数，但不是 100 的倍数，例如 2004、2020 年等。

世纪闰年：是 400 的倍数，例如 1900 不是世纪闰年，2000 是世纪闰年。

假设 year 表示年份，操作如下：

```
if(year % 4 == 0 && year % 100 != 0 || year % 400 == 0)
    cout << "是闰年";
else
    cout << "不是闰年";
```

其中 year % 4 == 0 && year % 100 != 0 判断当年是否为普通闰年，若满足则为普通闰年，year % 400 == 0 判断当年是否为世纪闰年，若满足则为世纪闰年。两者满足其一均为闰年。

二月特判

当月份不是 2 月时，就返回当前月份的初始天数。

当月份是 2 月时，才需要判断年份是不是闰年。当年份为闰年时，2 月份天数需要加 1 天，不成立时则不需要加。

```
int days[] = {0, 31, 28, 31, 30, 31, 30, 31, 31, 30, 31, 30, 31};
int check(int y, int m) // 判断是不是 2 月，y 表示年份，m 表示月份
{
    if(m != 2) return days[m]; // 不是 2 月，返回当前月份的初始天数
    else // 是 2 月，则需要判断当前年份是不是闰年
    {
        int leap = (y % 4 == 0 && y % 100 != 0 || y % 400 == 0);
        return days[m] + leap; // 是闰年 leap 为 1，不是闰年 leap 为 0
    }
}
```

判断日期是否合法

一般这样的问题会先给你一个格式，看是否符合这个格式，比如要满足 20251201 这样的格式才是合法的。

首先你需要依次分离出年份、月份、日，然后分别判断年、月、日是否符合题意。

1) 判断月份：若月份不在 1 月和 12 月之间（包含 1 月和 12 月），则月份不符合。具体语句如下：

```
if (m < 1 || m > 12)
    cout << "月份不符合";
```

2) 判断日：若当月只有 30 天，但日期达到了 31 日，则日不符合。具体语句如下：

```
if (d < 1 || d > (指定月份的总天数))
    cout << "日不符合";
```

注：年份一般不需要检查，但也要视题意而定。

8.3.2 实例讲解

📝 例 1: 第 n 天的日期

给定一个年份 y 和一个整数 d, 问: 这一年的第 d 天是几月几日? 注意闰年的 2 月有 29 天。

满足下面条件之一的是闰年:

1) 年份是 4 的整数倍, 而且不是 100 的整数倍;

2) 年份是 400 的整数倍。

【输入格式】输入两行。

第 1 行包含一个整数 y, 表示年份, 年份在 1900 和 2025 之间 (包含 1900 和 2025)。

第 2 行包含一个整数 d, d 在 1 和 365 之间。

【输出格式】输出两行, 每行一个整数, 分别表示答案的月份和日期。

【输入样例】2015
　　　　　　80

【输出样例】3
　　　　　　21

解析

　　题目要求根据输入的年份 y 和该年份中的第 d 天, 计算并输出对应的月份和日期。求解过程中需要先判断输入的年份是否为闰年, 因为闰年的 2 月有 29 天, 平年的 2 月有 28 天, 这会影响日期的计算。然后, 通过逐月减去每个月的天数, 直到剩余天数小于 0 或者等于 0, 从而确定具体的月份和日期。

样例分析

输入样例: 2015 80。

2015 年不是闰年, 2 月有 28 天。

1 月有 31 天, 减去 31 天后, n 变为 49。

2 月有 28 天, 再减去 28 天后, n 变为 21。

3 月时, n 减去 31 后小于 0, 此时输出月份为 3, 日期为 $31 + (-10) = 21$。

所以输出为 3 21。

1) 先定义一个长度为 13 的整型数组 day，用于存储每个月的天数，数组的下标从 1 开始，对应 1 月到 12 月。初始时，2 月的天数设为 0，后续根据年份是否为闰年进行赋值，代码如下：

```
int day[13] = {0, 31, 0, 31, 30, 31, 30, 31, 31, 30, 31, 30, 31};
```

2) 定义 check 函数：使用该函数接收一个整数 n 作为参数，表示年份。

   a. 闰年的判断规则：年份是 400 的整数倍，或者年份是 4 的整数倍但不是 100 的整数倍，则该年份为闰年。

   b. 如果满足闰年条件，函数返回 true，否则返回 false。

   代码如下：

```
bool check(int n) // 判断闰年
{
    if (n % 400 == 0 || (n % 4 == 0 && n % 100 != 0))
        return true;
    return false;
}
```

3) 主函数内求目标日期。

   a. 先使用 for 循环从 1 月开始逐月减去每个月的天数。

   b. 当 n 减去当前月份的天数后小于 0 时，说明目标日期在当前月份。此时，输出当前月份 j，并通过 day[j] + n 计算出目标日期。

   c. 当 n 减去当前月份的天数等于 0 时，说明目标日期是当前月份的最后一天。此时，输出当前月份 j 和该月的天数 day[j]。

   d. 无论哪种情况，一旦找到目标日期，就使用 break 语句跳出循环。

参考代码

```
#include <iostream>
using namespace std;
int day[13] = {0, 31, 0, 31, 30, 31, 30, 31, 31, 30, 31, 30, 31};
bool check(int n) // 判断闰年
{
    if (n % 400 == 0 || (n % 4 == 0 && n % 100 != 0))
        return true;
    return false;
}
int main()
{
    int m, n;
    cin >> m >> n;
    if (check(m))
        day[2] = 29;
    else
        day[2] = 28;
```

```
for (int j = 1; j <= 12; j++)
{
    n -= day[j];
    if (n < 0)
    {
        cout << j << endl
            << day[j] + n;
        break;
    }
    if (n == 0)
    {
        cout << j << endl
            << day[j];
        break;
    }
}
return 0;
}
```

例 2: 日期距离

输入一个日期,输出它和 2025 年 5 月 17 日相差多少天。注意闰年的 2 月有 29 天。满足下面条件之一的是闰年:

1) 年份是 4 的整数倍,而且不是 100 的整数倍;

2) 年份是 400 的整数倍。

【输入格式】输入三行。

第 1 行包含一个整数 y,表示年份,年份在 1 和 2025 之间(包含 1 和 2025)。

第 2 行包含一个整数 m,表示月份,m 在 1 和 12 之间(包含 1 和 12)。

第 3 行包含一个正整数 d,表示日期,d 在 1 和 31 之间(包含 1 和 31)。

【输出格式】输出一行,为两个日期之间相差的天数。

【输入样例】1988
          7
          3

【输出样例】13467

解析

样例分析

输入样例: 1988 7 3。

转化成问题是计算输入的日期(1988 年 7 月 3 日)与 2025 年 5 月 17 日之间相差的天数。

1) 先计算 1988 年之后到 2025 年之前完整年份的天数：从 1989 年开始到 2024 年，这期间每一年要么是 365 天（平年），要么是 366 天（闰年）。

    a. 1989 年不是闰年，有 365 天；

    b. 1990 年不是闰年，有 365 天；

    c. 1991 年不是闰年，有 365 天；

    d. 1992 年是闰年，有 366 天；

    e. ……

以此类推，按照闰年和平年的规则逐年计算天数并累加，得到这期间所有完整年份的总天数为 13149 天。

2) 计算 2025 年 1 月 1 日到 5 月 17 日的天数：

    a. 1 月有 31 天；

    b. 2025 年不是闰年，2 月有 28 天；

    c. 3 月有 31 天；

    d. 4 月有 30 天；

    e. 5 月到 17 日有 17 天。

将这些天数相加，得到 2025 年 1 月 1 日到 5 月 17 日的总天数为 $31 + 28 + 31 + 30 + 17 = 137$ 天。

3) 计算 1988 年 7 月 3 日之后当年剩余的天数：

    a. 7 月总共有 31 天，已经过了 3 天，所以 7 月还剩 $31 - 3 = 28$ 天；

    b. 8 月有 31 天；

    c. 9 月有 30 天；

    d. 10 月有 31 天；

    e. 11 月有 30 天；

    f. 12 月有 31 天。

将 7 月剩余天数以及 8 月到 12 月的天数相加，得到 1988 年 7 月 3 日之后当年剩余的天数为 181 天。

4) 计算总天数差：1989 年到 2024 年整年份共 13149 天，2025 年 1 月 1 日到 5 月 17 日共 137 天，1988 年 7 月 3 日之后当年剩余的天数为 181 天，总共 13467 天。

参考代码

```cpp
#include <iostream>
using namespace std;
```

```cpp
int day[13] = {0, 31, 0, 31, 30, 31, 30, 31, 31, 30, 31, 30, 31};
bool check(int k) // 判断闰年
{
    if (k % 400 == 0 || (k % 4 == 0 && k % 100 != 0))
        return true;
    return false;
}
int sum; // 计算总天数
int main()
{
    int y, m, d;
    cin >> y >> m >> d;
    if (check(y))
        day[2] = 29;
    else
        day[2] = 28;
    for (int i = y + 1; i < 2025; i++) // 计算完整年份的天数
    {
        if (check(i))
            sum += 366;
        else
            sum += 365;
    }
    if (y == 2025)
    {
        for (int i = m + 1; i < 5; i++) // 计算完整月份的天数
            sum += day[i];
        if (m == 5)
            sum += 17 - d;
        else
            sum += day[m] - d + 17;
    }
    else
    {
        sum += 137; // 2025 年 1 月 1 日到 2025 年 5 月 17 日的总天数
        for (int i = m + 1; i <= 12; i++) // 计算完整月份的天数
            sum += day[i];
        sum += day[m] - d;
    }
    cout << sum << endl;
    return 0;
}
```

例 3: 每日天数

计算从 1900 年 1 月 1 日开始，到 $1900 + n - 1$ 年 12 月 31 日，每个月的 13 号是星期六、星期日、星期一、星期二、星期三、星期四以及星期五的次数分别是多少。

注意

1) 1900 年 1 月 1 日是星期一；

2) 闰年 2 月有 29 天，平年 2 月有 28 天，闰年是指年份是 4 的倍数但不是 100 的倍数，或者是 400 的倍数的年；

3) 输出从星期六开始。

【输入格式】输入一行，一个正整数 n，$1 \leqslant n \leqslant 10000$。

【输出格式】输出一行，表示每个月的 13 号是星期六、星期日、星期一、星期二、星期三、星期四以及星期五的次数分别是多少。

【输入样例】20

【输出样例】36 33 34 33 35 35 34

解析

1) 年份遍历：通过 for 循环遍历从 1900 年到 1900 + n - 1 年的每一年，对于每一年，调用 check 函数判断是否为闰年，若为闰年，则将 day[2] 设为 29，否则设为 28。

2) 月份遍历

　　a. 内层 for 循环遍历每一年的 12 个月。

　　b. 通过 sum += day[j - 1]; 将前一个月的总天数累加到 sum 中。

　　c. 通过 1 + (sum + 12) % 7 计算当前月 13 号是星期几。(sum + 12) % 7 得出的结果范围是 0~6，其中 0 代表星期日，1~6 分别代表星期一到星期六。先取模再加 1 是为了避免出现星期 0，将结果映射到 1~7。然后将对应星期几的计数器加 1，即 ans[1 + (sum + 12) % 7]++;。

3) 12 月处理：通过 sum += day[12]; 在处理完一年的 12 个月后，将 12 月的天数累加到 sum 中。

4) 输出结果：按照题目要求，从星期六开始输出每个星期几对应的 13 号出现的次数，即 ans[6]（星期六）、ans[7]（星期日）、ans[1]（星期一）、ans[2]（星期二）、ans[3]（星期三）、ans[4]（星期四）、ans[5]（星期五）。

参考代码

```cpp
#include <iostream>
using namespace std;
int day[13] = {0, 31, 0, 31, 30, 31, 30, 31, 31, 30, 31, 30, 31};
int ans[8]; // 求结果
int sum; // 求总天数
bool check(int n) // 判断闰年
{
    if (n % 400 == 0 || (n % 4 == 0 && n % 100 != 0))
        return true;
    return false;
}
int main()
```

```
{
    int n;
    cin >> n;
    for (int i = 1900; i <= 1900 + n - 1; i++)
    {
        if (check(i))
            day[2] = 29;
        else
            day[2] = 28;
        for (int j = 1; j <= 12; j++)
        {
            sum += day[j - 1];            // 加上前一个月全部的天数
            ans[1 + (sum + 12) % 7]++; // 先求余后加 1 是为了防止星期 0 出现
        }
        sum += day[12]; // 12 月加上
    }
    cout << ans[6] << " " << ans[7] << " " << ans[1] << " " << ans[2] << " " << ans[3]
        << " " << ans[4] << " " << ans[5];
    return 0;
}
```

8.4 第 38 课：字符串模拟

字符串模拟就是根据具体的问题需求，利用编程提供的字符串相关操作（如获取字符、拼接、截取、查找、替换等），来模拟题目要求的某些过程，从而解决问题。

8.4.1 常见应用场景

文本处理：比如要求统计文章中某个单词出现的次数，可以通过遍历文章，逐个检查单词来实现。

游戏开发：比如模拟一个冒险游戏，玩家输入指令（字符串形式），程序根据指令对游戏场景（用字符串描述）进行相应的改变，如进入新的房间、触发事件等。

小程序制作：比如制作一个文本编辑器，里面涉及撤销和重做功能，可以将每次的编辑操作记录为字符串，然后根据撤销或重做的指令来恢复或再次执行相应的操作。

字符串模拟还有更多的应用等待着你去挖掘，让我们一起来学习它的相关操作吧！

8.4.2 字符串常用函数

insert 插入函数

格式：s1.insert(pos,s2);

功能：在字符串 s1 中指定下标 pos 的位置插入另一个字符串 s2。

```
string a = "haha", b = "123";
a.insert(2, b);
cout << a;
```

出现的结果是：ha123ha

erase 删除函数

格式：s1.erase(pos,len);

功能：删除字符串 s1 中从 pos 下标开始的 len 个长度的字符。

```
string a = "hello";
a.erase(2, 3);
cout << a;
```

出现的结果是：he

substr 截取子串函数

格式：s1.substr(pos,len);

功能：从字符串 s1 中 pos 下标开始截取之后 len 个长度的字符，得到一个新的字符串常量。

```
string a = "hello", b;
b = a.substr(2, 3);
cout << b;
```

出现的结果是：llo

find 查找函数

格式：s1.find(s2,pos);

功能：从字符串 s1 中指定下标所对应的元素起，查找字符串 s2 第一次出现的位置，若找到则返回第一次出现的下标，若找不到，则返回-1（要将返回值赋值给 int 型变量）。

```
string a = "haha", b = "ha";
int n = a.find(b, 0);
cout << n;
```

出现的结果是：0，表示 0 号位置能找到字符串 ha

以上这些函数均需添加 string 头文件，即#include <string>。

8.4.3 实例讲解

📝 例 1：填空

在一个英文句子中，有一组括号中间加一个空格（ ），需要在其中填写对应的单词，如果填写单词 happy，会变成（happy）。

现在给出未填写单词的句子和需要填写的单词，请把单词填写进去。

【输入格式】 输入两行。

第1行输入一个英文句子，有空格，有括号。

第2行输入需要填入的单词。

【输出格式】 输出一行，为单词填写进去的句子。

【输入样例】 we are a ( ) team

　　　　 happy

【输出样例】 we are a (happy) team

解析

1) **输入处理**：输入一个句子（字符串），但由于句子可能包含空格，所以不能直接使用 cin 进行输入，因为 cin 遇到空格就停止读取了，但可以使用 getline 以确保完整读取整行句子。操作如下：

```
getline(cin, a);
```

2) **查找占位符位置**：使用 find 查找函数从输入的句子中查找括号，即 ( ) 的位置。具体操作如下：

```
int n = a.find(c, 0);
```

其中第一个参数 c 是要查找的子字符串，第二个参数 0 表示从字符串 a 的索引 0 位置开始查找，如果找到了 ( )，则返回其在 a 中的起始索引，如果未找到，则返回 -1。将找到的索引存储在变量 n 中。

3) **删除占位符中的空格**：使用 erase 删除函数删除括号中的空格。具体操作如下：

```
a.erase(n + 1, 1);
```

第一个参数 n + 1 表示删除操作的起始位置，因为 ( ) 中要删除的空格位于 (后的第一个位置，所以位置是 n + 1。第二个参数 1 表示要删除的字符数量，这里只需要删除一个空格，所以为 1。

4) **插入单词**：使用 insert 插入函数在字符串的指定位置插入单词。具体操作如下：

```
a.insert(n + 1, b);
```

第一个参数 n + 1 表示插入的位置，即原 ( ) 中空格的位置，第二个参数 b 是要插入的字符串，也就是之前输入的需要填入的单词。

参考代码

```
#include <iostream>
#include <string>
using namespace std;
int main(){
    string a, b, c="( )";
    getline(cin, a);
    cin >> b;
    int n = a.find(c,0);    // 查找
    a.erase(n + 1, 1);      // 删除
    a.insert(n + 1, b);     // 插入
    cout << a;
    return 0;
}
```

例2：替换单词

蛙蛙在一个英文句子里发现了一个单词使用有误，需要把这个错误的单词替换为正确的单词。比如在 we make homework 这个句子中，make 是错误的，应该替换成 do。

现在要求你编写代码来实现此功能，即输入一个英文句子、错误的单词以及正确的单词，输出替换后的英文句子。

【输入格式】输入两行。

第1行输入一个英文句子，英文句子中有可能会出现空格。

第2行输入两个单词，用空格隔开，分别是句子中需要被替换的单词和新单词。

【输出格式】输出一行，为单词替换之后正确的英文句子。

【输入样例】we make homework
         make do

【输出样例】we do homework

解析

1) **输入处理**：输入一个句子（字符串），但由于句子可能包含空格，所以直接使用 getline 以确保完整读取整行句子。操作如下：

```
getline(cin, a);
```

2) **字符串预处理**：定义三个字符串，分别命名为 a、b、c；为了避免在查找和替换单词时出现部分匹配的问题，需要在字符串 a、b 和 c 的前后都添加一个空格。

例如，若句子中有 makeup，而要替换的单词是 make，添加空格后就能确保只匹配完整的 make 而不会错误匹配到 makeup 中的 make，操作如下：

```
a = " " + a +" "; b = " " + b + " "; c = " " + c + " ";
```

3) **查找需要替换的单词位置**：使用 `find` 函数在字符串 a 中从索引 0 开始查找字符串 b（需要被替换的错误单词）第一次出现的位置，将该位置的索引存储在变量 n 中。

   接着使用 `b.size` 获取字符串 b 的长度，将其存储在变量 m 中，以便后续用这个长度来确定要删除的字符数量，操作如下：

   ```
   int n = a.find(b,0), m = b.size();
   ```

4) **删除错误单词**：使用 `erase` 函数从字符串 a 的索引 n 位置开始，删除长度为 m 的字符，也就是删除查找到的错误单词。操作如下：

   ```
   a.erase(n,m);
   ```

5) **插入正确单词**：使用 `insert` 函数在字符串 a 的索引 n 位置插入字符串 c，即把正确的单词插入原来错误单词所在的位置。操作如下：

   ```
   a.insert(n,c);
   ```

6) **删除预处理添加的前导空格**：由于之前在字符串 a 前面添加了一个空格，现在使用 `erase` 函数从索引 0 位置开始删除 1 个字符，也就是删除这个前导空格。操作如下：

   ```
   a.erase(0,1);
   ```

参考代码

```cpp
#include <iostream>
#include <string>
using namespace std;
int main()
{
    string a, b, c;
    getline(cin, a);
    cin >> b >> c;
    a = " " + a + " ";
    b = " " + b + " ";
    c = " " + c + " ";
    // 前后加空格
    int n = a.find(b, 0), m = b.size();
    // 查找b单词的位置
    a.erase(n, m);  // 删除b单词
    a.insert(n, c); // 插入c单词
    a.erase(0, 1);  // 删除前面的空格
    cout << a;
    return 0;
}
```

例 3：回文串

有一种特殊的字符串被称作回文串，回文串是指无论从前往后读，还是从后往前读，呈现的字符顺序都完全一致的字符串。

比如日常常见的 level，从左至右拼读为 l-e-v-e-l，从右至左同样是 l-e-v-e-l；又如 noon，正向与反向的拼写均为 n-o-o-n。它们都是回文串家族中的一员。

现在，氪町博士给定了 *n* 个各式各样的字符串，要求蛙蛙通过精准的判断逻辑，甄别出这些字符串里哪些属于回文串，哪些并非回文串。

【输入格式】输入 *n*+1 行，*n* 是小于 100 的正整数。

第 1 行输入一个整数 *n*，表示字符串个数。

之后的 *n* 行，每行一个字符串。

【输出格式】输出 *n* 行，每行一个答案，如果字符串是回文串，就输出 yes，否则输出 no。

【输入样例】3
        aba
        abba
        abab

【输出样例】yes
        yes
        no

解析

1) **循环处理每个字符串**：先输入 m 个字符串，然后使用 for 循环，循环次数为 m 次，即对每个输入的字符串进行处理。

2) **初始化标志变量**：定义一个整型变量 flag 并将其初始化为 1，flag 作为一个标志，用于标记当前字符串是否为回文串，初始值为 1，表示假设该字符串是回文串。

3) **读取当前字符串**：依然使用 getline 函数读取一行字符串，并将其存储到变量 a 中。操作如下：

```
getline(cin, a);
```

4) **获取字符串长度**：使用 size 函数获取字符串 a 的长度，并将其赋值给变量 n。操作如下：

```
int n = a.size();
```

5) **检查字符串是否为回文串**：使用 `for` 循环遍历字符串的前半部分，循环变量 `i` 从 0 开始，到 `n/2 - 1` 结束。

在每次循环中，比较字符串的第 `i` 个字符和第 `n - 1 - i` 个字符是否相等，如果不相等，说明该字符串不是回文串，将 `flag` 置为 0，并使用 `break` 语句跳出循环。具体操作如下：

```
for (int i = 0; i < n / 2; i++)
    if (a[i] != a[n - 1 - i])
    {
        flag = 0;
        break;
    }
```

6) **输出判断结果**：根据 `flag` 的值输出判断结果，如果 `flag` 为 1，说明该字符串是回文串，输出 `yes`，否则输出 `no`。操作如下：

```
if (flag == 1)
    cout << "yes" << endl;
else
    cout << "no" << endl;
```

参考代码

```
#include <iostream>
#include <string>
using namespace std;
int main()
{
    string a;
    int m;
    cin >> m;
    getline(cin, a);
    for (int j = 1; j <= m; j++)
    {
        int flag = 1;
        getline(cin, a);
        int n = a.size();
        for (int i = 0; i < n / 2; i++)
            if (a[i] != a[n - 1 - i]) // 前后对应查找
            {
                flag = 0; // 发现不是回文串就放下旗子
                break;
            }
        if (flag == 1)
            cout << "yes" << endl;
        else
            cout << "no" << endl;
    }
    return 0;
}
```

第 9 章

算法进阶

学完基础算法之后，我们就可以解锁更高阶的算法知识库了。这个知识库涉及贪心算法、搜索算法、动态规划等知识。

我们可以把这三个算法比作不同类型的人：贪心算法就像是一个精打细算的商人，每一步都选择当前最赚钱的策略，也因此有些目光短浅，难以顾全大局；搜索算法像是一位探险家，探寻到达目标点的所有路线；而动态规划则像是一位运筹帷幄的战略家，他能以全局视角将复杂的战役划分成多个小战场来分别考虑，最终组合成最优的战术方案。

9.1 第 39 课：贪心算法

贪心算法在生活中处处可以用到，比如在购物凑单满减时，我们可以先从自己想要的商品中挑选价格高的商品加入购物车，这样可以用最少的商品达到满减的门槛。在每次选择中都做出对当下最有利的凑单选择，这便是贪心策略。

日常行程安排也可以用到贪心算法，比如一天内要去多个地方，可以优先处理耗时短、距离近的行程，这样能在有限时间内完成更多的任务。

还有书架的整理，按图书常用程度从高到低排列，方便每次最快找到所需图书。

贪心算法让我们在面对生活中的各类选择时，依据当下最优原则迅速行动，高效利用资源，提升生活效率。这不，学校举办了义卖活动，蛙蛙便用到了贪心策略，提高了他找钱的效率，让我们一起来看看吧！

9.1.1 策略演示

场景设定

学校最近举行了义卖活动，蛙蛙也报名参加了此项活动，准备把自己闲置的东西拿出来卖。

现在来了一位顾客买了一样东西，这件物品蛙蛙的售价是 37 元，顾客给了 100 元，现在需要蛙蛙找零 63 元。

但是蛙蛙只有一些 1 元、5 元、10 元、20 元的钞票能找给顾客，怎么找零才能使得找零的钞票数量最少呢？

案例分析

氪町博士告诉蛙蛙，可以采用贪心策略，每次选择面值最大的钞票。

首先选择面值为 20 元的钞票，63 元里最多可以选 3 个 20 元（$20 \times 3 = 60$ 元），此时剩余找零金额为 $63 - 60 = 3$ 元。

接着，因为剩余金额小于 10 元和 5 元，无法选择这两种面值的钞票，所以选择面值为 1 元的钞票，3 元里最多可以选 3 个 1 元（$1 \times 3 = 3$ 元），此时刚好找零完毕。

总共使用的钞票数量为 3（20 元钞票数量）+ 0（10 元钞票数量）+ 0（5 元钞票数量）+ 3（1 元钞票数量）= 6 张。

通过贪心算法，蛙蛙使用 6 张钞票完成了 63 元的找零。

9.1.2　概念及证明

贪心算法的概念

刚刚蛙蛙制订出了合理的贪心策略，但是在编程中贪心算法是用计算机来模拟一个贪心的人做出决策的过程，你可以想象这个人十分贪婪，他每一步行动总是按某种指标选取最优的操作，而且他目光短浅，总是只看眼前，并不考虑以后可能造成的影响。

可想而知，并不是所有时候贪心算法都能获得最优解，所以一般使用贪心算法的时候，都要确保自己能证明其正确性，那又该怎么去证明呢？

证明方法

贪心算法有两种证明方法：反证法和归纳法。

但一般情况下，一道题只会用到其中的一种方法来证明。

反证法：如果交换方案中任意两个元素或者相邻的两个元素后，答案不会变得更好，那么可以推定目前的解已经是最优解了。

归纳法：先算出边界情况（例如 $n = 1$）的最优解 F_1，然后再去证明对于每个 n，F_{n+1} 都可以由 F_n 推导出来。

9.1.3　实例讲解

🖊 例 1：过河方案

蛙蛙和他的小伙伴们一起去秋游，现在他们来到了一条小河边，需要乘坐小木船前往河对岸的景点游玩。

已知每只小木船的空间有限，最多只能搭载两个人，并且由于小木船的承重限制，乘客的总重量不能超过小木船的最大承载量。考虑到租用小木船是需要支付一定费用的，为了尽可能地节省秋游的开支，蛙蛙希望能找到一种方案，使用最少数量的小木船将所有人都顺利送到河对岸。

现在已知小木船的最大承载量、参与秋游需要过河的总人数，以及每个人的具体重量信息。请你发挥聪明才智，帮助蛙蛙计算出能够让所有人都成功过河的最少小木船数量，并将这个结果输出告知蛙蛙，以便他能更好地安排此次秋游的行程和费用预算。

【输入格式】输入两行。

第 1 行有两个整数 w 和 n，w 为一只小木船的最大承载量，n 为人数（$80 \leq w \leq 200$，$1 \leq n \leq 300$）。

第 2 行是一组数据，为每个人的重量（每个人的体重都不能大于船的承载量）。

【输出格式】输出一行，为需要的小木船的最少数量。

【输入样例 1】85 6
      5 84 85 80 84 83

【输出样例 1】5

【输入样例 2】100 5
      50 50 90 40 60

【输出样例 2】3

解析

为了能用最少的船帮助所有人过河，每次要尽量运送最多的人，但是比较重的人有可能每次只能自己一个人过河，再加一个人的重量就超过了最大载重。于是我们就考虑到最佳的方案如下。

1）对所有乘客体重降序（升序也可以）排序。

2）因为一只小木船最多只能乘坐两个人，且乘客的总重量不能超过小木船的最大承载量，所以先将升序的体重首尾（最轻和最重的）相加，如果不超过最大载重，两人坐一艘船即为最优解，那么下一组比较次轻的和次重的。

但是如果超过最大载重，则最重的那人坐一艘船，对最轻的和次重的人重复步骤 2）。

3）最后，当次轻和次重的是同一人时，他一人坐一艘船。

参考代码

```cpp
#include <iostream>
#include <algorithm>
using namespace std;

// 自定义比较函数，用于将数组元素从大到小排序
bool cmp(int a, int b)
{
    return a > b;
}

int main()
{
    int n, a[350], t = 0, w;
    cin >> w >> n; // 输入小木船的最大承载量w和人数n
    int j = n;
    for (int i = 1; i <= n; i++)
        cin >> a[i];
    // 使用自定义的比较函数，将数组a中的元素从大到小排序
    sort(a + 1, a + 1 + n, cmp);
    int i = 1;
    // 贪心策略
    while (i <= j)
    {
      // 如果最重的人和最轻的人的重量之和超过了船的承载量
        if (a[i] + a[j] > w)
        {
            t++; // 则最重的人单独坐一条船，船的数量加1
            i++; // 继续考虑下一个最重的人
        }
        else if (a[i] + a[j] <= w) // 如果两人重量之和不超过船的承载量
        {
            t++; // 则他们可以坐同一条船，船的数量加1
            i++;
            j--; // 继续考虑下一个最重的人和下一个最轻的人
        }
    }
    cout << t; // 输出需要的小木船的最少数量
    return 0;
}
```

例2: 救援物资

蛙蛙爸爸开着卡车准备给灾区送一些救援物资，他的卡车最大载重量为 m 公斤，同时他购买了 n 种食品，有食盐、白糖、大米等。

已知第 i 种食品的重量为 W_i 公斤，其商品价值为 V_i 元/公斤，为了让装入卡车中的所有食品总价值最大，蛙蛙准备通过编程帮助爸爸确定一个装货方案。

【输入格式】输入 $n+1$ 行。

第 1 行为卡车最大载重量 m 公斤和 n 种食品。

接下来 n 行,每行表示第 i 种食品的重量 W_i 和价值 V_i。

【输出格式】输出一行,为装入卡车的食品的总价值,结果保留两位小数。

【输入样例】10 3

3 4

4 5

2 6

【输出样例】44.00

解析

为了使装入卡车的食品价值最大,每次选取的必然是价值最大的食品。

1) 首先我们可以将每种食品的价值按照从大到小的顺序排列,然后每次选取价值大的食品。

2) 在装载食品之前需要判断重量是否超过卡车最大载重量,如果超过了,装至最大载重量并结束,否则将食品全部装入。

3) 最后将卡车最大载重量减去已装入的食品重量,重复以上步骤直至结束。

参考代码

```cpp
#include <iostream>
#include <cstdio>
#include <algorithm>
using namespace std;

struct s {
    double w, v; // 重量,价值
} a[105];

// 按照食品的价值从大到小排序
bool cmp(s p, s q) {
    return p.v > q.v;
}

int main() {
    int m, n;
    cin >> m >> n;
    // 循环读取每种食品的重量和价值
    for (int i = 1; i <= n; i++)
        cin >> a[i].w >> a[i].v;
    // 使用 sort 函数对结构体数组 a 进行排序
    sort(a + 1, a + n + 1, cmp);
    double sum = 0;
    for (int i = 1; i <= n; i++) {
        // 判断当前食品的重量是否小于或等于卡车的剩余载重量
        if (a[i].w <= m) {
```

```
        // 如果小于或等于，将该食品全部装入卡车，将总价值累加到 sum 中
        sum += a[i].w * a[i].v;
        // 卡车的剩余载重量减去该食品的重量
        m -= a[i].w;
    }
    else {
        // 如果当前食品的重量大于卡车的剩余载重量，则只能装入部分该食品
        sum += m * a[i].v;
        // 此时卡车已装满，结束装货过程，跳出循环
        break;
    }
}
// 输出总价值，保留两位小数
printf("%.2f\n", sum);
return 0;
}
```

例 3：会场安排

在公司里工作会经常涉及沟通与决策，因此每天都会有很多会议需要开展。

然而，蛙蛙妈妈的公司仅配备了一个设施完备的大会议室。由于大会议室资源有限，一旦某场会议被安排在特定时间段，例如 8 点至 9 点，那么该时间段内便无法再安排其他任何会议。

蛙蛙的妈妈兼任公司的排班人员，手头掌握着一张详细的会议安排计划时间表。表中罗列了众多会议的预计开始时间和结束时间等关键信息。

但如何更好地利用这唯一的大会议室资源，成为蛙蛙妈妈工作中的一大挑战。她期望在满足公司会议需求的基础上，尽可能地在大会议室安排更多的会议场次。她还希望在保证会议数量的同时，让大会议室占用更少的时间，从而为每次会议之间留出充裕的时间，以便工作人员对会议室进行清理、设备调试等准备工作，确保后续会议能够顺利进行。

现在，蛙蛙听说了此事，决定帮妈妈解决这个复杂而重要的会议室安排问题，为妈妈的公司贡献出自己的一份力量。

【输入格式】输入 $n+1$ 行。

第 1 行输入一个正整数 n，表示一共有 n 场会议（$1 \leq n \leq 100$）。

之后的每行分别记录这 n 场会议的开始和结束时间（整点，时间在 0 和 24 之间）。

【输出格式】输出两行，第 1 行输出安排好之后的第一场会议的开始和结束时间，第 2 行输出这间大会议室最多安排几场会议。

【输入样例】4

　　　　 8　10

　　　　 9　12

```
8  9
10 12
```

【输出样例】8 9
              2

解析

解决这道题的思路是，我们先安排一场会议，再在安排了这场会议的前提下，在剩下的时间里尽可能多地安排其他会议。

1) 我们不妨先安排整个会议室里的第一场会议，然后再在这场会议结束之后剩余的时间里安排尽可能多的会议。

2) 在安排完一场会议之后，要使得剩下的时间尽可能多，这样就可以安排更多的会议。所以我们每一次首先安排的会议是结束时间最早的那一场会议，因为结束时间最早的那场会议被先安排的话剩余时间是最多的。

参考代码

```cpp
#include <iostream>
#include <algorithm>
using namespace std;
// 定义结构体 s，用于存储每场会议的开始时间和结束时间
struct s
{
    int st, ed; // st 表示会议开始时间，ed 表示会议结束时间
} a[110];

bool cmp(s b, s c)
{
    if (b.ed != c.ed)
        return b.ed < c.ed; // 优先按照结束时间从小到大排序
    return b.st > c.st; // 若结束时间相同，则按照开始时间从大到小排序
}
int main()
{
    int n, t = 0, j = 0;
    cin >> n;

    // 读取每场会议的开始时间和结束时间
    for (int i = 1; i <= n; i++)
        cin >> a[i].st >> a[i].ed;
    sort(a + 1, a + 1 + n, cmp); // 按照自定义规则排序
    // 遍历排序后的结构体数组 a
    for (int i = 1; i <= n; i++)
    {
        // 判断当前会议的开始时间是否大于或等于上一场已安排会议的结束时间
        if (a[i].st >= j)  // 如果满足条件，则可以安排该会议
        {
```

```
        // 更新上一场已安排会议的结束时间为当前会议的结束时间
        j = a[i].ed;
        // 已安排会议的数量加 1
        t++;
    }
}
// 输出安排好之后的第一场会议的开始和结束时间
cout << a[1].st << " " << a[1].ed << endl;
// 输出这间大会议室最多安排的会议数量
cout << t;
return 0;
}
```

9.2 第40课：深度优先搜索

深度优先搜索（Depth-First Search，DFS）是一种用于遍历或搜索图或树（图和树的知识在第 10 章讲解）结构的算法。

在生活中，我们也会直接或间接使用到深度优先搜索。比如在路径规划方面，它能帮助导航软件规划路线；在游戏领域，它可解决迷宫问题、辅助棋类游戏决策；在资源管理上，它可用于文件系统遍历；在社交网络分析中，它能查找人脉关系、分析信息传播路径等。

现在我们跟随蛙蛙进入迷宫场景中，深入了解深度优先搜索。

9.2.1 情景引入及建模

走迷宫场景演示

蛙蛙被困在一个 3×3 的迷宫中，迷宫的左上角是起点，右下角是迷宫出口（用 exit 表示）。迷宫中有些格子是 0，表示不可通行（可能是沼泽或岩石），其他格子是 1，表示可以安全落脚，如表 9-1 所示。

蛙蛙每次只能向上、下、左、右四个方向移动一格，且不能重复走过任何格子，蛙蛙有多少种不同的路径可以成功逃出迷宫呢？

表 9-1　蛙蛙所在的迷宫

蛙蛙	1	0
1	1	1
1	1	exit

如何移动？

1) 如果已经到达终点，则表示多了一条可以到达终点的路径。
2) 每次可以选择移动到的格子有当前点的上、下、左、右四个方向的格子。

3) 按照顺序尝试每个格子是否可走,如果格子不在迷宫中或者遇到沼泽或岩石,则不能走。

4) 找到第一个可以走的格子(比如往上走一格),则标记该格子,表示已经走过。

5) 再从新的格子出发,重复上述过程(递归进行)。

6) 将刚才遍历的格子消除标记,再尝试从之前格子的其他方向出发去找路线。

问题建模

如何表示迷宫地图等信息呢?

我们可以使用一个 3 × 3 的二维数组 maze 来存储迷宫信息,如果值为 0 表示不可走,1 表示可走,如表 9-2 所示。

表 9-2　用二维数组 maze 来存储迷宫信息

1	1	0
1	1	1
1	1	1

再使用一个 3 × 3 的二维数组 used 来标记是否走过某个格子,没走过为 0,走过为 1,如表 9-3 所示。

表 9-3　用二维数组 used 来标记是否走过某个格子

0	0	0
0	0	0
0	0	0

刚开始时,由于蛙蛙还没有走,所以所有元素初始化为 0。若蛙蛙已经走了迷宫中第 1 行第 2 列的格子,则需要将这个格子标记为 1,即 used[1][2]=1,表示 maze[1][2] 已经走过。

目前蛙蛙在左上角,即第 1 行第 1 列的位置。现在蛙蛙要开始移动了,又该如何表示每次移动的过程呢?每次移动,实际上就是坐标的变化。假设蛙蛙在中间位置(2, 2),如表 9-4 所示。

表 9-4　蛙蛙所在的位置

0	0	0
0	蛙蛙	0
0	0	0

若蛙蛙向上走,来到位置(1, 2),相对于当前位置(2, 2)行坐标−1,列坐标不变。

若蛙蛙向下走,来到位置(3, 2),相对于当前位置(2, 2)行坐标+1,列坐标不变。

若蛙蛙向左走,来到位置(2, 1),相对于当前位置(2, 2)行坐标不变,列坐标−1。

若蛙蛙向右走，来到位置(2, 3)，相对于当前位置(2, 2)行坐标不变，列坐标+1。

遍历方向

我们可以用一个 4 行 2 列的二维数组 fx 保存能够一步到达的四个方向，为了方便描述，我们按顺时针方向，从上方开始，即上、右、下、左的顺序，如表 9-5 所示。

表 9-5　每一步的四种走法及坐标变化

每一步的走法	x 坐标的变化	y 坐标的变化
向上走，行-1，列不变	−1	0
向右走，行不变，列+1	0	1
向下走，行+1，列不变	1	0
向左走，行不变，列-1	0	−1

代码如下：

```
int fx[4][2] = {{-1, 0}, {0, 1}, {1, 0}, {0, -1}};
```

假设当前坐标为(2, 2)，向上移动就是(2 + fx[0][0], 2 + fx[0][1])，即来到坐标(2+(−1), 2+0) = (1, 2)的位置。

可以通过 for 循环遍历四个方向：

```
for (int i = 0; i < 4; i++) // 尝试上、右、下、左四个方向
{
    int nx = x + fx[i][0]; // 新的 x 坐标 nx
    int ny = y + fx[i][1]; // 新的 y 坐标 ny
}
```

完整代码及解析

```
#include <iostream>
using namespace std;
int ans = 0, maze[6][6], used[6][6], fx[4][2] = {{-1, 0}, {1, 0}, {0, -1}, {0, 1}};
void dfs(int x, int y)
{
    if (x == 3 && y == 3) // 如果当前找的点就是终点，则方案数+1，结束本次搜索
    {
        ans++;
        return;
    }
    else
    {
        used[x][y] = 1; // 将当前所在的点标记为 1，表示走过
        for (int i = 0; i < 4; i++) // 尝试上、下、左、右四个方向
        {
            int nx = x + fx[i][0];
            int ny = y + fx[i][1]; // 下一次查找的点的坐标 nx, ny
            // (nx,ny)要在地图内，可走，并且未被走过
```

```
            if (nx >= 1 && nx <= 3 && ny >= 1 && ny <= 3 && used[nx][ny] == 0 &&
                maze[nx][ny] == 1)
            {
                used[nx][ny] = 1; // 表示(nx,ny)走过
                dfs(nx, ny);      // 从(nx,ny)再去找
                used[nx][ny] = 0; // 消除标记，再尝试其他方向
            }
        }
        used[x][y] = 0; // 消除标记
    }
}
int main()
{
    for (int i = 1; i <= 3; i++)
    {
        for (int j = 1; j <= 3; j++)
        {
            cin >> maze[i][j];
        }
    }
    dfs(1, 1); // 从左上角出发
    cout << ans; // 输出最终方案数
    return 0;
}
```

运行后输入：

```
1 1 0
1 1 1
1 1 1
```

运行结果：

```
7
```

9.2.2 深度优先搜索模板

走迷宫的过程就是一个深度优先搜索的过程：从可以解决问题的某一个方向出发，一直深入寻找，找到这个方向可以得到的所有解决方案；如果找不到，则回退到上一步，从另一个方向开始，再次深入寻找。

注意事项

我们在使用深度优先搜索解决问题时要注意：

1) 首先弄清楚问题的解空间，即迷宫有多大；

2) 弄清楚搜索的边界，即到哪一步就该停下，不用再搜；

3) 搜索的方向，即可能包含哪几种问题。

模板

```
void dfs() // 深度优先搜索
{
    if (到达终点状态)
    {
        ... // 根据题意添加
        return;
    }
    if (越界或者是不合法状态)
        return;
    if (特殊状态) // 剪枝
        return;
    for (所有可能的下一个状态)
    {
        if (状态符合条件)
        {
            修改操作; // 根据题意来添加
            标记;
            dfs();
            // 根据题意看是否需要还原标记，这种方法称为回溯法
        }
    }
}
```

9.2.3 实例讲解

📝 例1：迷宫

有一个 $N \times M$ 方格的迷宫，迷宫里有 T 处障碍，障碍处不可通过。

给定起点坐标和终点坐标，规定每个格子最多经过1次，问有多少种从起点坐标到终点坐标的方案。

在迷宫中移动有上、下、左、右四种方式，每次只能移动一个格子，数据保证起点上没有障碍。

【输入格式】输入 $T+2$ 行。

第1行输入3个正整数 N、M 和 T，N 为行、M 为列、T 为障碍总数。

第2行输入4个正整数：起点坐标 S_X、S_Y，终点坐标 F_X、F_Y。

接下来 T 行，每行为障碍点的坐标。

【输出格式】输出一行，为给定起点坐标和终点坐标，每个格子最多经过1次，从起点坐标到终点坐标的方案总数。

【输入样例】 2 2 1

1 1 2 2

1 2

【输出样例】 1

【数据范围】 $1 \le N \le 20$，$1 \le M \le 20$，$0 \le T \le N \times M - 2$，起点无障碍。

解析

1) 从起点出发，尝试向四个方向移动。

2) 每次移动时标记当前格子为已访问，避免重复访问。

3) 到达终点时，路径数 ans 加 1。

4) 回溯时取消标记，以便探索其他路径。

参考代码

```cpp
#include <iostream>
using namespace std;
int ans = 0, maze[21][21], used[21][21];
int Fx[4][2] = {{-1, 0}, {1, 0}, {0, -1}, {0, 1}};
int n, m, t, sx, sy, fx, fy, tx, ty;
// 深度优先搜索
void dfs(int x, int y, int s, int e) {
    if (x == s && y == e) {   // 如果到达终点
        ans++;                 // 路径数+1
        return;
    } else {
        used[x][y] = 1;        // 标记当前格子为已访问
        for (int i = 0; i < 4; i++) {   // 尝试四个方向
            int nx = x + Fx[i][0];       // 计算下一个格子的 x 坐标
            int ny = y + Fx[i][1];       // 计算下一个格子的 y 坐标
            // 检查是否越界、未访问且无障碍
            if (nx >= 1 && nx <= n && ny >= 1 && ny <= m && used[nx][ny] == 0 &&
                maze[nx][ny] == 0) {
                used[nx][ny] = 1;        // 标记下一个格子为已访问
                dfs(nx, ny, s, e);       // 递归搜索
                used[nx][ny] = 0;        // 回溯，取消标记
            }
        }
        used[x][y] = 0;   // 回溯，取消当前格子的标记
    }
}
int main() {
    // 输入迷宫基本信息
    cin >> n >> m >> t;
    cin >> sx >> sy >> fx >> fy;
    // 初始化迷宫（默认所有格子可通行）
    for (int i = 1; i <= t; i++) {
        cin >> tx >> ty;
```

```
        maze[tx][ty] = 1;  // 标记障碍物
    }
    // 从起点开始深度优先搜索
    dfs(sx, sy, fx, fy);
    // 输出路径总数
    cout << ans;
    return 0;
}
```

例2：全排列问题

排列是指从给定的元素集合中选取部分或全部元素，按照一定顺序进行排列的方式。

现在数学老师希望蛙蛙能够编写一个程序，帮忙解决数学中的排列问题，要求能够根据用户输入的整数 n（需满足 $n \leq 9$），输出从 1 到 n 这 n 个数字的所有不同排列方式。

例：$n = 3$，全排列为 123、132、213、231、312、321。

【输入格式】输入一行，一个正整数 n。

【输出格式】输出若干行，为 1 到 n 的数的全排列（$n \leq 9$），按照字典序（若第一个数相同，则比较第二个数，以此类推）从小到大换行输出。

【输入样例】3

【输出样例】123
　　　　　　132
　　　　　　213
　　　　　　231
　　　　　　321
　　　　　　312

解析

样例分析

输入 3，第一个数从 1 开始尝试：

1		

第二个数继续从 1 开始尝试，由于 1 已经被使用，继续尝试 2：

1	2	

第三个数继续从 1 开始尝试，由于 1 已经被使用，继续尝试 2，也被使用，继续尝试 3：

1	2	3

得出第一个数 123，接着回溯到第二个数，可以尝试 3：

1	3	

再接着往后，第三个数继续从 1 开始尝试，由于 1 已经被使用，继续尝试 2：

1	3	2

得出第二个数 132，接着加 1，发现 3 已经被使用过，回溯到第一个数，从 2 开始继续尝试：

2		

按上述步骤，得出 213 和 231，再回溯到第一个数从 3 开始出发，得到 312 和 321。

最终输出 123、132、213、231、312、321 这六个数。

我们可以采用深度优先搜索，通过递归的方式，逐步构建上述过程，在构建过程中记录已经使用过的数字，避免重复使用，直至得到完整的排列。

1) 通过 ans 数组存储当前正在构建的排列。通过 used 数组进行标记，used[i] 若为 1，表示数字 i 已在当前排列中被使用；若为 0，则表示未被使用。

2) 通过 for 循环遍历从 1 到 n 的所有数字。

3) 若数字 i 未被使用（used[i] 为 0），则将其放入 ans 数组的第 x 个位置，同时标记 used[i] 为 1，表示该数字已被使用。

4) 递归调用 dfs(x + 1, n)，继续构建下一个位置的数字。

5) 递归返回后，将 used[i] 重置为 0，这是回溯操作，目的是撤销之前的选择，以便尝试其他可能的排列。

6) 当 x 大于 n 时，意味着已经成功构建了一个完整的排列（ans 数组中存储了 1 到 n 的一个排列），此时将该排列输出并换行，然后返回。

参考代码

```cpp
#include <iostream>
using namespace std;
int ans[10],used[10];
// x 表示当前要填充排列的第 x 个位置，n 表示排列的总长度
void dfs(int x, int n)
{
    // 当 x 大于 n 时，说明已经成功生成了一个完整的排列
```

```
    if (x > n)
    {
        // 遍历 ans 数组，输出当前生成的排列
        for (int i = 1; i <= n; i++)
            cout << ans[i];
        cout << endl;
        // 结束当前递归调用，返回上一层
        return;
    }
    // 尝试将 1 到 n 中的每个数字填入当前位置
    for (int i = 1; i <= n; i++)
    {
        // 如果数字 i 还未被使用
        if (!used[i])
        {
            // 将数字 i 填入排列的第 x 个位置
            ans[x] = i;
            // 标记数字 i 已被使用
            used[i] = 1;
            // 递归调用 dfs 函数，填充下一个位置
            dfs(x + 1, n);
            // 回溯操作，将数字 i 标记为未使用，以便尝试其他可能的排列
            used[i] = 0;
        }
    }
}
int main()
{
    int n;
    cin >> n;
    // 调用 dfs 函数，从排列的第一个位置开始填充
    dfs(1, n);
    return 0;
}
```

例3：棋盘的马

蛙蛙最近拿到一个特殊的象棋棋盘，这个棋盘可以看作一个由坐标点构成的网格，棋盘的左下角位置为坐标$(0, 0)$，而右上角位置为坐标(m, n)，这里的 m 和 n 均为非负整数。

马在棋盘上移动时有着特殊的规则：它只能向右移动，不能向左移动。

也就是说，在它移动过程中的任意一步，它的横坐标不会减小。每次移动时，马遵循国际象棋中马的移动规则，即"日"字形移动。具体而言，马从当前位置(x, y)出发，可以移动到以下 4 个位置之一（由于只能向右移动，所以会排除掉向左的移动方向）：

$(x + 1, y + 2)$

$(x - 1, y + 2)$

$(x + 2, y + 1)$

$(x - 2, y + 1)$

需要注意的是，马的移动不能超出棋盘的边界，即移动后的位置(n_x, n_y)需满足 $0 \leq n_x \leq m$ 且 $0 \leq n_y \leq n$。

蛙蛙准备编写一个程序，计算这匹马从棋盘左下角$(0, 0)$出发，按照上述规则移动到右上角 (m, n)总共存在多少条不同的路径，并准备将这个路径总数打印输出。

【**输入格式**】输入一行，两个整数 m 和 n（$m \leq 20$，$n \leq 20$）。

【**输出格式**】输出一行，为马从棋盘左下角到右上角的方法总数。

【**输入样例**】3　3

【**输出样例**】2

解析

样例分析

马在棋盘上只能向右移动，每次移动遵循国际象棋中"日"字形的规则。

符合要求的移动方向有$(x + 1, y + 2)$、$(x + 2, y + 1)$、$(x - 1, y + 2)$、$(x - 2, y + 1)$，同时移动后的位置(n_x, n_y)需要满足 $0 \leq n_x \leq m$ 且 $0 \leq n_y \leq n$。下面以 3×3 的棋盘为例分析马移动的路径。

1) 路径 1

　　a. 第一步：从$(0, 0)$出发，按照$(x + 2, y + 1)$的规则移动，得到新位置为$(0 + 2, 0 + 1) = (2, 1)$。

　　b. 第二步：从$(2, 1)$出发，按照$(x + 1, y + 2)$的规则移动，得到新位置为$(2 + 1, 1 + 2) = (3, 3)$。

2) 路径 2

　　a. 第一步：从$(0, 0)$出发，按照$(x + 1, y + 2)$的规则移动，得到新位置为$(0 + 1, 0 + 2) = (1, 2)$。

　　b. 第二步：从$(1, 2)$出发，按照$(x + 2, y + 1)$的规则移动，得到新位置为$(1 + 2, 2 + 1) = (3, 3)$。

所以在这个 3×3 的棋盘里，从$(0, 0)$移动到$(3, 3)$，马依据只能向右移动的"日"字形规则，仅有上述两条不同的移动路径。

参考代码

```cpp
#include <iostream>
using namespace std;
int ans, m, n;
// 存储马的四个可能移动方向
int fx[4][2] = {{-2, 1}, {2, 1}, {1, 2}, {-1, 2}};
// 探索马的移动路径
void dfs(int x, int y)
{
    // 当马移动到目标位置 (m, n) 时
    if (x == m && y == n)
    {
```

```
            ans++; // 路径总数加 1
            return;
        }
        else
        {
            // 遍历四个可能的移动方向
            for (int i = 0; i < 4; i++)
            {
                // 计算马移动后的新位置
                int nx = x + fx[i][0], ny = y + fx[i][1];
                // 检查新位置是否在棋盘范围内
                if (nx >= 0 && nx <= m && ny >= 0 && ny <= n)
                {
                    // 如果新位置合法, 从新位置出发继续探索
                    dfs(nx, ny);
                }
            }
        }
}

int main()
{
    cin >> m >> n;
    // 从起点(0, 0)开始进行深度优先搜索
    dfs(0, 0);
    // 输出马从(0, 0)移动到(m, n)的不同路径总数
    cout << ans;
    return 0;
}
```

9.3　第41课: 广度优先搜索

广度优先搜索(Breadth-First Search, BFS)也是一种用于遍历或搜索图或树(图和树的知识在第10章讲解)结构的算法。

在路径规划中, 广度优先搜索可以用于寻找从起点到终点的最短路径; 在网络爬虫中, 可用于遍历网页链接, 获取网页信息; 在游戏开发中, 可用于查找角色周围一定范围内的目标; 在社交网络分析中, 可用于查找某个节点周围一定范围内的社交圈子等。

广度优先搜索和深度优先搜索的主要区别在于搜索顺序不同。广度优先搜索更侧重于全面地逐层搜索, 而深度优先搜索则是沿着一条路径尽可能深地探索下去, 直到无法继续再回溯。我们继续通过迷宫的例子来了解广度优先搜索。

9.3.1　情景引入及建模

走迷宫场景演示二

蛙蛙被困在一个 3 × 3 的迷宫中, 迷宫的左上角是起点, 右下角是迷宫出口(用 exit 表示)。

迷宫中有些格子是 0，表示不可通行（可能是沼泽或岩石），其他格子是 1，表示可以安全落脚。

蛙蛙每次只能向上、右、下、左四个方向移动一格，且不能重复走过任何格子。由于蛙蛙体力有限，他希望尽快走出迷宫，请你告诉蛙蛙最少需要走多少步。迷宫中(1, 3)处为障碍物，(3, 3)为终点，如表 9-6 所示。

表 9-6　蛙蛙所在的迷宫

蛙蛙	1	0
1	1	1
1	1	exit

我们可以按照这样的思路去找。

1) 从起点(1, 1)出发按照上、右、下、左四个方向的顺序进行遍历，先检查第 1 步可以到达的所有点，判断是否为终点，如表 9-7 所示。

表 9-7　第 1 步能到达(1, 2)和(2, 1)

蛙蛙	1	障碍
1		

2) 依次从第 1 步到达的点出发，检查第 2 步可以到达的点是否为终点，如表 9-8 所示。

表 9-8　第 2 步能到达(2, 2)和(3, 1)

蛙蛙	1	障碍
1	2	
2		

3) 依次从第 2 步到达的点出发，检查第 3 步可以到达的点是否为终点，如表 9-9 所示。

表 9-9　第 3 步能到达(2, 3)和(3, 2)

蛙蛙	1	障碍
1	2	3
2	3	

4) 其中(2, 3)这个点比(3, 2)先遍历。先从(2, 3)出发，上方是障碍物不能走，右方出地图不能走，可以向下走来到(3, 3)，此时共移动 4 步。检查到达的点是否为终点，如表 9-10 所示。

表 9-10　第 4 步到达终点(3, 3)

蛙蛙	1	障碍
1	2	3
2	3	4

5) 找到终点，程序结束，最先到达的点为最短路径，步数为 4。

问题建模

如何表示迷宫地图等信息呢？

使用一个 3×3 的二维数组 maze 来存储迷宫信息，如果值为 0 表示不可走，1 表示可走；再使用一个 3×3 的二维数组 used 来标记是否走过，没走过为 0，走过的话为 1。

例：used[1][2] = 1，表示 maze[1][2]已经走过。

遍历方向

我们可以用一个 4 行 2 列的二维数组 fx 保存能够一步到达的四个方向。为了方便描述，我们按顺时针方向，从上方进行保存，即上、右、下、左的顺序，比如：

```
int fx[4][2] = {{-1, 0}, {0, 1}, {1, 0}, {0, -1}};
```

假设当前坐标为(2, 2)，向上移动就是：$(2 + \text{fx}[0][0], 2 + \text{fx}[0][1])$，即来到坐标(2+(-1), 2+0)=(1, 2)的位置。

注　建模与遍历均与深度优先搜索一致，详情请参考 9.2.1 节 "问题建模" 和 "遍历方向" 部分。

搜索过程

1) 我们需要使用队列（这里用数组 que 模拟队列，如表 9-11 所示。队列的知识在 10.2 节中有详细讲解，若学习本节内容时对这方面有疑惑，可以跳到 10.2 节学完队列知识后再回来复习广度优先搜索）来实现，用结构体表示每次找到的点的坐标信息以及步数(x, y, cnt)。

表 9-11　队列 que

x	y	cnt

2) 将起点(1, 1)放入队列中（后面简称入队），如表 9-12 所示，并记录当前步数。由于在起点，蛙蛙还没开始走，所以步数为 0。

表 9-12　将起点(1, 1)放入队列 que 中

x	y	cnt
1	1	0

3) 从队头元素（即从 maze 数组中的第 1 行第 1 列）出发，按上、右、下、左的顺序遍历它的四个方向（如表 9-13 所示），如果能到达则将其放入队列中，并且步数从队头的步数那里加 1。

表 9-13　在 maze 数组中开始遍历

蛙蛙	1	障碍
1		

如表 9-13 所示，从(1, 1)可以走到的点是(1, 2)和(2, 1)，所以需要让这两个点入队，且步数加 1（原步数为 0，现到达的这两个点的步数为 1），如表 9-14 所示。

表 9-14　让(1, 2)和(2, 1)入队

x	y	cnt
1	1	0
1	2	1
2	1	1

由于(1, 1)这个点已经走过了，所以需要将它移出队列（如表 9-15 所示），下一次从(1, 2)这个点出发，可通过一个指针 head 实现这个操作，一开始 head 指向(1, 1)，走过后将 head 指向下一个元素（这里用颜色标记，表示已经不在队列中）。

表 9-15　将已走过的(1, 1)移出队列

x	y	cnt
1	1	0
1	2	1
2	1	1

4) 判断是否到达终点，若到达终点则终止程序（如表 9-16 所示）。

表 9-16　判断是否到达终点

蛙蛙	1	障碍
1	2	3
2	3	

在表 9-16 中，若从(2, 3)向下出发，则来到终点，步数加 1 为 4，此时程序结束，返回步数 4，即为最快到达的点（如表 9-17 所示）。

表 9-17　到达终点

蛙蛙	1	障碍
1	2	3
2	3	4

5) 若没有到达终点，继续重复步骤 3)，直到找到终点或者队列中没有元素，若队列中没有元素则说明不能走到终点。

完整代码及解析

```cpp
#include <iostream>
using namespace std;

// 定义一个结构体 wz 来表示位置信息
struct wz
{
    int x, y;            // 坐标，x 表示横坐标，y 表示纵坐标
    int cnt;
} que[1000], front, a;  // front 用来存储每次取出的队头元素，a 存储起点信息

int maze[5][5];
int used[5][5];
// fx 数组存储四个方向的偏移量，分别为上、右、下、左
int fx[4][2] = {{-1, 0}, {0, 1}, {1, 0}, {0, -1}};
// head 表示队列的队头位置，tail 表示队列的队尾位置
// sx, sy 分别表示起点的横坐标和纵坐标，ex, ey 分别表示终点的横坐标和纵坐标
int head = 1, tail = 1, sx = 1, sy = 1, ex = 3, ey = 3;
// 声明广度优先搜索函数 bfs
void bfs(wz a);
int main()
{
    for (int i = 1; i <= 3; i++)
        for (int j = 1; j <= 3; j++)
            cin >> maze[i][j];
    // 初始化起点信息，将起点的坐标和步数（初始为 0）赋值给结构体 a
    a.x = sx, a.y = sy, a.cnt = 0;
    bfs(a);
    // 输出到达终点时所走的步数
    cout << que[tail].cnt;
    return 0;
}

// 广度优先搜索
void bfs(wz a)
{
    // 将起点信息存入队列的队头位置
    que[head] = a;
```

```
    // 标记起点已经被访问过
used[a.x][a.y] = 1;
    // 当队列不为空时，继续进行搜索
while (head <= tail)
{
    // 取出队头元素
    front = que[head];
    // 队头指针后移，相当于队头元素出队
    head++;
    // 遍历队头元素的四个方向
    for (int i = 0; i < 4; i++)
    {
        // 计算下一次前进点的坐标
        int nx = front.x + fx[i][0], ny = front.y + fx[i][1];
        // 检查下一个点是否满足条件：在地图内、未被访问过且不是障碍
        if (nx >= 1 && nx <= 4 && ny >= 1 && ny <= 4 && !used[nx][ny] && maze[nx][ny])
        {
            // 队尾指针后移
            tail++;
            // 标记该点已经被访问过
            used[nx][ny] = 1;
            // 将该点的坐标和步数信息存入队列
            que[tail].x = nx;
            que[tail].y = ny;
            // 该点的步数为前一个点的步数加 1
            que[tail].cnt = front.cnt + 1;
        }
        // 如果到达终点
        if (nx == ex && ny == ey)
        {
            // 让队头指针大于队尾指针，退出 while 循环
            head = tail + 1;
            // 退出 for 循环
            break;
        }
    }
}
}
```

9.3.2　广度优先搜索模板

上面走迷宫就是广度优先搜索的过程：从初始状态出发，到 1 次转移（1 步）能够到达的所有状态，再到 2 次转移（2 步）能够到达的所有状态……一直到 n 次转移能到达的所有状态。

我们常用广度优先搜索处理两种问题：

1) 最短路径问题；
2) 是否有路线的问题。

模板

```
void bfs(State a)
{
    队头指针 head = 1, 队尾指针 tail = 1;
    起始状态 a 入队;
    while (head <= tail)
    {
        取出队头元素 State = que[head];
        队头指针后移 head++;
        尝试从队头元素出发可以得到的 n 个状态
        for (int i = 1; i <= n; i++)
        {
            if (满足条件)
            {
                队尾后移, tail++状态入队, 并标记
            }
            if (到达终点)
            {
                退出 for 和 while 循环
            }
        }
    }
}
```

9.3.3 实例讲解

📝 例1：探险救援

正在森林中探险的蛙蛙，突然收到了同伴的求救信号，信号显示森林中有同伴受伤了，蛙蛙需要尽快赶到伤者那里帮忙。

森林可以看作一个 $m \times n$ 的地图，其中 w 表示蛙蛙，p 表示伤者，森林中可以行走的地方用 *表示，其他符号表示不可走。

蛙蛙每次只能向上、下、左、右四个方向移动一步，请你告诉蛙蛙，他最少需要走几步。

【输入格式】输入 $m+1$ 行。

第 1 行输入 m 和 n，分别表示地图的行数和列数（$1 \leqslant m \leqslant 40$，$1 \leqslant n \leqslant 40$）。

第 2 行开始输入 m 行 n 列的地图内容，其中 w 表示蛙蛙的位置，p 表示伤者的位置，*表示可以行走的地方，其他符号均表示不可行走。

【输出格式】输出一行。如果蛙蛙能走到伤者的位置，输出其最少步数，如果蛙蛙走不到伤者的位置，输出 No。

【输入样例】4 4

w * * *

```
          *  &  *  *
          *  *  *  p
          *  *  *  *
```

【输出样例】 5

解析

利用广度优先搜索算法，蛙蛙从初始位置开始，按照步数最少的原则逐步探索地图，直到找到伤者或确定无法到达伤者的位置。如果找到了伤者，输出最少步数；如果无法到达伤者的位置，输出 No。

1) 首先，从输入中读取地图的大小 m 和 n，以及地图的内容。当读到蛙蛙的位置 w 时，将其坐标 x、y 和步数 cnt（初始为 0）记录在结构体中。

2) 队列：使用一个队列 que 来存储待探索的位置，队列中的每个元素是一个结构体 wz，包含位置的坐标 x 和 y，以及从起点到该位置的步数 cnt。

3) 搜索过程

    a. 将蛙蛙的初始位置 a 加入队列。

    b. 当队列不为空时，取出队头元素 front。

    c. 尝试向四个方向（上、右、下、左）移动一步，计算新位置(nx, ny)。

    d. 如果新位置未被访问过(used[nx][ny] == 0)且是可通行的(maze[nx][ny] == '*')或为伤者的位置（ maze[nx][ny] == 'p'），则将新位置加入队列，并将其步数设置为当前位置的步数加 1。

    e. 如果新位置是伤者的位置（ maze[nx][ny] == 'p'），则设置标志 flag = 1，并跳出循环，表示找到了伤者。

    f. 输出结果：如果找到了伤者(flag == 1)，则输出到伤者位置的步数 que[tail].cnt。

    g. 如果在搜索过程中，队列为空（ head > tail）且没有找到伤者（ flag == 0），说明从蛙蛙的初始位置无法到达伤者的位置，此时输出 No。

参考代码

```cpp
#include <iostream>
using namespace std;
// 定义一个结构体 wz 用于存储位置信息和步数
struct wz
{
    int x, y;   // 位置的横坐标和纵坐标
    int cnt;    // 从起点到该位置的步数
} que[1000], front, a;

char maze[40][40];  // 存储地图信息
// 定义四个方向的偏移量，分别为上、右、下、左
```

```
int fx[4][2] = {{-1, 0}, {0, 1}, {1, 0}, {0, -1}};
int used[40][40];
// head 和 tail 用于队列操作, flag 标记是否找到伤者
int head = 1, tail = 1, m, n, flag = 0;
// 广度优先搜索函数
void bfs(wz a);
int main()
{
    cin >> m >> n;  // 输入地图的行数和列数
    for (int i = 1; i <= m; i++)
    {
        for (int j = 1; j <= n; j++)
        {
            cin >> maze[i][j];  // 输入地图的每个位置信息
            if (maze[i][j] == 'w')
            {
                // 找到蛙蛙的初始位置
                a.x = i;
                a.y = j;
                a.cnt = 0;  // 初始步数为 0
            }
        }
    }
    bfs(a);  // 从蛙蛙的初始位置开始进行广度优先搜索
    if (flag)
        cout << que[tail].cnt;  // 如果找到伤者, 输出最少步数
    else
        cout << "No";  // 如果未找到伤者, 输出 No
    return 0;
}
// 广度优先搜索函数的实现
void bfs(wz a)
{
    que[head] = a;  // 将蛙蛙的初始位置加入队列
    while (head <= tail)  // 当队列不为空时, 继续搜索
    {
        front = que[head];  // 取出队头元素
        head++;  // 队头指针后移

        // 尝试向四个方向进行探索
        for (int i = 0; i < 4; i++)
        {
            // 计算新的位置坐标
            int nx = front.x + fx[i][0];
            int ny = front.y + fx[i][1];

            // 判断新位置是否满足条件: 未被访问过, 且是可通行的位置或伤者的位置
            if (!used[nx][ny] && (maze[nx][ny] == '*' || maze[nx][ny] == 'p'))
            {
                tail++;  // 队尾指针后移
                used[nx][ny] = 1;  // 标记新位置为已访问
                // 将新位置加入队列
                que[tail].x = nx;
                que[tail].y = ny;
```

```
        // 新位置的步数为当前位置的步数加 1
        que[tail].cnt = front.cnt + 1;
    }

    // 如果新位置是伤者的位置
    if (maze[nx][ny] == 'p')
    {
        flag = 1;  // 标记已经找到伤者
        head = tail + 1;  // 清空队列，结束搜索
        break;  // 跳出循环
    }
        }
    }
}
```

例2：闭合圈填充

在一个由数字 0 和 1 组成的 $n \times n$ 方阵中，存在一个任意形状的闭合圈，这个闭合圈外围完全由数字 1 构成，并且在形成闭合圈的过程中，只在上、下、左、右这四个方向上移动。

现在蛙蛙的任务是，将这个闭合圈内部的所有空白空间（即原本为 0 的区域）都填写成数字 2。

【输入格式】输入 $n+1$ 行。

第 1 行为一个整数 n（$1 \le n \le 30$）。

接下来 n 行，是由 0 和 1 组成的 $n \times n$ 的方阵，方阵内只有一个闭合圈，圈内至少有一个 0。

【输出格式】输出 n 行，为已经填好数字 2 的完整方阵。

【输入样例】6

```
0 0 0 0 0 0
0 0 1 1 1 1
0 1 1 0 0 1
1 1 0 0 0 1
1 0 0 0 0 1
1 1 1 1 1 1
```

【输出样例】
```
0 0 0 0 0 0
0 0 1 1 1 1
0 1 1 2 2 1
1 1 2 2 2 1
1 2 2 2 2 1
1 1 1 1 1 1
```

解析

通过广度优先搜索算法找到闭合圈外部的 0 并标记，然后遍历方阵输出最终结果，将闭合圈内部的 0 替换为 2。

1) 确定边界外的点：为了区分闭合圈内部和外部，我们可以从方阵边界外的点［例如(0, 0)点，它肯定在闭合圈外部］开始进行搜索。使用广度优先搜索算法，从这个起始点开始向上、右、下、左四个方向扩展，标记所有能到达的 0 点。这些被标记的 0 点就是在闭合圈外部的点。

2) 标记外部的 0 点：在搜索过程中，将遇到的 0 点标记为一个特定的值（例如-1），表示这些点已经被访问过且在闭合圈外部。

3) 区分内部和外部：遍历整个方阵，根据每个点的值进行判断，如果点的值为 1，则它是闭合圈的一部分；如果点的值为-1，则它在闭合圈外部，应该保持为 0；如果点的值为 0，则它在闭合圈内部，需要将其替换为 2。

4) 输出结果：按照上述规则遍历完方阵后，输出最终修改后的方阵。

参考代码

```cpp
#include <iostream>
using namespace std;
int a[32][32];
int fx[4][2] = {{-1, 0}, {0, 1}, {1, 0}, {0, -1}};
struct zb
{
    int x, y;
} que[10000];
int main()
{
    int n;
    cin >> n;
    for (int i = 1; i <= n; i++)
        for (int j = 1; j <= n; j++)
            cin >> a[i][j];
    int h = 1, e = 1;
    // 将起始点(0, 0)入队，它肯定在闭合圈外部
    que[h].x = 0, que[h].y = 0;
    // 开始广度优先搜索，只要队列不为空就持续搜索
    while (h <= e)
    {
        for (int i = 0; i < 4; i++)
        {
            int nx = que[h].x + fx[i][0], ny = que[h].y + fx[i][1];
            if (a[nx][ny] == 0 && nx >= 0 && nx <= n + 1 && ny >= 0 && ny <= n + 1)
            {
                e++;
                a[nx][ny] = -1;
                // 让新坐标入队，以便后面继续从该点向四周扩展
```

```
                    que[e].x = nx, que[e].y = ny;
                }
            }
            h++;
        }
        // 遍历方阵, 根据标记情况输出结果
        for (int i = 1; i <= n; i++)
        {
            for (int j = 1; j <= n; j++)
            {
                // 如果该位置标记为-1, 说明在闭合圈外部, 输出 0
                if (a[i][j] == -1)
                    cout << 0 << ' ';
                // 如果该位置为 1, 说明是闭合圈的边界, 输出 1
                else if (a[i][j] == 1)
                    cout << 1 << ' ';
                // 其他情况, 说明在闭合圈内部, 输出 2
                else
                    cout << 2 << ' ';
            }
            cout << endl;
        }
        return 0;
    }
```

9.4 第 42 课：动态规划

动态规划方法将问题分解为一组更简单的子问题，在求解每个子问题时，会将子问题的解保存起来，在后面遇到相同的子问题时避免重复计算，利用空间换时间。

可以采用动态规划方法的问题主要有以下特征。

1) 多段决策：问题可以按顺序分解成若干相互联系的子问题，每个子问题都需要做出决策。

2) 最优子结构：当前问题的最优解可以由子问题的最优解得到。

3) 无后效性：某阶段的状态一旦确定，则此后过程的演变不再受此前各种状态及决策的影响。

9.4.1 记忆化搜索

斐波那契数列的定义为：$F(0) = 0$，$F(1) = 1$，$F(n) = F(n-1) + F(n-2)$（$n \geq 2$ 时）。

递归求斐波那契数列

我们先通过递归来求解斐波那契数列的第 n 项。如果 n 小于 2，返回 n 本身，即 $F(0) = 0$，$F(1) = 1$；如果 $n \geq 2$，返回 $F(n) = F(n-1) + F(n-2)$。代码如下：

```
#include <iostream>
using namespace std;
```

```
// 递归函数计算斐波那契数列
int fib(int n) {
    if (n <= 1) return n;
    else return fib(n - 1) + fib(n - 2);
}
int main() {
    int n;
    cin >> n;
    cout << fib(n);
    return 0;
}
```

运行后输入：

5

输出结果：

5

虽然通过递归能求出斐波那契数列的第 n 项，但程序时间复杂度极高，比如我们要求 fib(5)，就必须先求出 fib(4) 和 fib(3)，求 fib(4) 时还需要再调用一次 fib(3)，这里 fib(3) 就需要再求一次。我们会发现有很多值需要多次计算。

通过图 9-1 我们可以观察到，fib(3) 被求解了两次。每次求 fib(3) 还需要再求一次 fib(2)，求解 fib(5) 就需要求解三次 fib(2)、两次 fib(3)。若想要求解 fib(6)，则需要多求一次 fib(4)，而要求一次 fib(4) 就需要再求一次 fib(3)，两次 fib(2)。

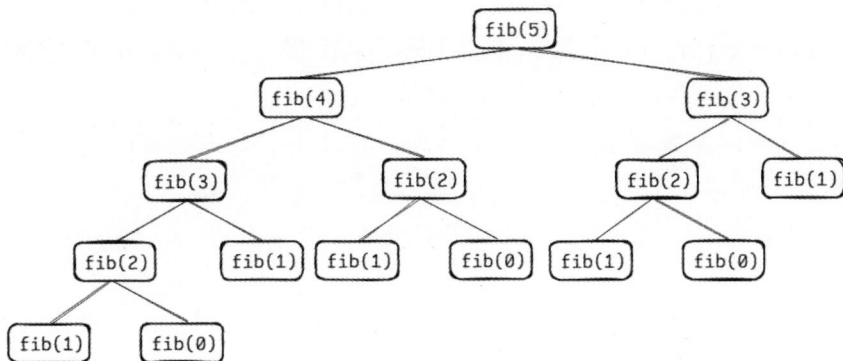

图 9-1　递归求斐波那契数列演示

图中节点数量近似于等比数列求和，递归算法的时间复杂度会达到 $O(2^n)$，呈指数级增长。比如要求 fib(50)，时间复杂度近似于 2^{50}，即接近 1125899906842624，这种计算方法在考试中一定超时，必须对其进行优化。

记忆化搜索优化程序

如果我们在计算的过程中，将 fib(n) 的结果保存到 dp[n] 数组中，借此避免重复计算，让每个值只需要求一次，那么时间复杂度将会被优化成线性的 $O(n)$，这种思路就是记忆化搜索。

它的核心思想是通过一个额外的数据结构（通常是数组）来记录已经计算过的子问题的解。当需要再次计算某个子问题时，首先检查该子问题的解是否已经存在于记录中，如果存在则直接使用记录中的结果，避免重复计算，从而显著提高算法的效率。优化后的代码如下：

```cpp
#include <iostream>
using namespace std;
int dp[110];
int fib(int n)
{
    if (n == 0) return dp[n] = 0;
    if (n == 1 || n == 2) return dp[n] = 1; // 将1记忆在dp[n]中并返回
    if (dp[n]) return dp[n]; // 如果计算完毕则返回
    return dp[n] = fib(n - 2) + fib(n - 1);
}
int main()
{
    int n;
    cin >> n;
    cout << fib(n);
    return 0;
}
```

9.4.2 动态规划

记忆化搜索是一种自顶向下的递归方法，它在递归过程中记录已经计算过的子问题的解，避免重复计算。还有一种自底向上的方法，从最小的子问题开始，逐步计算出更大规模的子问题的解，直到得到最终问题的解，我们称之为动态规划。

参考代码

```cpp
#include <iostream>
using namespace std;
int dp[110];
int fib(int n)
{
    // 初始化最小子问题的解
    dp[0] = 0;
    dp[1] = 1;
    // 从最小子问题开始，逐步计算更大规模的子问题
    for (int i = 2; i <= n; i++)
    {
        dp[i] = dp[i - 1] + dp[i - 2];
    }
    return dp[n];
}
```

```
int main()
{
    int n;
    cin >> n;
    cout << fib(n);
    return 0;
}
```

这个算法会从小到大计算斐波那契数列，所以计算 dp[i]（i⩾2）时，程序在此之前就已经完成了 dp[i - 1] 和 dp[i - 2] 的计算。

与记忆化搜索相比，动态规划避免了递归调用带来的额外开销，让代码更加简洁，并且在某些情况下可以进一步优化空间复杂度。例如，在计算斐波那契数列时，实际上只需要保存前两个状态（dp[i - 1] 和 dp[i - 2]）的值，因此可以将空间复杂度优化到 $O(1)$。

9.4.3 实例讲解

例 1：数字三角形

观察下面的数字三角形，写一个程序来查找从最高点到底部任意处结束的路径，使路径经过数字的和最大，每一步可以走到正下方的点也可以走到右下方的点。

```
7
3 8
8 1 0
2 7 4 4
4 5 2 6 5
```

在上面的样例中，从 7 到 3 到 8 到 7 到 5 的路径产生了最大的和，为 30。

【输入格式】输入 $n+1$ 行。第 1 行包含一个整数 n，表示数字三角形的行数。接下来的 n 行，第 i 行包含 i 个整数，表示数字三角形第 i 行的数字。

【输出格式】输出一行，一个整数，表示从最高点到底部任意处结束的路径经过数字的最大和。

【输入样例】5
　　　　　　7
　　　　　　3 8
　　　　　　8 1 0
　　　　　　2 7 4 4
　　　　　　4 5 2 6 5

【输出样例】30

【**数据范围**】数字三角形的行数 n 满足 $1 \leqslant n \leqslant 1000$。

数字三角形中的每个数字 a_{ij} 满足 $0 \leqslant a_{ij} \leqslant 100$。

看完这个题目,蛙蛙想到了之前所学的深度优先搜索:可以从数字三角形的最高点开始搜索,也就是位置 $(1, 1)$,初始路径上数字之和为该点的值 a[1][1],再设定一个变量 ans 用于记录路径上数字之和的最大值,初始值为 0。

1) 若当前所在行 x 等于数字三角形的总行数 n,意味着搜索到了最后一行。此时将当前路径上数字之和 sum 与 ans 进行比较,把较大值赋给 ans,然后返回,结束当前分支的搜索。

2) 若当前行 x 不等于 n,则有两个可能的下一步方向,一是向正下方搜索,二是向右下方搜索。

代码如下:

```cpp
#include <iostream>
using namespace std;
int a[1001][1001], ans, n;
void dfs(int x, int y, int sum) // 表示到达 a[x][y] 的路径上数字之和为 sum
{
    if (x == n) // 对最后一行的所有结果求最大值 ans
    {
        ans = max(sum, ans);
        return;
    }
    dfs(x + 1, y, sum + a[x + 1][y]);       // 到达正下方的位置
    dfs(x + 1, y + 1, sum + a[x + 1][y + 1]); // 到达右下方的位置
}
int main()
{
    cin >> n;
    for (int i = 1; i <= n; i++)
        for (int j = 1; j <= i; j++)
            cin >> a[i][j];
    dfs(1, 1, a[1][1]); // 从(1,1)开始搜索
    cout << ans;
    return 0;
}
```

由于要遍历从最高点到底部的所有可能路径,该算法的时间复杂度为 $O(2^n)$,这里的 n 是数字三角形的行数。当 n 较大时,该算法的效率会很低,在考试中也会超时,可以用动态规划的方法对其进行优化。

动态规划法优化

1) 先确定问题中的状态

定义 dp[i][j] 为从数字三角形的第 n 行(也就是最后一行)出发,到达位置 (i, j) 时路径上数字之和的最大值。这里的 (i, j) 表示数字三角形中第 i 行的第 j 个元素。

2) 状态转移公式

因为路径是连续的, 从最后一行到(i, j)的数字之和最大的路径必然要经过(i + 1, j)或者(i + 1, j + 1), 所以, 从最后一行到(i, j)的路径上数字之和的最大值就等于当前位置(i, j)的数字 a[i][j]加上从最后一行到(i + 1, j)和(i + 1, j + 1)的路径上数字之和的最大值中的较大值, 即:

```
dp[i][j] = a[i][j] + max(dp[i + 1][j], dp[i + 1][j + 1])
```

3) 找到问题的边界

当处于最后一行 (即 i = n) 时, 从最后一行到自身的路径上数字之和的最大值就是该位置的数字本身, 所以: dp[n][i] = a[n][i]

4) 动态转移过程分析

a. 初始化: 初始化边界条件, 把 dp 数组的最后一行初始化为数字三角形最后一行的对应元素, 即 dp[n][i] = a[n][i], 如表 9-18 所示。

表 9-18 初始化边界条件

i \ j	1	2	3	4	5
1					
2					
3					
4					
5	4	5	2	6	5

b. 状态转移: 从倒数第二行(i = n - 1)开始, 逐步向上递推, 依据状态转移公式 dp[i][j] = a[i][j] + max(dp[i + 1][j], dp[i + 1][j + 1])计算每个位置的路径上数字之和的最大值, 如表 9-19 到表 9-22 所示。

表 9-19 根据状态转移方程推出第 4 行的值

i \ j	1	2	3	4	5
1					
2					
3					
4	7	12	10	10	
5	4	5	2	6	5

表 9-20 根据状态转移方程推出第 3 行的值

i \ j	1	2	3	4	5
1					
2					
3	20	13	10		
4	7	12	10	10	
5	4	5	2	6	5

表 9-21 根据状态转移方程推出第 2 行的值

i \ j	1	2	3	4	5
1					
2	23	21			
3	20	13	10		
4	7	12	10	10	
5	4	5	2	6	5

表 9-22 根据状态转移方程推出第 1 行的值

i \ j	1	2	3	4	5
1	30				
2	23	21			
3	20	13	10		
4	7	12	10	10	
5	4	5	2	6	5

　　c. 输出结果：dp[1][1]就代表从最后一行到最高点(1，1)的路径上数字之和的最大值，
也就是问题的答案。

参考代码

```cpp
#include <iostream>
using namespace std;
int a[1001][1001];
int dp[1001][1001], ans;
// dp[i][j]表示从第 n 行到 a[i][j]的最大值
// dp[i][j]可以由 dp[i + 1][j],dp[i + 1][j + 1]的值推出
// dp[i][j] = a[i][j] + max(dp[i + 1][j], dp[i + 1][j + 1])
int main()
{
    int n;
    cin >> n;
    for (int i = 1; i <= n; i++)
```

```
        for (int j = 1; j <= i; j++)
            cin >> a[i][j];
    for (int i = 1; i <= n; i++)
        dp[n][i] = a[n][i];
    // 初始化边界条件
    for (int i = n - 1; i >= 1; i--) // 从第 n - 1 行开始
        for (int j = 1; j <= i; j++)
            dp[i][j] = a[i][j] + max(dp[i + 1][j], dp[i + 1][j + 1]);
    cout << dp[1][1];
    return 0;
}
```

例2：最长上升子序列

给定一整型数列 $\{a_1, a_2, \cdots, a_n\}$（$0 < n \leqslant 500$），找出最长上升子序列，并求出其长度。

如：1 9 10 5 11 2 13 的最长上升子序列是 1 9 10 11 13，长度为 5。

【输入格式】输入两行，第 1 行输入一个整数 n，第 2 行输入 n 个整数。

【输出格式】输出一行，为最长的上升子序列的长度。

【输入样例】7

　　　　1 9 10 5 11 2 13

【输出样例】5

解析

子序列：给定一个序列，子序列是从原序列中删除一些元素（也可以不删除元素）但不改变剩余元素的顺序而得到的新序列。例如，对于序列 $\{1, 2, 3, 4, 5\}$ 而言，$\{1, 3, 5\}$、$\{2, 4\}$ 和 $\{1, 2, 3, 4, 5\}$ 由于元素顺序没有改变，所以都是它的子序列，但 $\{2, 4, 3\}$ 就不是它的子序列，因为原序列中 3、4 的位置在这里改变了。

对于本题

1) 先定义状态：我们定义 dp[i] 表示前 i 项中包含第 i 项的最长上升子序列的长度。

2) 初始状态：对于每一个单独的元素 a[i]，它自身就可以构成一个长度为 1 的上升子序列。所以，我们将 dp[i] 的初始值都设为 1，即：

```
for (int i = 1; i <= n; i++) dp[i] = 1;
```

3) 状态转移方程

为了得到 dp[i] 的值，我们需要考虑前 i - 1 个元素的情况，对于每一个 j（$1 \leqslant j < i$），我们检查 a[j] 和 a[i] 的大小关系。

a. 如果 a[j] < a[i]，这意味着第 i 个元素 a[i] 可以连接在第 j 个元素 a[j] 后面，形成一个更长的上升子序列。

b. 如果 a[j] >= a[i]，那么 a[i] 不能连接在 a[j] 后面形成上升子序列，所以 dp[j] 对于计算 dp[i] 没有贡献。

为了得到 dp[i] 的最大值，我们需要遍历所有的 j，并取 dp[i] 和 dp[j] + 1 中的较大值。因此，状态转移方程为：

dp[i] = max(dp[i], dp[j] + 1)，其中 1 ≤ j < i 且 a[j] < a[i]

4) 最终结果

遍历完整个数列后，dp[i] 表示的是以 a[i] 结尾的最长上升子序列的长度。为了得到整个数列的最长上升子序列的长度，我们需要找出所有 dp[i]（1 ≤ i ≤ n）中的最大值，可以使用变量 mx 来记录这个最大值，在每次更新 dp[i] 时，同时更新 mx，即：

mx = max(dp[i], mx);

参考代码

```cpp
#include <iostream>
#include <algorithm>
using namespace std;
int a[505], dp[505];
// dp[i] 表示前 i 项中包含第 i 项的最长子序列
// 初始状态 dp[i] = 1;
// 包含第 i 项的最长子序列，可以由前面的 j 项的最长子序列得出
// 如果 a[j] < a[i], dp[i] = max(dp[i], dp[j] + 1)
int main()
{
    int t, n, mx;
    cin >> n;
    mx = 1;
    // 边界初始化
    for (int i = 1; i <= n; i++)
    {
        cin >> a[i];
        dp[i] = 1;
    }
    for (int i = 1; i <= n; i++)
    {
        // 从 1~i-1 项去找
        for (int j = 1; j < i; j++)
        {
            // 如果 a[j] < a[i]，则说明 a[i] 可以连接在 a[j] 后面
            if (a[i] > a[j])
            {
                // 此时 dp[i] 可能会变长
                dp[i] = max(dp[i], dp[j] + 1);
                mx = max(dp[i], mx);
            }
        }
    }
    cout << mx << endl;
    return 0;
}
```

第 10 章

数据结构

数据结构是在程序中系统化管理数据集合的形式。

它通常由以下 3 个概念组合而成。

数据集合：通过对象数据的本体（例如数组和结构体）保存数据集合。

规则：保证对数据集合进行正确操作、管理和保存的规则（例如按照顺序取出数据）。

操作：增、删、改、查等对数据集合的操作。

10.1 第 43 课：栈及其应用

10.1.1 栈的定义、特点和操作

定义

栈是一种特殊的线性表，它只能在表的一端（称为栈顶）进行插入和删除操作（见图 10-1）。

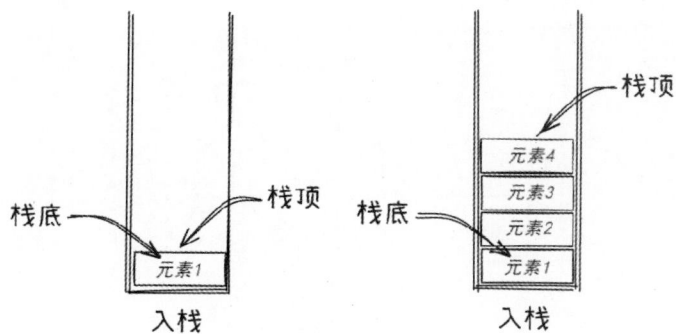

图 10-1 栈

用一个简单的例子来说，栈就像一个放乒乓球的圆筒，底部是封住的，如果想拿出乒乓球，只能从顶部拿。同样，如果想再将乒乓球放回去，也只能从顶部放入其中。

当然生活中还有很多这样的例子，再比如食堂中的一叠盘子，我们只能从顶端一个一个地取，

放盘子也只能放在最上方。

特点

遵循后进先出（Last In First Out，LIFO）的原则，即先进栈的元素要在后进栈的元素取出来之后才能取出来。

操作

入栈（push）：将元素添加到栈顶。例如，有一个空栈，依次让元素 1、2、3 入栈，那么栈顶元素是 3，栈底元素是 1（见图 10-2）。入栈有时也称"压入"。

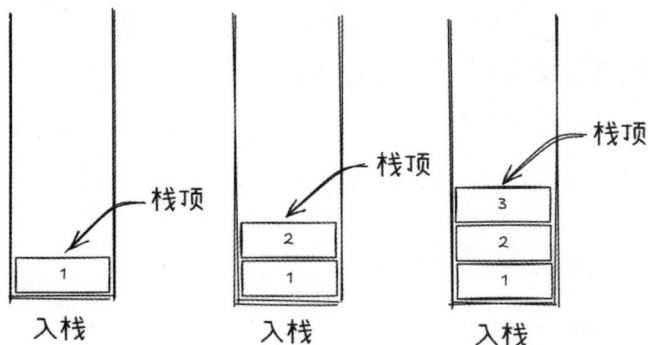

图 10-2　入栈

出栈（pop）：从栈顶移除元素。对于刚才的栈，执行出栈操作，先移除的是 3，此时栈顶元素变为 2（见图 10-3）。

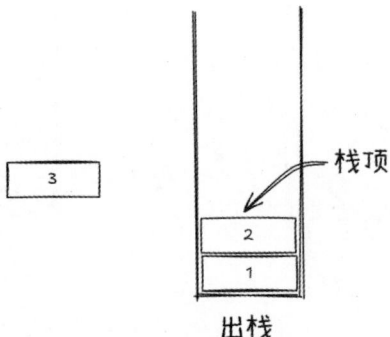

图 10-3　出栈

获取栈顶元素（top）：可以查看栈顶元素的值，但不进行删除操作。

判断栈是否为空（isEmpty）：用于检查栈中是否还有元素。

10.1.2　STL 中栈的基本使用

STL 即标准模板库（Standard Template Library），它是 C++标准库的一个重要组成部分，提供了一系列通用的模板类和函数。

本节中，我们只针对栈来讲解如何利用 STL 实现栈的相关操作。

需要添加头文件：`#include <stack>`。

创建一个存放 int 类型的空栈 s：`stack<int> s`。

1) `s.empty`：判断栈是否为空，为空则返回 `true`，否则返回 `false`。
2) `s.size`：返回栈中元素的个数。
3) `s.top`：获取栈顶元素的值。
4) `s.push(k)`：向栈中添加新的元素 `k`。
5) `s.pop`：删除栈 s 的栈顶元素。

10.1.3　实例讲解

🖊 例 1：括号匹配

给定一个字符串，里边可能包含`()`、`[]`和`{}`三种括号，请编写程序检查该字符串的括号是否匹配出现，匹配说明嵌套关系正确，例如`{[()]}()`是匹配的，而`({)[}](`则不匹配。匹配则输出 `YES`，否则输出 `NO`。

【输入格式】输入一行，一个字符串，例如`(1+2)/(0.5+1)`。

【输出格式】输出一行，如果字符串匹配，则输出 `YES`，否则输出 `NO`。

【输入样例】`(1+2)/[(0.5+1)*2]`

【输出样例】`YES`

> 解析

样例分析

输入`(1+2)/[(0.5+1)*2]`

（入栈 → 栈：（

[入栈 → 栈：[（

] 匹配 [→ 栈：（

) 匹配（ → 栈空 → YES。

1) 核心思想：括号匹配问题可利用栈的后进先出特性。

    a. 左括号（、[、{必须按顺序入栈，等待匹配。

    b. 右括号）、]、}必须与最近入栈的左括号（即栈顶元素）匹配，否则不合法。

2) 遇到左括号（、[、{时，执行进栈（push）操作，主要是记录未匹配的左括号，等待后续右括号匹配。即：

```
if (a[i] == '(' || a[i] == '[' || a[i] == '{') {
    s.push(a[i]); // 左括号入栈
}
```

3) 遇到右括号）、]、}时执行出栈（pop）操作。

若栈为空，说明右括号无匹配的左括号，直接返回 NO，即：

```
if (s.empty()) {
    cout << "NO" << endl;
    return 0;
}
```

4) 弹出栈顶元素：取出最近未匹配的左括号，检查括号类型是否匹配，若不匹配则直接输出 NO。代码如下：

```
char top = s.top();
s.pop();
// 检查括号类型是否匹配
if ((a[i] == ')' && top != '(') ||
    (a[i] == ']' && top != '[') ||
    (a[i] == '}' && top != '{')) {
    cout << "NO" << endl;
    return 0;
}
```

5) 遍历结束后：若栈为空，说明所有左括号均被匹配；否则存在未匹配的左括号。代码如下：

```
if (s.empty())
    cout << "YES" << endl;
else
    cout << "NO" << endl;
```

参考代码

```
#include <iostream>
#include <stack>
using namespace std;
int main() {
    stack<char> s;
    string a;
    cin >> a;
    for (int i = 0; i < a.size(); i++) {
```

```
        if (a[i] == '(' || a[i] == '[' || a[i] == '{') {
            s.push(a[i]); // 左括号入栈
        } else if (a[i] == ')' || a[i] == ']' || a[i] == '}') {
            if (s.empty()) { // 栈为空说明右括号无匹配
                cout << "NO" << endl;
                return 0;
            }
            char top = s.top();
            s.pop();
            // 检查括号类型是否匹配
            if ((a[i] == ')' && top != '(') ||
                (a[i] == ']' && top != '[') ||
                (a[i] == '}' && top != '{')) {
                cout << "NO" << endl;
                return 0;
            }
        }
    }
    if (s.empty())
        cout << "YES" << endl;
    else
        cout << "NO" << endl;
    return 0;
}
```

✏️ 例2：逆波兰表达式

逆波兰表达式又称后缀表达式，它不包含括号，运算符（包括+、-、*、/）放在两个运算对象的后面，所有的计算按运算符出现的顺序，严格从左向右进行（不再考虑运算符的优先规则），如：(2 + 1) * 3 表示为 2 1 + 3 *。

利用栈结构，将一位数的后缀表达式的结果计算出来。

【输入格式】 输入一行，一个逆波兰表达式，字符用空格隔开，仅计算一位数且一定是有效运算（出现除数为 0 或者操作符为其他符号的情况视为无效运算）。

【输出格式】 输出一行，为算式结果。

【输入样例】 2 1 + 3 *

【输出样例】 9

解析

样例分析（输入 2 1 + 3 *）

读取 2，入栈 → 栈：2

读取 1，入栈 → 栈：2，1

读取+，弹出 1 和 2，计算 2 + 1 = 3

入栈 → 栈：3

读取 3，入栈 → 栈：3, 3

读取 *，弹出 3 和 3，计算 3 * 3 = 9

入栈 → 栈：9

输出栈顶元素：9

参考代码

```cpp
#include <iostream>
#include <stack>
using namespace std;
int main()
{
    int t, k;
    char c;
    stack<int> s;
    while (cin >> c)
    {
        if (c >= '0' && c <= '9')
            s.push(c - '0'); // 如果是数字，就入栈
        if (c == '+')
        {
            t = s.top();    // 获取栈顶数字
            s.pop();        // 出栈
            k = s.top();    // 获取新的栈顶
            s.pop();        // 出栈
            s.push(t + k); // 相加结果入栈
        }
        if (c == '-')
        {
            t = s.top();    // 获取栈顶数字
            s.pop();        // 出栈
            k = s.top();    // 获取新的栈顶
            s.pop();        // 出栈
            s.push(k - t); // 相减结果入栈
        }
        if (c == '*')
        {
            t = s.top();
            s.pop();
            k = s.top();
            s.pop();
            s.push(t * k); // 相乘结果入栈
        }
        if (c == '/')
        {
            t = s.top();
            s.pop();
            k = s.top();
```

```
            s.pop();
            s.push(k / t); // 相除结果入栈
        }
    }
    cout << s.top();
    return 0;
}
```

程序仅针对一位数的四则运算，且除数不为 0。还要注意，由于 while (cin >> c) 的循环输入，所以输出结束时还需要按 Ctrl+Z 键使 cin 进入结束状态。

📝 **例 3：火车问题**

随着新学期的到来，很多学生选择乘坐火车返校，火车站现在非常繁忙。

但是现在有一个问题：整个车站只有一条铁路可以停靠所有的到站列车，所以所有列车都从一侧进站，从另一侧出站。如图 10-4 所示，如果火车 A 先进站，然后火车 B 在火车 A 出站之前进站，则在火车 B 出站之前，火车 A 不能出站。

车站最多有 9 趟列车，所有列车都有一个 ID（编号从 1 到 N），列车按照 O_1 的顺序进站，你的任务是判断列车是否可以按照 O_2 的顺序出站。

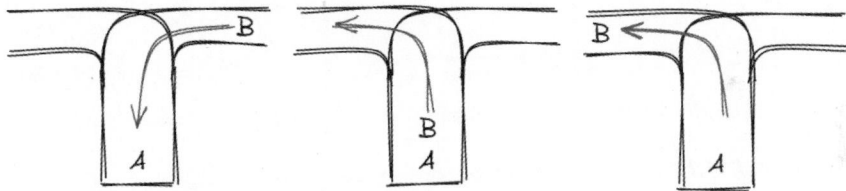

图 10-4　火车进出站

【输入格式】输入包含多个测试案例。

每个测试案例包括一个整数 N，表示列车数量，还有两个字符串 O_1 和 O_2，表示列车的顺序。

【输出格式】如果列车无法按照 O_2 的顺序出站，输出一行字符串 No.。如果可以按照 O_2 的顺序出站，输出一行字符串 Yes.，然后输出火车进出的顺序，in 表示进站，out 表示出站。

在每个测试案例后打印包含 FINISH 的行。

【输入样例】3 123 321
　　　　　　 3 123 312

【输出样例】Yes.
　　　　　　 in
　　　　　　 in

```
in
out
out
out
FINISH
No.
FINISH
```

解析

初始化一个空栈和分别指向字符串 O_1 和 O_2 的指针（初始为 0）。

遍历 O_1 中的每个列车：将当前列车压入栈中，并记录 in 操作。

检查栈顶元素是否与 O_2 的当前元素相同：如果相同，弹出栈顶元素，记录 out 操作，并移动 O_2 的指针。重复此检查直到栈顶元素与 O_2 当前元素不同或栈为空。

如果 O_1 的所有列车都已处理完，但栈不为空：检查栈中剩余元素是否能按顺序弹出，与 O_2 的剩余部分匹配。如果不能，则输出 No.。如果所有 O_2 的元素都能按顺序匹配，则输出 Yes.和操作序列。

参考代码

```cpp
#include <iostream>
#include <stack>
using namespace std;
int main()
{
    stack<char> s;
    int n, ans[101]; // ans 存放操作过程，1 表示入栈，0 表示出栈
    string O1, O2;
    int i, j, k; // k 存放操作个数
    while (cin >> n >> O1 >> O2)
    {
        i = 0;
        j = 0;
        k = 1;
        s.push(O1[0]); // 防止空栈，先压入一个
        ans[0] = 1;
        while (i < n && j < n)
        {
            if (s.size() && s.top() == O2[j])
            {
                j++; // 解决一个后，接着往后解决
                s.pop();
                ans[k++] = 0;
            }
            else // 如果不相同，继续将 O1 后一个元素压入
```

```
        {
            if (i == n) // 都找过了还不满足，则不行
                break;
            s.push(O1[++i]); // 提前压入了一个，所以++i
            ans[k++] = 1;
        }
    }
    if (i == n) // i == n 代表找不到 O2 中的当前元素
        cout << "No." << endl;
    else
    {
        cout << "Yes." << endl;
        for (i = 0; i < k; i++)
        {
            if (ans[i])
                cout << "in" << endl;
            else
                cout << "out" << endl;
        }
    }
    cout << "FINISH" << endl;
    }
    return 0;
}
```

10.2　第44课：队列及其应用

10.2.1　队列的定义和特点

定义

队列是一种特殊的线性表，它只允许在表的前端（front）进行删除操作，而在表的后端（rear）进行插入操作，前端一般叫作队头，后端叫队尾。

就像学校做操站队一样，来的人一个一个往后站，走的时候从前往后一个一个走（见图 10-5）。

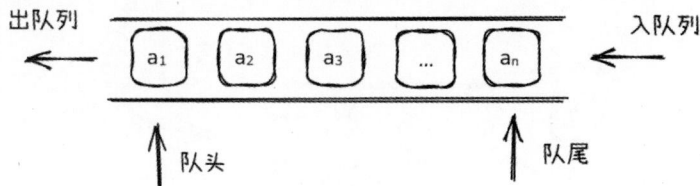

图 10-5　队列

特点

队列具有先进先出（First In First Out，FIFO）特性，只能在队头删除、队尾插入元素。它是一种线性、动态且具备可扩展性的数据结构。

10.2.2 数组模拟队列

数组模拟队列的基本操作

我们先利用数组来模拟队列的基本操作，具体实现如下。

1) 创建队列

```
int que[105]; // 定义一个能存放 105 个数的数组来模拟队列
int front = 0, rear = 0;   // front 与 rear 分别表示队头元素和队尾元素的位置
```

2) 空队条件：front == rear;
3) 元素入队：que[rear++] = x; // 元素 x 入队
4) 元素出队：x = que[front++]; // 队头元素出队，并将元素值赋值给 x

模拟超市收银问题

假设有一批顾客来到超市，在结账时，必须排队付款，先到达收银台的顾客先结账。我们模拟收银过程，使用队列来实现。一般队列会提供以下几个功能。

push(x)：将 x 压入队列，即顾客来排队，应该站在队尾（见图 10-6）。

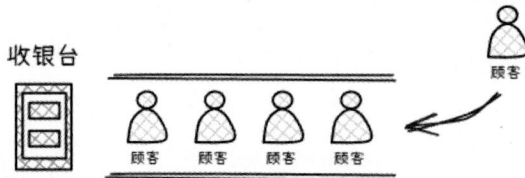

图 10-6 顾客在队尾排队

pop：弹出队头元素，即排在最前面的人结完账后，离开队列（见图 10-7）。

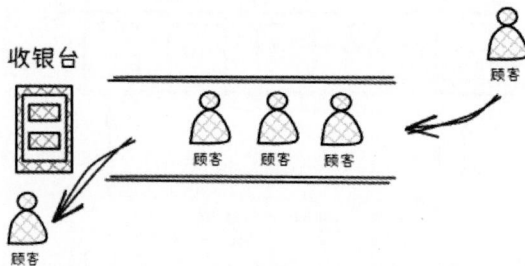

图 10-7 顾客付款后从队头离开

front：查询队头元素，即搞清楚目前是谁在结账。

例 1: 扔纸牌

桌子上有一叠纸牌，一共有 N 张，从上到下编号依次为 $1 \sim N$（顶部的编号为 1，底部的编号为 N）。

只要这叠纸牌里至少还有两张牌，就执行以下操作：扔掉顶部的那张牌，然后把现在位于顶部的牌移动到这叠牌的底部。

你的任务是：当只剩下一张牌时，输出扔掉的牌的编号序列以及最后剩下的牌的编号。

【输入格式】 输入多行，每行一个整数 N，表示这叠纸牌的张数（$N \leqslant 50$）。

输入为 0 表示输入结束。

【输出格式】 输入每一个 N，都输出两行（参考输出样例）。

第 1 行（Discarded cards）表示过程中扔掉的纸牌的编号序列，第 2 行（Remaining card）表示最后剩下的牌的编号。

【输入样例】 7

19

10

6

0

【输出样例】

```
Discarded cards: 1, 3, 5, 7, 4, 2
Remaining card: 6
Discarded cards: 1, 3, 5, 7, 9, 11, 13, 15, 17, 19, 4, 8, 12, 16, 2, 10,
18, 14
Remaining card: 6
Discarded cards: 1, 3, 5, 7, 9, 2, 6, 10, 8
Remaining card: 4
Discarded cards: 1, 3, 5, 2, 6
Remaining card: 4
```

解析

为了完成这个题目，蛙蛙拿来了一叠纸牌用来模拟扔纸牌的操作，每次先扔掉顶部的牌，接着把新的顶部牌移到这叠牌的底部，直至只剩一张牌。蛙蛙先用 6 张牌来模拟。

1) 扔掉纸牌 1，然后将纸牌 2 放入底部（见图 10-8）。

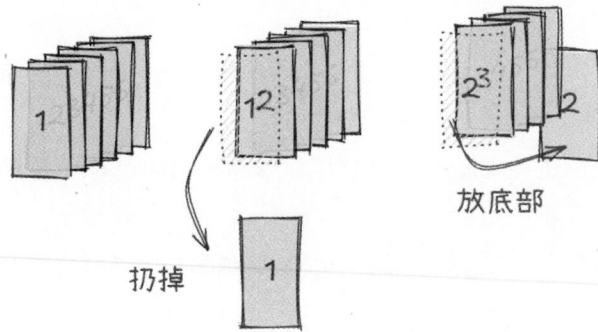

图 10-8 扔掉纸牌 1 后将纸牌 2 放入底部

2) 扔掉纸牌 3,然后将纸牌 4 放入底部 (见图 10-9)。

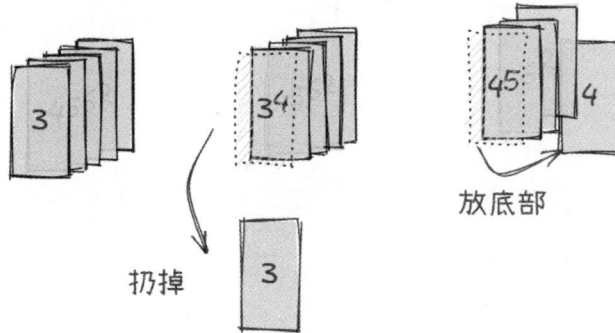

图 10-9 扔掉纸牌 3 后将纸牌 4 放入底部

3) 扔掉纸牌 5,然后将纸牌 6 放入底部 (见图 10-10)。

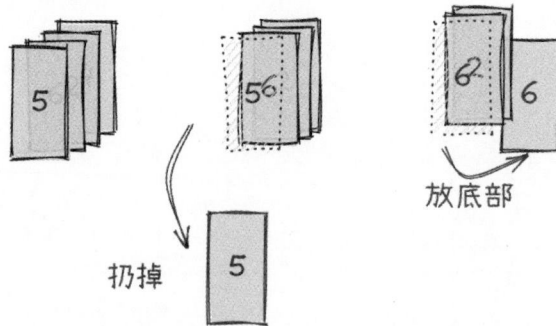

图 10-10 扔掉纸牌 5 后将纸牌 6 放入底部

4) 扔掉纸牌 2,然后将纸牌 4 放入底部 (见图 10-11)。

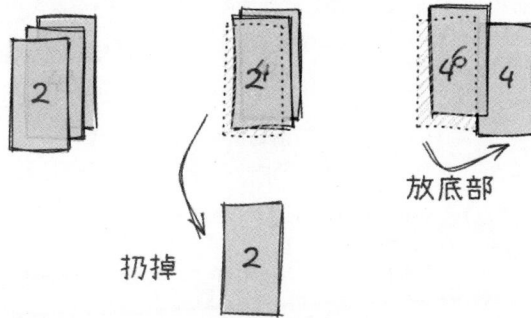

图 10-11 扔掉纸牌 2 后将纸牌 4 放入底部

5) 扔掉纸牌 6, 最终还剩一张纸牌 4 (见图 10-12)。

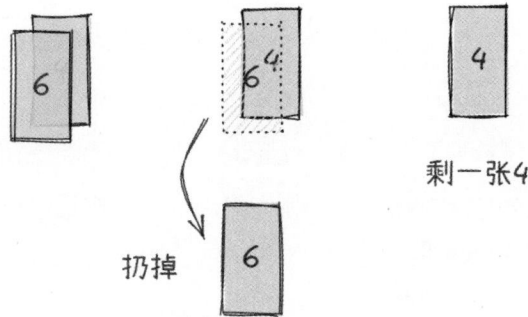

图 10-12 扔掉纸牌 6

参考代码

```cpp
#include <iostream>
#include <queue>
using namespace std;
int main()
{
    int n;
    while (cin >> n && n != 0)
    {
        if (n == 1) // 特判 n 为 1 张纸牌的情况
        {
            cout << "Discarded cards:" << endl;
            cout << "Remaining card: 1" << endl;
        }
        else
        {
            int que[55];
            int rear = 0, front = 0;
            for (int i = 0; i < n; i++) // 初始化队列值 1 到 n
                que[i] = i + 1;
```

```
        rear = n; // 下次队尾是n, 因为下面用的rear++而不是++rear
        cout << "Discarded cards: ";
        while (front < rear - 2) // 开始执行操作,注意-2是为了防止末尾多出一个逗号
        {
            cout << que[front++] << ", ";
            // 把当前队头的下一张牌 (新的顶部牌) 移到队尾
            que[rear++] = que[front++];
        }
        cout << que[front++] << endl;
        que[rear++] = que[front++];
        cout << "Remaining card: " << que[front] << endl;
    }
}
    return 0;
}
```

10.2.3　STL 中队列的基本使用

我们也可以直接利用 STL 模板来使用队列，STL 中队列的基本操作如下。

头文件：`#include <queue>`

创建一个存放 `int` 类型数据的空队列 s：`queue<int> s;`。

1）`s.empty`：判断队列是否为空，为空则返回 `true`，否则返回 `false`。

2）`s.size`：返回队列中元素的个数。

3）`s.front`：获取队头元素的值。

4）`s.back`：获取队尾元素的值。

5）`s.push(k)`：向队尾插入新的元素 k。

6）`s.pop`：删除队列 s 的队头元素。

📝 例 2：机器翻译

蛙蛙在计算机上安装了一款机器翻译软件，他经常用这款软件来翻译英语文章。这款翻译软件的原理很简单，它只是从头到尾，依次将每个英文单词替换成对应的中文释义。

对于每个英文单词，软件会先在内存中查找这个单词的中文释义。如果内存中有，软件就会用它进行翻译；如果内存中没有，软件就会在外存中的词典内查找，查出单词的中文释义然后翻译，并将这个单词和释义放入内存，以备后续的查找和翻译。

假设内存中有 M 个单元，每单元能存放一个单词和释义。每当软件将一个新单词存入内存前，如果当前内存中已存入的单词数不超过 M，软件会将新单词存入一个未使用的内存单元；若内存中已存入 M 个单词，软件会清空最早进入内存的那个单词，腾出单元来，存放新单词。

假设一篇英语文章的长度为 N 个单词。给定这篇待译文章，翻译软件需要去外存查找多少次词典？假设在翻译开始前，内存中没有任何单词。

【输入格式】输入两行，每行中相邻两个数之间用一个空格隔开。

第 1 行为两个正整数 M 和 N，代表内存容量和文章的长度。

第 2 行为 N 个非负整数，按照文章的顺序，每个数（大小不超过 1000）代表一个英文单词。文章中两个单词是同一个单词，当且仅当它们对应的非负整数相同。

【输出格式】输出一行，包含一个整数，为软件需要查词典的次数。

【输入样例】3 7

    1 2 1 5 4 4 1

【输出样例】5

解析

样例分析

每行表示一个单词的翻译操作，冒号前为本次翻译后的内存状况，整个翻译过程如下，查词典的操作用√表示。

空：内存初始状态为空。

1) 1：查找单词 1 并调入内存。√
2) 1 2：查找单词 2 并调入内存。√
3) 1 2：在内存中找到单词 1。
4) 1 2 5：查找单词 5 并调入内存。√
5) 2 5 4：查找单词 4 并调入内存替代单词 1。√
6) 2 5 4：在内存中找到单词 4。
7) 5 4 1：查找单词 1 并调入内存替代单词 2。√

共计查了 5 次词典。

我们可以通过一个队列模拟内存，使用一个布尔数组标记单词是否在内存中，然后遍历文章中的每个单词，判断其是否在内存中。

若不在内存中，再判断内存是否已满，若满则移除最早进入内存的单词，然后将当前单词存入内存并标记，同时查词典次数加 1；若单词在内存中，则不进行额外操作，直接处理下一个单词，最终输出查词典的总次数。

参考代码

```
#include <iostream>
#include <queue>
using namespace std;
bool k[1010];    // 用于标记单词是否已经在内存中
```

```
// m 表示内存容量, n 表示文章的长度, x 用于临时存储输入的单词编号, ans 用于记录查词典的次数
int m, n, x, ans;
queue<int> s;        // 队列中存储的是单词的编号

int main()
{
    cin >> m >> n;
    for (int i = 1; i <= n; i++)
    {
        cin >> x; // 输入当前单词的编号 x
        if (!k[x]) // 如果单词 x 不在内存中
        {
            if (s.size() >= m) // 如果内存已经满了
            {
                k[s.front()] = false;
                s.pop();                   // 移除最早进入内存的单词
            }
            s.push(x);   // 将当前单词 x 放入队列 s 中
            k[x] = true; // 将单词 x 标记为在内存中
            ans++;       // 查词典的次数加 1
        }
    }
    cout << ans << endl;
    return 0;
}
```

例 3：约瑟夫问题

有 n 个人（$n \le 100$）围成一圈，从第一个人开始报数，数到 m 的人出圈，再由下一个人重新从 1 开始报数，数到 m 的人再出圈……以此类推，直到所有的人都出圈，请按顺序输出出圈的人的编号。

【输入格式】输入一行，两个正整数 n 和 m。

【输出格式】输出一行，按顺序输出出圈的人的编号，用空格隔开。

【输入样例】4 17

【输出样例】1 3 4 2

解析

问题建模：队列中的元素对应每个人的编号，初始时，把 1 到 n 的编号依次放入队列，这样就构建了一个表示人员顺序的模型。

报数模拟：定义一个变量 k 用于记录当前报数。从队列头部（即第一个人）开始，每次循环时判断 k 是否等于规定的出圈数字 m。如果 k 不等于 m，说明当前报数的人还不需要出圈。此时将队头元素移到队尾（模拟围成一圈的情况），然后将队头元素出队（更新队列，让下一个人成为新的队头来继续报数），同时 k 自增 1，表示报数增加了一次。

出圈处理：当 k 等于 m 时，意味着当前队头的人（即报数到 m 的人）需要出圈。此时输出队头元素（即该出圈人的编号），然后将队头元素从队列中移除（模拟该人离开圈子），并将 k 重新初始化为 1，以便从下一个人开始重新报数。

循环结束条件：当队列为空时，说明所有人都已经出圈，此时程序结束，输出的结果就是依次出圈的人的编号顺序。

参考代码

```cpp
#include <iostream>
#include <queue>
using namespace std;
queue<int> que;
int m, n;
int main()
{
    cin >> n >> m;
    for (int i = 1; i <= n; i++)
        que.push(i); // 编号入队
    int k = 1;
    while (!que.empty())
    {
        if (k == m)
        {                                      // 数到了m
            cout << que.front() << " "; // 输出
            que.pop();                         // 出队
            k = 1;                             // 再次初始化k
        }
        else
        {
            que.push(que.front()); // 元素放到队尾
            que.pop();             // 出队
            k++;
        }
    }
    return 0;
}
```

10.3 第45课：链表及其操作

链表的种类较多，这里我们主要讲解最常见的带头节点的单链表。

10.3.1 单链表

定义

单链表是一种常见的线性数据结构，它由一系列节点组成，每个节点包含数据元素和指向下一个节点的指针。

单链表中的节点通过指针连接成一条链，第一个节点称为头节点，最后一个节点的指针通常指向空，表示链表的结束。

如图 10-13 所示，链表中每个数据的存储都由以下两部分组成：

1) 数据元素本身，其所在的区域称为数据域；

2) 指向直接后继元素的指针所在的区域称为指针域。

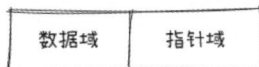

| 数据域 | 指针域 |

图 10-13　链表节点

构成

1) 头节点：头节点是一个不存储任何数据的节点，主要是为了方便找到链表位置。

2) 首元节点：链表中第一个存有数据的节点，明确了链表中有效数据的起始位置，对链表的遍历、访问数据等操作，通常是从首元节点开始的。

3) 其他节点：除了头节点和首元节点之外的其他存储数据的节点。这些节点通过指针依次相连，每个节点都包含数据域和指针域，最后一个节点的指针域为 NULL，表示链表的结束。

举例：一个存储数据{1, 2, 3}的完整链表如图 10-14 所示。

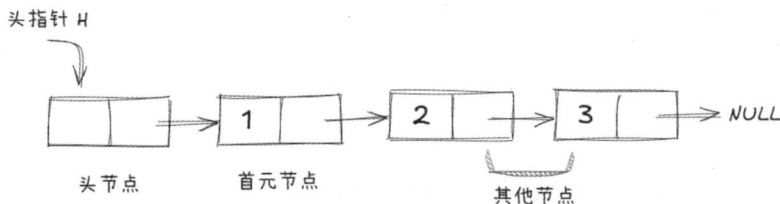

图 10-14　链表

注意：链表中有头节点时，头指针指向头节点。若链表中没有头节点，则头指针指向首元节点。

简单来说，链表就像一环扣一环的链子一样，想插入或删除元素的时候，只需要找到你要插入或者删除的位置，然后解开该位置两边的环，将新的环连接上即可。

优缺点

链表的特殊结构决定了它拥有数组所没有的优势，那就是进行插入删除操作的时候，不需要移动元素。

但是它也有很明显的缺点：查找元素需要从头节点开始一个一个往后找，查找元素的时间复杂度相对较高。

所以如果随机访问和查找元素的操作较多，使用数组更合适；但如果数据动态变化频繁，需要频繁在任意位置进行插入操作，且对顺序访问有需求，链表则是更好的选择。

10.3.2 指针

在学习链表前，我们需要先简单了解一下指针。它本质上是一种变量，但存放的是内存地址，而非实际的数据值。

指针的定义

指针是一种数据类型，用来存储内存地址。指针变量在程序中通常被用来引用其他变量或对象的地址，从而修改或查询这些变量或对象。

指针的作用

1) 传递参数：指针可以用来传递参数，从而使函数能够修改调用者的变量值。
2) 动态内存分配：指针可以用来动态地分配内存，以创建数组或其他数据结构。
3) 实现数据结构：指针可以用来实现复杂的数据结构，如链表、树等。

指针的例子

在 C++中，指针使用 * 符号表示，例如：

```
int a = 10; // 定义一个整型变量a，并将其初始化为10
int *p; // 定义一个整型指针变量p
p = &a; // 指针p指向变量a的地址
```

在这个例子中，变量 a 存储了整数 10 的值，而变量 p 是一个整型指针，可以存储变量 a 的地址。通过&符号，我们可以获取变量 a 的地址，并将其赋给指针 p，从而使得指针 p 指向变量 a 所在的内存地址。

指针也可以通过 * 符号来访问指向的变量的值，例如：

```
int b = *p; // 将指针p指向的变量的值赋给变量b
```

在这个例子中，我们使用 * 符号来解析指针 p 所指向的地址，并取出其中存储的值，将其赋给变量 b。

注意事项

指针具有很大的潜在危险性，如果使用不当，可能会改变程序状态、造成内存泄漏或引起其他问题。因此，在使用指针的时候一定要谨慎，并遵循相应的规范和最佳实践。

10.3.3 单链表的相关操作

创建单链表

1) 定义节点结构：创建一个结构体来表示链表的节点，其中包含数据和指向下一个节点的指针。代码如下：

```
struct Node
{
    int data;    // 保存节点中存储的数据
    Node *next;  // 指向下一个节点
};
```

2) 创建头节点。

3) 插入节点：可以选择在链表头部、尾部或指定位置插入节点。

　　a. 头部插入：将新节点的指针指向当前头节点，然后更新头节点为新节点。

　　b. 尾部插入：遍历链表找到最后一个节点，将其指针指向新节点。

　　c. 指定位置插入：遍历到指定位置的前一个节点，然后调整指针将新节点插入。

尾插法插入元素

自定义函数 Wcreate 借助尾插法向链表里插入 n 个元素。尾插法的特点是新插入的元素总是位于链表的尾部，插入顺序与元素在链表中的存储顺序一致，具体操作见图 10-15、图 10-16、图 10-17。

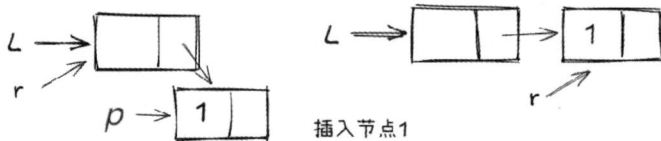

图 10-15　尾插法插入节点 1

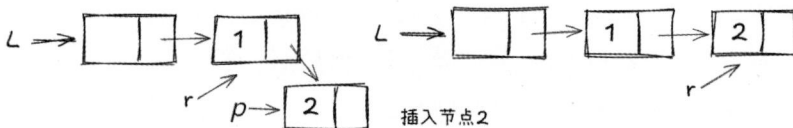

图 10-16　尾插法插入节点 2

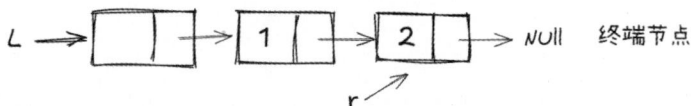

图 10-17　终端节点

```
struct Node
{
    int data;      // 保存节点中存储的数据
    Node *next; // 指向下一个节点
};
// 函数 Wcreate 使用尾插法向链表中插入 n 个元素
// 参数 l 是链表的头指针，参数 n 表示要插入的元素个数
void Wcreate(Node *l, int n)
{
    // 定义两个指针 p 和 r
    // p 用于创建新节点，r 用于指向链表的尾节点
    Node *p, *r;
    // 初始化 r 为链表的头节点 l，即让 r 指向链表的起始位置
    r = l;
    int k;
    for (int i = 0; i < n; i++) // 循环 n 次，每次插入一个新元素到链表尾部
    {
        cin >> k;
        // 使用 new 运算符动态分配一个新的 Node 节点，并让指针 p 指向它
        p = new Node;
        p->data = k; // 将 k 赋值给新节点 p 的 data 成员
        // 将当前尾节点 r 的 next 指针指向新节点 p，从而将新节点连接到链表尾部
        r->next = p;
        // 更新尾节点指针 r，让它指向新插入的节点 p，使 r 始终指向链表的尾节点
        r = p;
    }
    // 当插入 n 个元素后，将尾节点 r 的 next 指针置为 NULL，表示链表结束
    r->next = NULL;
}
```

遍历并显示链表内容

自定义 show 函数遍历并显示链表内容，具体操作如下：

```
void show(Node *l)
{
    Node *p;
    p = l->next; // 让指针 p 指向链表的第一个节点
    // 当指针 p 不为空时，说明还未遍历到链表的末尾
    while (p != NULL)
    {
        cout << p->data << " "; // 输出当前节点 p 所存储的数据
        p = p->next; // 将指针 p 移动到下一个节点
    }
    cout << endl;
}
```

头插法插入元素

自定义 Tcreate 函数通过头插法向链表中插入 n 个元素。头插法的特点是新插入的元素总是位于链表的头部，插入顺序与元素在链表中的存储顺序相反，具体操作见图 10-18、图 10-19。

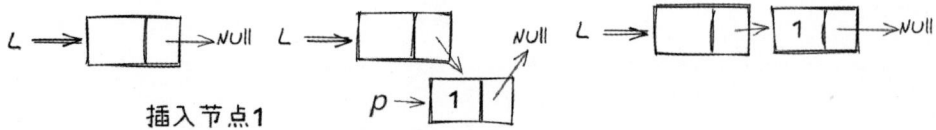

插入节点1

图 10-18　头插法插入节点 1

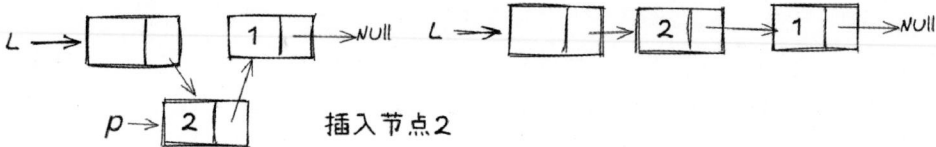

插入节点2

图 10-19　头插法插入节点 2

```cpp
void Tcreate(Node *l, int n)
{
    Node *p;
    l->next = NULL;
    int k;
    for (int i = 0; i < n; i++)
    {
        cin >> k;
        p = new Node; // p 指向一个新节点
        p->data = k;   // 将 k 的值赋给新节点 p 的数据域
        // 让 p 的 next 指针指向当前头节点的下一个节点
        p->next = l->next;
        l->next = p;   // 让头节点的 next 指针指向新节点 p
    }
}
```

向指定位置插入元素

自定义 insert 函数尝试在链表的指定位置 k 插入元素 e，具体操作如下：

```cpp
// k 是要插入元素的位置，e 是要插入元素的值
void insert(Node *l, int k, int e)
{
    Node *p, *r;
    r = l;
    if (r->next == NULL) // 检查链表是否为空
    {
        cout << "链表为空" << endl; // 若链表为空，输出提示信息
        return;
    }
    // 循环 k 次，让 r 指针移动到插入位置的前一个节点
    for (int i = 0; i < k; i++)
    {
        // 若 r 的 next 指针为 NULL，说明还未到达指定位置链表就结束了
        if (r->next == NULL)
        {
            cout << "位置超出链表长度" << endl;  // 提示位置超出链表长度
```

```
            return;
        }
        r = r->next; // r 指针向后移动一个节点
    }
    p = new Node;
    p->data = e; // 将需要插入的值 e 赋给新节点 p 的 data 成员
    p->next = r->next; // 让新节点 p 的 next 指针指向 r 节点的下一个节点
    r->next = p;  // 让 r 节点的 next 指针指向新节点 p
}
```

删除元素

自定义 Delete 函数用于在链表中查找值为 x 的第一个节点，并将其从链表中删除，具体操作如下：

```
void Delete(Node *l, int x)
{
    Node *r, *pre;
    pre = l;
    r = l->next;
    // 遍历链表，同时检查 r 是否为 NULL
    while (r != NULL && r->data != x)
    {
        pre = r;
        r = r->next;
    }
    // 如果找到了要删除的节点（r 不为 NULL）
    if (r != NULL)
    {
        // 从链表中移除 r 节点
        pre->next = r->next;
        // 释放 r 节点的内存
        delete r;
    }
    else
    {
        // 若未找到要删除的节点，可根据需要进行提示
        cout << "未找到值为 " << x << " 的节点。" << endl;
    }
}
```

查找元素

自定义 Search 函数用于查找值为 x 的数是否存在，存在则输出第一次出现的位置，具体操作如下：

```
void Search(Node *l, int x)
{
    int k = 1;
    Node *p;
    // 让指针 p 指向链表的第一个有效节点
    p = l->next;
    // 只要当前节点 p 的数据域不等于 x 且 p 的下一个节点不为空
```

```cpp
    while (p->data != x && p->next != NULL)
    {
        // 将指针 p 移动到下一个节点
        p = p->next;
        // 节点序号 k 加 1,表示已经遍历到了下一个节点
        k++;
    }
    // 循环结束后,检查当前节点 p 的数据域是否等于 x
    if (p->data != x)
    {
        // 如果不等于 x,说明遍历完链表都没有找到要查找的元素
        cout << "未找到" << endl;
    }
    else
    {
        // 如果等于 x,说明找到了要查找的元素
        cout << "是第" << k << "个数字" << endl;
    }
}
```

10.3.4　完整操作

```cpp
#include <iostream>
using namespace std;
struct Node
{
    int data;     // 保存节点中存储的数据
    Node *next; // 指向下一个节点
};
// 函数 Wcreate 使用尾插法向链表中插入 n 个元素
// 参数 l 是链表的头指针,参数 n 表示要插入的元素个数
void Wcreate(Node *l, int n)
{
    // 定义两个指针 p 和 r
    // p 用于创建新节点,r 用于指向链表的尾节点
    Node *p, *r;
    // 初始化 r 为链表的头节点 l,即让 r 指向链表的起始位置
    r = l;
    int k;
    for (int i = 0; i < n; i++) // 循环 n 次,每次插入一个新元素到链表尾部
    {
        cin >> k;
        // 使用 new 运算符动态分配一个新的 Node 节点,并让指针 p 指向它
        p = new Node;
        p->data = k; // 将 k 赋值给新节点 p 的 data 成员
        // 将当前尾节点 r 的 next 指针指向新节点 p,从而将新节点连接到链表尾部
        r->next = p;
        // 更新尾节点指针 r,让它指向新插入的节点 p,使 r 始终指向链表的尾节点
        r = p;
    }
    // 当插入 n 个元素后,将尾节点 r 的 next 指针置为 NULL,表示链表结束
    r->next = NULL;
}
```

```cpp
void show(Node *l)
{
    Node *p;
    p = l->next; // 让指针 p 指向链表的第一个节点
    // 当指针 p 不为空时，说明还未遍历到链表的末尾
    while (p != NULL)
    {
        cout << p->data << " "; // 输出当前节点 p 所存储的数据
        p = p->next; // 将指针 p 移动到下一个节点
    }
    cout << endl;
}
void Tcreate(Node *l, int n)
{
    Node *p;
    l->next = NULL;
    int k;
    for (int i = 0; i < n; i++)
    {
        cin >> k;
        p = new Node; // p 指向一个新节点
        p->data = k;  // 将 k 的值赋给新节点 p 的数据域
        // 让 p 的 next 指针指向当前头节点的下一个节点
        p->next = l->next;
        l->next = p;  // 让头节点的 next 指针指向新节点 p
    }
}
void insert(Node *l, int k, int e)
{
    Node *p, *r;
    r = l;
    if (r->next == NULL) // 检查链表是否为空
    {
        cout << "链表为空" << endl; // 若链表为空，输出提示信息
        return;
    }
    // 循环 k 次，让 r 指针移动到插入位置的前一个节点
    for (int i = 0; i < k; i++)
    {
        // 若 r 的 next 指针为 NULL，说明还未到达指定位置链表就结束了
        if (r->next == NULL)
        {
            cout << "位置超出链表长度" << endl;  // 提示位置超出链表长度
            return;
        }
        r = r->next; // r 指针向后移动一个节点
    }
    p = new Node;
    p->data = e; // 将需要插入的值 e 赋给新节点 p 的 data 成员
    p->next = r->next; // 让新节点 p 的 next 指针指向 r 节点的下一个节点
    r->next = p;  // 让 r 节点的 next 指针指向新节点 p
}
void Delete(Node *l, int x)
{
```

```cpp
    Node *r, *pre;
    pre = l;
    r = l->next;
    // 遍历链表，同时检查 r 是否为 NULL
    while (r != NULL && r->data != x)
    {
        pre = r;
        r = r->next;
    }
    // 如果找到了要删除的节点（r 不为 NULL）
    if (r != NULL)
    {
        // 从链表中移除 r 节点
        pre->next = r->next;
        // 释放 r 节点的内存
        delete r;
    }
    else
    {
        // 若未找到要删除的节点，可根据需要进行提示
        cout << "未找到值为 " << x << " 的节点。" << std::endl;
    }
}
void Search(Node *l, int x)
{
    int k = 1;
    Node *p;
    // 让指针 p 指向链表的第一个有效节点
    p = l->next;
    // 只要当前节点 p 的数据域不等于 x 且 p 的下一个节点不为空
    while (p->data != x && p->next != NULL)
    {
        // 将指针 p 移动到下一个节点
        p = p->next;
        // 节点序号 k 加 1，表示已经遍历到了下一个节点
        k++;
    }
    // 循环结束后，检查当前节点 p 的数据域是否等于 x
    if (p->data != x)
    {
        // 如果不等于 x，说明遍历完链表都没有找到要查找的元素
        cout << "未找到" << endl;
    }
    else
    {
        // 如果等于 x，说明找到了要查找的元素
        cout << "是第" << k << "个数字" << endl;
    }
}
int main()
{
    Node *L; // 数据中第一个数字的位置是 0
    L = new Node;
    L->next = NULL;
```

```
    int n, x, m;
    cin >> n;
    Wcreate(L, n);
    cout << "尾插法插入结果：";
    show(L);
//    Tcreate(L, n);
//    cout << "头插法插入结果：";
//    show(L);
//    cout << "请输入插入的位置及元素值：" << endl;
//    cin >> m >> x;
//    Insert(L, m, x);
//    show(L);
//    cout << "请输入要删除的数值：" << endl;
//    cin >> x;
//    Delete(L, x);
//    show(L);
    cout << "请输入要查找的数值：" << endl;
    cin >> x;
    Search(L, x);
    return 0;
}
```

输入：

5

1 2 3 4 5

运行输出结果：

尾插法插入结果：1 2 3 4 5
请输入要查找的数值：3
是第 3 个数字

请尝试头插法、插入元素、删除元素等操作。

10.4 第46课：树及其应用

我们之前所学的数组、链表、栈及队列等知识都是线性的数据结构，而树则是一种非线性存储的数据结构，存储的是具有"一对多"关系的数据元素的集合。

树这种结构，我们在生活中常会见到。比如计算机的文件管理系统中有根目录，根目录下面包含各种子目录和文件，子目录又可以包含更多的子目录和文件。

家族族谱也是一种典型的树状结构，最早的一代延伸到下一代，下一代又延伸到下下一代，最终形成一棵家族树，清晰地展现了家族各个成员之间的血缘关系和辈分传承。

10.4.1 树的相关概念

以图 10-20 为例,这是一个树状结构。

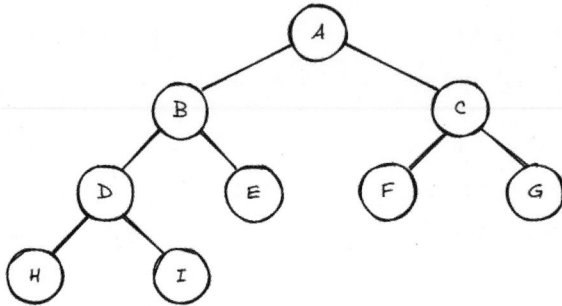

图 10-20 树状结构

1) 节点

树中的每一个数据元素都被称为"节点"。在图 10-20 中,数据元素 A、B、C……均是节点。

2) 父节点和子节点

如果节点 A 与节点 B 有连接,且 A 在 B 的上一层,那么 A 是 B 的父节点,B 是 A 的子节点。对于图中的节点 A、B、C 来说,A 节点是 B、C 节点的父节点,而 B、C 节点都是 A 节点的子节点。

3) 兄弟节点

具有相同父节点的节点互为兄弟节点。对于 B、C 节点来说,它们都有相同的父节点 A,所以它们互为兄弟节点;对于 D、E 节点来说,它们都有相同的父节点 B,所以它们也互为兄弟节点。

聪明的你,还能找到其他的兄弟节点吗?

4) 叶子节点

没有子节点的节点称为叶子节点。H、I、E、F、G 节点都没有子节点,所以它们都是叶子节点。

5) 子树

以某个节点为根的树的一部分称为一棵子树,子树中包括该节点及其所有后代节点。图中整棵树的根节点为节点 A,而节点 B、D、E、H、I 这 5 个节点也可以看作一棵树,节点 B 为这棵子树的根节点。

6) 节点的度

拥有的子节点数称为节点的度。在图中，根节点 A 有 2 个子节点，所以，节点 A 的度为 2。

7) 树的度

树中节点的最大子节点数为树的度。在图 10-20 中，除叶子节点外，其余节点的度均为 2，因此树的度也为 2。

8) 节点的层次

从一棵树的树根开始，树根所在层为第一层，根的子节点所在的层为第二层，以此类推。在图中，A 节点在第一层，B、C 节点在第二层，D、E、F、G 节点在第三层，H、I 节点在第四层。

9) 树的深度

一棵树的深度是树中节点所在的最大的层数。在图 10-20 中，树的深度为 4。

10.4.2 二叉树及其相关概念

定义：二叉树是一种特殊的树，二叉树的特点是每个节点最多有两个子节点。

二叉树的五种形态

如图 10-21 所示，根据二叉树定义得出五种形态。

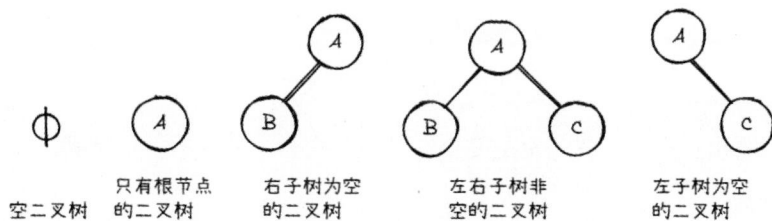

图 10-21 二叉树的五种形态

二叉树的相关概念

1) 满二叉树

如果每一层的节点数都达到最大值，即除最后一层无任何子节点外，每一层上的所有节点都有两个子节点，所有叶子节点必须在同一层上，这样的二叉树就是满二叉树，图 10-22 便是一棵满二叉树。

在同样高度的二叉树中，满二叉树的节点数目是最多的，叶子节点数也是最多的。

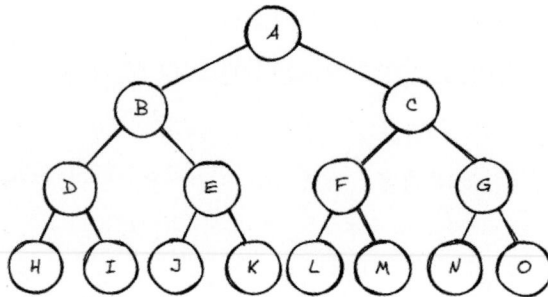

图 10-22 满二叉树

2) 完全二叉树

设二叉树的深度为 h，除第 h 层外，其他各层（ $1 \sim h - 1$ ）的节点数都达到最大个数，第 h 层所有的节点都集中在最左边，这样的二叉树就是完全二叉树，图 10-23 便是一棵完全二叉树。

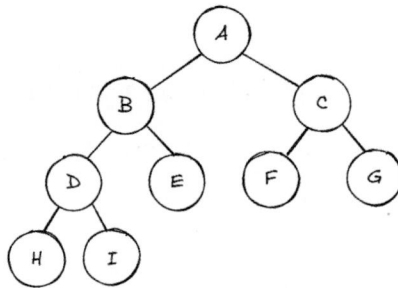

图 10-23 完全二叉树

从定义可以看出：满二叉树一定是完全二叉树，完全二叉树不一定是满二叉树。

二叉树的性质

1) 性质一：在二叉树的第 i 层上至多有 2^{i-1} 个节点（ $i \geqslant 1$ ）。
2) 性质二：深度为 k 的二叉树至多有 $2^k - 1$ 个节点。
3) 性质三：假设对一棵有 n 个节点的完全二叉树的节点按层序编号（从第一层开始到最下一层，每一层从左到右编号），如图 10-24 所示，图中共有 10 个节点。对任一节点 i，以下结论成立。

  a. 如果 $i = 1$，则节点为根节点，没有父节点。

  b. 如果 $2i > n$，则节点 i 没有左子节点，否则其左子节点为 $2i$。比如图 10-24 中对于节点 6 来说，$2 \times 6 > 10$，节点 6 没有左子节点。对于节点 5 来说，$2 \times 5 > 10$ 不成立，则节点 5 有左子节点。

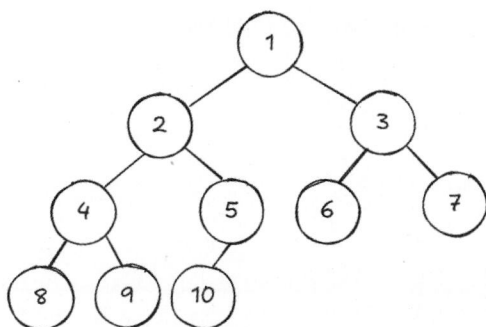

图 10-24　二叉树

c. 如果 $2i+1 > n$,则节点 i 没有右子节点,否则其右子节点为 $2i+1$。对于节点 5 来说, $2 \times 5 + 1 > 10$,节点 5 没有右子节点;对于节点 4 来说, $2 \times 4 + 1 > 10$ 不成立,则节点 4 有右子节点,即节点 9。

10.4.3　二叉树的遍历

遍历一棵二叉树有四种方式,分别是先序遍历、中序遍历、后序遍历以及层次遍历。接下来我们以图 10-25 为例,一一介绍这四种方式。

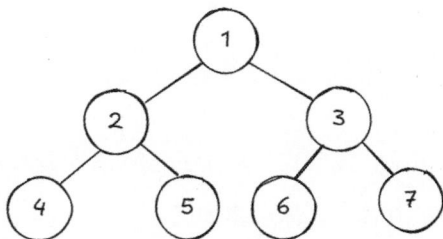

图 10-25　遍历二叉树

先序遍历

二叉树先序遍历的实现思想如下。

1) 先访问根节点。图中最先访问的应该是节点 1。

2) 再访问当前节点的左子树。图中左子树为 2、4、5,应该先访问这棵子树的根节点 2,再访问这棵子树的左子树,只有一个节点 4。

3) 若当前节点无左子树,则访问当前节点的右子树。对于左子树 2、4、5 而言,访问完 4 之后,没有左子树,则应该访问其右子树 5。至此左子树访问结束,接下来应该访问右子树 3、6、7,继续按照根—左—右的顺序进行遍历,即访问顺序为节点 3、6、7。

由此，图 10-25 中二叉树采用先序遍历得到的序列为：1 2 4 5 3 6 7。

中序遍历

二叉树中序遍历的实现思想如下。

1) 先访问当前节点的左子树。图中左子树为 2、4、5，先访问它的左子树，只有一个节点 4。
2) 再访问根节点。当前子树的根是节点 2。
3) 最后访问当前节点的右子树。这棵子树的右子树只有一个节点 5，访问之。至此左子树访问结束，再访问整棵树的根，是节点 1，然后访问整棵树的右子树，按照上述规则，访问顺序应该是左—根—右，即访问顺序为节点 6、3、7。

由此，图 10-25 中二叉树采用中序遍历得到的序列为：4 2 5 1 6 3 7。

后序遍历

二叉树后序遍历的实现思想如下。

1) 先访问当前节点的左子树。图中左子树为 2、4、5，先访问它的左子树，只有一个节点 4。
2) 再访问当前节点的右子树。这棵子树的右子树只有一个节点 5。
3) 最后访问根节点。这棵子树的根是节点 2，访问之。至此左子树访问结束，继续访问整棵树的右子树，按照左—右—根的顺序，右子树的访问顺序为 6、7、3。最后再访问整棵树的根，是节点 1。

由此，图 10-25 中二叉树采用后序遍历得到的序列为：4 5 2 6 7 3 1。

层次遍历

二叉树层次遍历的实现思想是：按照二叉树中的层次从左到右依次遍历每层中的节点。

通常借助队列来实现该遍历方式，具体步骤如下。

1) 把根节点放入队列。
2) 当队列非空时：

    a. 从队列中取出一个节点并访问；
    b. 若该节点存在左子节点，将左子节点加入队列；
    c. 若该节点存在右子节点，将右子节点加入队列。

由此，图 10-25 中二叉树采用层次遍历得到的序列为：1 2 3 4 5 6 7。

10.4.4 二叉树的建立

对于完全二叉树，我们可以使用数组来存储其节点值。

数组的下标和完全二叉树的节点之间存在一定的对应关系：若根节点的下标为 1，那么对于下标为 i 的节点，其左子节点的下标为 $2i$，右子节点的下标为 $2i+1$。

比如图 10-26 中的这棵完全二叉树，对于节点 4 来说，它的左子节点为 $2 \times 4 = 8$，它的右子节点为 $2 \times 4 + 1 = 9$。对于节点 i 的关系见图 10-27。

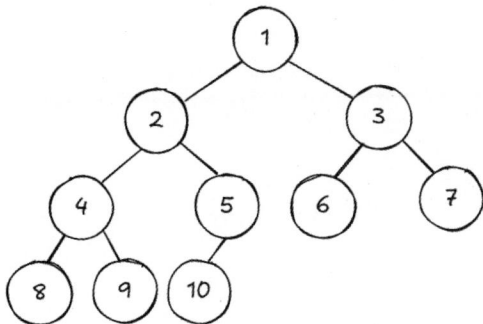

图 10-26 完全二叉树

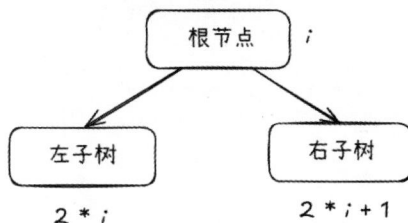

图 10-27 左右子树

下面我们通过数组实现完全二叉树的存储：

```cpp
#include <iostream>
using namespace std;
char h[1005];
string s;
int n, j;
// 通过先序遍历建立树
void Fcreate(int i)
{
    if (i > n)
        return;
    else
    {
        h[i] = s[j++];        // 存放节点数据
        Fcreate(i * 2);       // 建立左子树
        Fcreate(i * 2 + 1);   // 建立右子树
    }
}
// 中序遍历
void inorder(int i)
{
    if (i > n)
        return;
    inorder(i * 2);        // 遍历左子树
    cout << h[i];          // 输出父节点
    inorder(i * 2 + 1);    // 遍历右子树
}
// 后序遍历
void postorder(int i)
{
```

```
    if (i > n)
        return;
    postorder(i * 2);       // 遍历左子树
    postorder(i * 2 + 1);   // 遍历右子树
    cout << h[i];           // 输出父节点
}
int main()
{
    cin >> s;
    n = s.size();
    Fcreate(1);
    cout << "中序遍历的结果为: ";
    inorder(1);
    cout << endl;
    cout << "后序遍历的结果为: ";
    postorder(1);
    return 0;
}
```

运行后输入（输入的是先序遍历的序列）：

1245367

运行结果：

中序遍历的结果为：4251637
后序遍历的结果为：4526731

10.5 第 47 课：图及其应用

图也是我们在现实生活中会经常用到的一种数据结构，比如可以用社交网络图描述同学关系、好友关系、亲戚关系等。图也可以用来描述城市地铁等交通网络，还可以用来描述知识，比如用图来记录历史人物关系、事件等。

上述的图中，我们会画出一些点和线，用来描述多个元素之间多对多的关系，这也是本节所学的图的知识。

10.5.1 图的定义及相关概念

1) 图的定义：图是由顶点（vertex）集合和边（edge）集合组成的数据结构，通常表示为 $G = (V, E)$，其中 G 表示一个图，V 是顶点的集合，E 是边的集合。
2) 顶点：也称为节点，是图的基本组成单元，在社交网络中，顶点可以表示用户。
3) 边：用于连接顶点，代表顶点之间的关系。边可以是有方向的，称为有向边；也可以是无方向的，称为无向边。

4) 有向图：这类图中的边都是有方向的，只能按箭头方向从一点到另一点。

图 10-28 是一个有向图，$V = \{1, 2, 3, 4\}$，$E=\{<1, 3>, <1, 4>, <2, 1>, <2, 3>\}$。

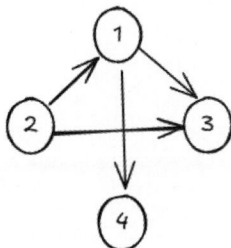

图 10-28　有向图

5) 无向图：这类图中的边都是没有方向的，两个顶点之间可以互相往来。

图 10-29 是一个无向图，$V = \{1, 2, 3, 4\}$，$E = \{(1, 2), (1, 3), (1, 4), (2, 3)\}$。

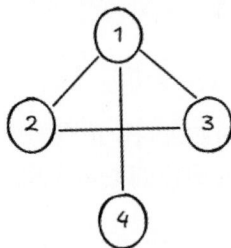

图 10-29　无向图

6) 完全有向图：图中任意两个顶点之间，存在方向相反的两条边。

图 10-30 是一个完全有向图。n 个顶点的完全有向图有 $n(n-1)$ 条边，比如图 10-30 中共有 4 个顶点，则有 $4 \times 3 = 12$ 条边。

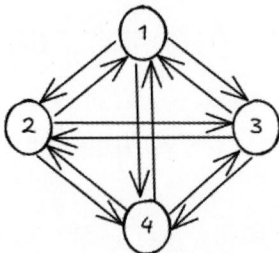

图 10-30　完全有向图

7) 完全无向图：图中任意两个顶点之间存在一条边。

图 10-31 是一个完全无向图。n 个顶点的完全无向图有 $n(n-1)/2$ 条边，比如图中共 4 个顶点，则有 $4 \times 3 / 2 = 6$ 条边。

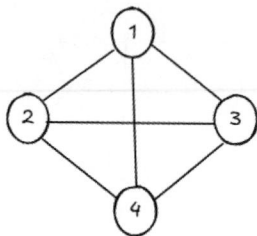

图 10-31　完全无向图

8) 稀疏图和稠密图

    a. 稀疏图：边数远远少于完全图的图。

    b. 稠密图：边数接近完全图的图。

9) 顶点的度

    a. 无向图中：与顶点相连的边的数量叫作顶点的度。

    b. 有向图中：以顶点为终点的有向边的数量叫作顶点的入度，以顶点为起点的有向边的数量叫作顶点的出度。

10) 权值：边的"费用"，可以理解为边的长度。

10.5.2　图的存储

我们可以用邻接矩阵来存储图，它用一个二维矩阵来表示图中顶点之间的邻接关系。

无向图的邻接矩阵

对于一个具有 n 个顶点的无向图 $G=(V, E)$，其邻接矩阵 A 是一个 $n \times n$ 的矩阵。

如果顶点 v_i 和顶点 v_j 之间存在边，那么 A[i][j] = A[j][i] = 1；如果顶点 v_i 和顶点 v_j 之间不存在边，则 A[i][j] = A[j][i] = 0。无向图的邻接矩阵是一个对称矩阵，即 A[i][j] = A[j][i]。

例如，对于一个有 4 个顶点的无向图，顶点 v_1 和 v_2 相连，v_2 和 v_3 相连，v_3 和 v_4 相连，其邻接矩阵如图 10-32 所示。

$$
\begin{array}{|c|c|c|c|}
\hline
0 & 1 & 0 & 0 \\
\hline
1 & 0 & 1 & 0 \\
\hline
0 & 1 & 0 & 1 \\
\hline
0 & 0 & 1 & 0 \\
\hline
\end{array}
$$

图 10-32　无向图的邻接矩阵

有向图的邻接矩阵

对于具有 n 个顶点的有向图 $G=(V, E)$，其邻接矩阵 A 同样是一个 $n \times n$ 的矩阵。

如果存在从顶点 v_i 到顶点 v_j 的有向边，那么 A[i][j] = 1；如果不存在这样的有向边，则 A[i][j] = 0。与无向图不同，有向图的邻接矩阵不一定是对称矩阵。

例如，对于一个有 4 个顶点的有向图，存在从 v_1 到 v_2 的边，从 v_2 到 v_3 的边，从 v_3 到 v_4 的边，其邻接矩阵如图 10-33 所示。

$$
\begin{array}{|c|c|c|c|}
\hline
0 & 1 & 0 & 0 \\
\hline
0 & 0 & 1 & 0 \\
\hline
0 & 0 & 0 & 1 \\
\hline
0 & 0 & 0 & 0 \\
\hline
\end{array}
$$

图 10-33　有向图的邻接矩阵

带权图的邻接矩阵

对于带权图，邻接矩阵中的元素 A[i][j] 表示顶点 v_i 和顶点 v_j 之间边的权重。如果顶点 v_i 和顶点 v_j 之间不存在边，可以用一个特殊的值（如无穷大）来表示。

例如，对于一个有 4 个顶点的无向图，顶点 v_1 和 v_2 相连、权值为 5，v_1 和 v_3 相连、权值为 3，v_2 和 v_3 相连、权值为 2，v_2 和 v_4 相连、权值为 6，v_3 和 v_4 相连、权值为 1，其邻接矩阵如图 10-34 所示（这里不存在的边用 0 表示）。

$$
\begin{array}{|c|c|c|c|}
\hline
0 & 5 & 3 & 0 \\
\hline
5 & 0 & 2 & 6 \\
\hline
3 & 2 & 0 & 1 \\
\hline
0 & 6 & 1 & 0 \\
\hline
\end{array}
$$

图 10-34　带权图的邻接矩阵

邻接矩阵存图步骤

假设一个图共有 4 个顶点，并已给出两点之间的边（从 u 到 v 的有向边），将其存储至邻接矩阵的步骤如下。

1) 定义一个二维数组 g 作为邻接矩阵，用于存储图的信息，这里假设图的顶点数最多为 100 个。
2) 读取边的数量并更新邻接矩阵。
3) 输出邻接矩阵的内容。

代码如下：

```cpp
#include <iostream>
#include <cstring>
using namespace std;
int g[101][101];
int main()
{
    memset(g, 0x7f, sizeof(g)); // 先将数组初始化,赋一个极大值
    int n, u, v, num;
    cin >> n;
    // 读取边的信息并更新邻接矩阵
    for (int i = 1; i <= n; i++)
    {
        cin >> u >> v >> num; // 输入边的信息
        g[u][v] = num;
    }
    // 输出 4 个顶点的邻接矩阵
    for (int i = 1; i <= 4; i++)
    {
        for (int j = 1; j <= 4; j++)
            cout << g[i][j] << ' ';
        cout << endl;
    }
    return 0;
}
```

运行结果

输入：

```
4
1 2 3
2 3 5
3 4 7
4 3 7
```

输出：
```
2139062143 3 2139062143 2139062143
2139062143 2139062143 5 2139062143
2139062143 2139062143 2139062143 7
2139062143 2139062143 7 2139062143
------------------------------
```

10.6　第 48 课：图的最短路径

最短路径问题是图论中的一个经典问题，旨在找到图中两点之间的最短路径。比如你想从当前位置回家，有三条路，应该怎么选择才能让路程更短呢？

于是你打开了地图导航应用，让它给你做规划。你发现有的路程最短、有的时间最短，而你当下想要的是快速回到家中，因此你自然会选择时间最短的那条路，时间便是你所要考虑的权值。

求最短路径的常见算法有 Floyd（弗洛伊德）算法和 Dijkstra（迪杰斯特拉）算法。

10.6.1　Floyd 算法

Floyd 算法主要用于求解多源最短路径问题，它可以求出图中任意两点之间的最短距离。

它的基本思想是通过一个 $n \times n$ 的矩阵（n 为顶点数）来记录每对顶点之间的最短路径。算法会进行 n 次迭代，每次迭代都会尝试通过一个新的顶点来更新每对顶点之间的最短路径。

Floyd 算法的优点是实现简单，但该算法的时间复杂度较高，为 $O(n^3)$，空间复杂度为 $O(n^2)$。

假设我们现在要求出图 10-35 中任意两点之间的最短路径，通过 Floyd 算法来实现。

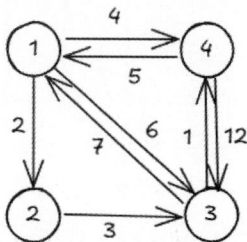

图 10-35　有向图图示

先用邻接矩阵 dt 存储此图（见图 10-36）。

0	2	6	4
∞	0	3	∞
7	∞	0	1
5	∞	12	0

图 10-36 邻接矩阵

若要缩短两点之间的距离，只能通过引入其他的顶点来完成。

例如开始时 4→3 的距离 `dt[4][3]`的值为 12，我们可以先引入顶点 1，让路线变成 4→1→3，这样距离就缩短成 `dt[4][1] + dt[1][3] = 5 + 6 = 11`，见图 10-37。

0	2	6	4
∞	0	3	∞
7	∞	0	1
5	∞	11	0

图 10-37 更新 `dt[4][3]`

引入顶点 1 之后，任意两点之间的最短距离更新，比如 3→2 本来是无穷大，现在可以 3→1→2，`dt[3][2] = dt[3][1] + dt[1][2] = 7 + 2 = 9`。同样 4→2 也是无穷大，引入顶点 1 后，可以 4→1→2，`dt[4][2] = dt[4][1] + dt[1][2] = 5 + 2 = 7`，邻接矩阵更新为图 10-38。

0	2	6	4
∞	0	3	∞
7	9	0	1
5	7	11	0

图 10-38 更新引入顶点 1 后的最短路径

通过引入顶点 1，我们成功缩短了一些顶点之间的距离。如果再引入更多的顶点，会不会让距离变得更短呢？

比如在引入顶点 1 的基础上，再引入顶点 2，我们可以让 4→3 的值变得更小。已知现在 dt[4][3] = 11，若引入顶点 2，路线可为 4→2→3，则为 dt[4][2] + dt[2][3] = 7 + 3 = 10，又成功缩短了 4→3 的距离（见图 10-39）。

0	2	6	4
∞	0	3	∞
7	9	0	1
5	7	10	0

图 10-39　更新引入顶点 2 后的最短路径

若想要得到 dt[4][3] 的最小值，我们只需分别引入顶点 1 到 n，取其中的最小值即可。

以此类推，对于剩余的任意两点，我们都可以采用上述方法得到最短距离。

算法描述

1) 我们用 dt[i][j] 表示点 i 到 j 的最短路径，初始时各点到自身的距离均为 0，若无 i 到 j 的边，则为 inf（一个很大的值）。

2) 针对每个 dt[i][j]，我们依次引入顶点 1 到 n（用 k 表示），用来更新 dt[i][j] 的值，代码如下：

```
if (dt[i][j] > dt[i][k] + dt[k][j]) // 若当前距离较大
    dt[i][j] = dt[i][k] + dt[k][j]; // 则更新最短路径
```

参考代码

```
#include <iostream>
#define inf 999999999 // 定义无穷大常量
using namespace std;
int dt[101][101]; // 用于存储图中任意两点之间的最短距离
int main()
{
    int n, m, u, v, dis;
    cin >> n >> m; // 输入顶点数量 n 和边的数量 m
    for (int i = 1; i <= n; i++)
    {
        for (int j = 1; j <= n; j++)
        {
            // 如果是同一个顶点，距离为 0
            if (i == j)
                dt[i][j] = 0;
            // 不同顶点间距离初始化为无穷大，表示没有直接连接
            else
```

```
                    dt[i][j] = inf;
        }
    }
    // 输入边的信息，更新邻接矩阵
    for (int i = 1; i <= m; i++)
    {
        // 输入边的起点 u、终点 v 和边的权重 dis
        cin >> u >> v >> dis;
        // 将边的权重存入邻接矩阵对应位置
        dt[u][v] = dis;
    }
    // Floyd 算法核心部分，用于计算任意两点之间的最短路径
    for (int k = 1; k <= n; k++)
    {
        // 遍历所有可能的起点 i
        for (int i = 1; i <= n; i++)
        {
            // 遍历所有可能的终点 j
            for (int j = 1; j <= n; j++)
            {
                // 如果经过中间点 k 能使 i 到 j 的距离更短
                if (dt[i][j] > dt[i][k] + dt[k][j])
                {
                    // 更新 i 到 j 的最短距离
                    dt[i][j] = dt[i][k] + dt[k][j];
                }
            }
        }
    }
    // 输出任意两点之间的最短距离矩阵
    for (int i = 1; i <= n; i++)
    {
        for (int j = 1; j <= n; j++)
        {
            cout << dt[i][j] << ' ';
        }
        cout << endl;
    }
    return 0;
}
```

运行结果

输入（第一行输入顶点数量、边的数量，之后每行输入起点和终点以及两点的权值）：

4 8

1 2 2

1 3 6

1 4 4

2 3 3

3 1 7

```
3 4 1
4 1 5
4 3 12
```

输出（任意两点之间的最短路径）：

```
0 2 5 4
9 0 3 4
6 8 0 1
5 7 10 0
```

10.6.2　Floyd 算法实例讲解

例 1：寻宝之路

蛙蛙正驾驶一条小艇在海上航行。海上有 N（$1 \leqslant N \leqslant 100$）个岛屿，用 1 到 N 编号。蛙蛙从 1 号小岛出发，最后到达 N 号小岛。

一张藏宝图上说，如果他经过的小岛依次出现了 $A_1, A_2, \cdots, A_M$（$2 \leqslant M \leqslant 10000$）这样的序列（不一定相邻），最终就能找到古老的宝藏。

但是，海上有海盗出没。蛙蛙知道任意两个岛屿之间的航线上海盗出没的概率，他用一个危险指数 D_{ij}（$0 \leqslant D_{ij} \leqslant 100000$）来描述。

他希望他的寻宝活动经过的航线危险指数之和最小。那么，在找到宝藏的前提下，这个最小的危险指数是多少呢？

【输入格式】输入 $N + M + 1$ 行。

第 1 行：输入两个用空格隔开的正整数 N 和 M。

第 2 行到第 $M + 1$ 行：第 $i + 1$ 行用一个整数 A_i 表示蛙蛙必须经过的第 i 个岛屿。

第 $M + 2$ 行到第 $N + M + 1$ 行：第 $i + M + 1$ 行包含 N 个用空格隔开的非负整数，分别表示 i 号小岛到第 $1, \cdots, N$ 号小岛的航线各自的危险指数，数据保证第 i 个数是 0。

【输出格式】输出一行，为蛙蛙在找到宝藏的前提下经过的航线的危险指数之和的最小值。

【输入样例】3 4
　　　　　　1
　　　　　　2
　　　　　　1

```
3
0 5 1
5 0 2
1 2 0
```

【输出样例】7

【说明】测试数据中 i 号岛到 j 号岛的危险指数不一定等于 j 号岛到 i 号岛的危险指数！

解析

样例分析

已知有 3 个岛屿（$N=3$），必须经过的岛屿序列长度为 4（$M=4$），序列为 1、2、1、3。岛屿间的危险指数如图 10-40 所示。

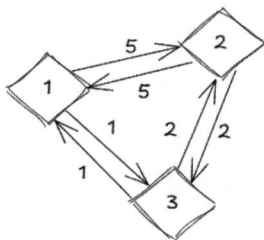

图 10-40　寻宝之路样例图

1) 首先，从 1 号岛出发，到达 A_1——1 号岛，危险指数为 0（因为是自己到自己）。
2) 接着，从 1 号岛出发，到达 A_2——2 号岛，根据 Floyd 算法可知，最小危险指数为 1 号岛→3 号岛→2 号岛的 3。
3) 然后，从 2 号岛出发，到达 A_3——1 号岛，根据 Floyd 算法可知，最小危险指数为 2 号岛→3 号岛→1 号岛的 3。
4) 最后，再从 1 号岛出发，到达 A_4——3 号岛，最小危险指数为 1。
5) 所以，总的最小危险指数为 0+3+3+1=7。

参考代码

```cpp
#include <iostream>
#include <algorithm>
using namespace std;
int dt[105][105];
int sx[10005];

int main()
{
    int n, m, ans = 0; // ans 用于存储最终的最小危险指数之和
```

```
cin >> n >> m; // 输入岛屿数量 n 和必须经过的岛屿序列长度 m
for (int i = 1; i <= m; i++)
    cin >> sx[i];
for (int i = 1; i <= n; i++)
    for (int j = 1; j <= n; j++)
        cin >> dt[i][j]; // dt[i][j] 表示从 i 号岛到 j 号岛的危险指数
// Floyd 算法
for (int k = 1; k <= n; k++)
    for (int i = 1; i <= n; i++)
        for (int j = 1; j <= n; j++)
            dt[i][j] = min(dt[i][j], dt[i][k] + dt[k][j]);
// 遍历必须经过的岛屿序列
for (int i = 1; i < m; i++)
    // 将相邻两个必须经过的岛屿之间的最小危险指数累加到 ans 中
    ans = ans + dt[sx[i]][sx[i + 1]];
cout << ans;
return 0;
}
```

10.6.3 Dijkstra 算法

Dijkstra 算法主要用于求解单源最短路径问题，它可以求出从起点 s（称为源点）到其余所有顶点的最短距离，仅适用于边权值非负的图。

这个算法的基本思想是维护一个已确定最短路径的顶点集合，初始时只包含源点，然后不断从集合外的顶点中选择距离源点最近的顶点加入集合，并更新其相邻顶点的最短距离估计值，直到所有顶点都被包含在集合中。

它的时间复杂度为 $O(n^2)$，空间复杂度为 $O(n^2)$（n 为顶点数），同样采用邻接矩阵存储。

在图 10-41 中，假设我们现在要以 1 作为起点，求它到图中所有顶点的最短路径，通过 Dijkstra 算法来实现。

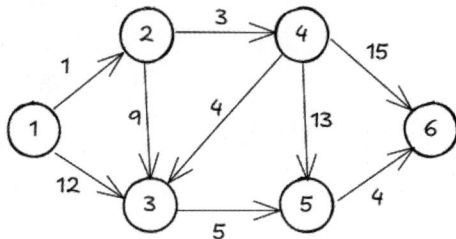

图 10-41　Dijkstra 算法图示

先用邻接矩阵 dt 存储此图（见图 10-42）。

0	1	12	∞	∞	∞
∞	0	9	3	∞	∞
∞	∞	0	∞	5	∞
∞	∞	4	0	13	15
∞	∞	∞	∞	0	4
∞	∞	∞	∞	∞	0

图 10-42 邻接矩阵存储图

先使用一维数组 `dis` 存储起点 1 到各个顶点的距离，比如 `dis[2]`表示 1 到 2 的距离。根据输入的边的信息初始化 `dis` 数组，其中顶点 1 到顶点 1 的距离为 0（见图 10-43）。

dis	0	1	12	∞	∞	∞

图 10-43 `dis` 数组存储起点 1 到各顶点的距离

Dijkstra 算法的主要思想是贪心，我们可以先从 `dis` 数组中选出距离起点最近的顶点 2。

此时 `dis[2]`的值已确定，因为 2 是距离起点 1 最近的顶点，并且其他边的长度都大于 0，无法将 `dis[2]`的值缩小。

然后，再检查 2 的所有出边 2→3、2→4，观察能否通过这两条边，缩小 `dis[3]`、`dis[4]` 的值。

已知 `dis[3] > dis[2] + dt[2][3]`，所以 `dis[3]`更新为 `dis[2] + dt[2][3] = 10`，这个过程叫作松弛。

同样，我们可以更新 `dis[4]`的值，更新为 `dis[2] + dt[2][4] = 1 + 3 = 4`（见图 10-44）。

dis	0	1	10	4	∞	∞

图 10-44 检查 2 的出边后更新 `dis` 数组

接下来，从剩余未使用过的顶点中，继续寻找距离起点最近的顶点（顶点 4），并更新它的出边到起点的距离（见图 10-45）。

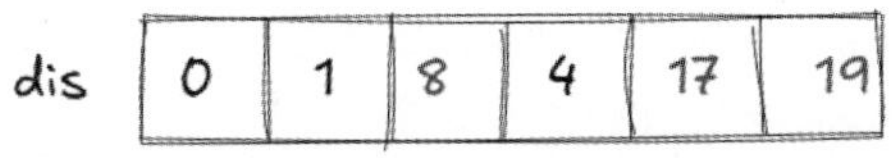

图 10-45 检查 4 的出边后更新 dis 数组

重复上述过程，直至确定所有点的值。

算法描述

1) 初始化：为每个顶点分配一个距离值，源点的距离值设为 0，其他顶点的距离值设为无穷大。再根据已知信息，更新图中顶点到其他顶点的距离。

2) 迭代过程：对于顶点 u 的每个邻接顶点 v，计算从源点到 v 的距离值。如果经过 u 到达 v 的距离值小于 v 当前的距离值，则更新 v 的距离值。

详细描述见代码注释。

参考代码

```cpp
#include <iostream>
#define inf 999999999
using namespace std;
int dt[101][101]; // 用于存储图的邻接矩阵，记录顶点之间的边权值
int dis[100]; // 用于存储源点到各个顶点的当前最短距离
int used[100]; // 用于标记各个顶点是否已经被处理过
int main()
{
    // s表示源点的编号，n表示图中顶点的数量，m表示图中边的数量
    // u和v用于记录边的两个端点，d用于记录边的权值
    // idx用于记录当前找到的未使用过的最近顶点的编号，mn用于记录最小距离
    int s, n, m, u, v, d, idx, mn;
    cin >> n >> m >> s; // 输入顶点数量n、边的数量m和源点编号s
    // 初始化邻接矩阵dt
    for (int i = 1; i <= n; i++)
    {
        for (int j = 1; j <= n; j++)
        {
            // 如果是同一个顶点，边的权值为0
            if (i == j)
                dt[i][j] = 0;
            // 不同顶点之间初始边权值设为无穷大，表示没有直接连接
            else
                dt[i][j] = inf;
        }
    }
    // 输入边的信息，更新邻接矩阵dt
    for (int i = 1; i <= m; i++)
    {
        // 读取边的两个端点u、v和边的权值d
        cin >> u >> v >> d;
        // 将边的权值存入邻接矩阵对应的位置
```

```cpp
            dt[u][v] = d;
    }
    // 初始化源点 s 到各个顶点的距离数组 dis
    for (int i = 1; i <= n; i++)
        dis[i] = dt[s][i];
    // 标记源点 s 已经被处理过
    used[s] = 1;
    // 源点到自身的距离为 0
    dis[s] = 0;
    // Dijkstra 算法的核心部分
    for (int i = 1; i <= n; i++)
    {
        // 初始化最小距离为无穷大
        mn = inf;
        // 寻找未被处理过的顶点中, 距离源点最近的顶点
        for (int j = 1; j <= n; j++)
        {
            if (!used[j] && dis[j] < mn)
            {
                mn = dis[j];
                idx = j;
            }
        }
        // 标记找到的最近顶点已经被处理过
        used[idx] = 1;
        // 对找到的最近顶点的所有邻接顶点进行松弛操作
        for (int j = 1; j <= n; j++)
        {
            // 如果存在从 idx 顶点到 j 顶点的边
            if (dt[idx][j] < inf)
                // 进行松弛操作, 如果通过 idx 顶点到达 j 顶点的距离更短, 则更新距离
                if (dis[j] > dis[idx] + dt[idx][j])
                {
                    dis[j] = dis[idx] + dt[idx][j];
                }
        }
    }
    // 输出源点到各个顶点的最短距离
    for (int i = 1; i <= n; i++)
        cout << dis[i] << ' ';
    return 0;
}
```

运行结果

输入（顶点数量、边的数量和源点编号，接下来每行输入起点、终点及边权值）：

```
6 9 1
1 2 1
1 3 12
2 3 9
```

```
2 4 3
3 5 5
4 3 4
4 5 13
4 6 15
5 6 4
```

输出（从源点到各个顶点的最短路径）：

```
0 1 8 4 13 17
-------------------------------
```

10.6.4 Dijkstra 算法实例讲解

例2：最先到达谷仓的母牛

蛙蛙在牧场体验生活，现在是母牛的晚餐时间，而母牛们还在外面的牧场中。

此时牧场主按响了电铃，所以它们开始向谷仓走去。

蛙蛙也分到了一项任务，他的工作是要指出哪头母牛会最先到达谷仓（在给出的测试数据中，总会有且只有一头最快的母牛）。在晚餐前，每头母牛都在它自己的牧场上，一些牧场上可能没有母牛。

每个牧场通过道路和一个或多个牧场连接（也可能与自己连接）。有时，两个牧场之间（也可能是同一个牧场与自己之间）会有超过一条道路相连。至少有一个牧场和谷仓之间有道路连接。

因此，所有的母牛最后都能到达谷仓，并且母牛总是走最短的路径。当然，母牛能向着任意方向前进，并且它们以相同的速度前进。

牧场被标记为 a~z 和 A~Y，在用大写字母表示的牧场中有一头母牛，小写字母中则没有。谷仓的标记是 Z，注意没有母牛在谷仓中，且 m 和 M 不是同一个牧场。

【输入格式】输入 $P+1$ 行。

第1行输入一个整数 P（$1 \leqslant P \leqslant 10000$），表示连接牧场（谷仓）的道路的数目。

第2行到第 $P+1$ 行，每行是用空格分开的两个字母和一个整数，字母是通过道路连接的牧场（包括谷仓）的名字，整数为道路的长度（$1 \leqslant$ 长度 $\leqslant 1000$）。

【输出格式】输出一行，包含 2 个项目，分别表示最先到达谷仓的母牛所在的牧场，以及这头母牛走过的路径的长度。

【输入样例】5

```
A d 6
B d 3
C e 9
d Z 8
e Z 3
```

【输出样例】B 11

> 解析

样例分析

样例图示见图 10-46，先分析每头母牛到谷仓的最短路径。

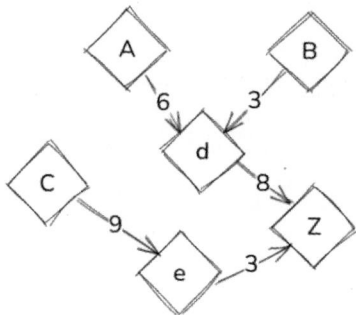

图 10-46　最先到达谷仓的母牛样例图示

对于在牧场 A 的母牛：从 A 出发，要到达谷仓 Z，需要先从 A 到 d（距离为 6），再从 d 到 Z（距离为 8），所以总距离为 6+8=14。

对于在牧场 B 的母牛：从 B 出发，要到达谷仓 Z，需要先从 B 到 d（距离为 3），再从 d 到 Z（距离为 8），所以总距离为 3+8=11。

对于在牧场 C 的母牛：从 C 出发，要到达谷仓 Z，需要先从 C 到 e（距离为 9），再从 e 到 Z（距离为 3），所以总距离为 9+3=12。

因为 11<12<14，所以在牧场 B 的母牛会最先到达谷仓，且走过的路径长度为 11。

我们可以将每个牧场看作图中的一个顶点，道路看作边，道路的长度看作边的权值。

然后，我们可以使用 Dijkstra 算法来计算每头母牛所在牧场到谷仓的最短路径，最后找出最短路径中最短的那一条。

参考代码

```cpp
#include <iostream>
#define inf 999999999
using namespace std;
int dt[150][150]; // 存储各个点 (A~z) 之间的路径信息
int dis[130]; // 存储谷仓 (Z) 到各个点的当前最短距离
int used[130]; // 标记各个点是否已经被处理过
int main()
{
    // m 表示连接牧场 (谷仓) 的道路的数目
    // d 用于存储道路的长度
    // mn 用于在寻找未处理点中最小距离时暂存最小距离值
    // jl 用于记录目前找到的母牛所在点到谷仓的最短距离，初始化为无穷大
    int m, d, mn, jl = inf;
    // u 和 v 用于存储道路连接的两个点 (牧场名)
    // idx 用于记录当前找到的未处理点中距离谷仓最近的点
    // ans 用于记录最终距离谷仓最近的母牛所在的牧场
    char u, v, idx, ans;
    // 初始化地图信息
    for (int i = 'A'; i <= 'z'; i++)
        for (int j = 'A'; j <= 'z'; j++)
            if (i == j)
                dt[i][j] = 0;
            else
                dt[i][j] = inf;
    // 输入连接牧场 (谷仓) 的道路的数目
    cin >> m;
    // 输入每条路径的信息，更新图的邻接矩阵
    for (int i = 1; i <= m; i++)
    {
        cin >> u >> v >> d;
        // 取较小值存储，避免重复边出现较大权重的情况
        dt[v][u] = dt[u][v] = min(dt[u][v], d);
    }
    // 初始化距离数组，将谷仓 (Z) 到各个点的距离设为邻接矩阵中对应的值
    for (int i = 'A'; i <= 'z'; i++)
        dis[i] = dt['Z'][i];
    // 标记谷仓 (Z) 已经被处理过
    used['Z'] = 1;
    // 谷仓到自身的距离为 0
    dis['Z'] = 0;
    // Dijkstra 算法
    for (int i = 'A'; i <= 'z'; i++)
    {
        // 初始化最小距离值为无穷大，用于寻找未处理点中距离谷仓最近的点
        mn = inf;
        for (int j = 'A'; j <= 'z'; j++)
        {
            // 寻找未被处理过且距离谷仓更近的点
            if (!used[j] && dis[j] < mn)
            {
                mn = dis[j];
                idx = j;
```

```
        }
        // 在母牛所在点范围内寻找距离谷仓最近的点，更新 ans 和 jl
        if (dis[j] < jl && j >= 'A' && j < 'Z')
        {
            ans = j;
            jl = dis[j];
        }
    }
    // 标记找到的最近点已经被处理过
    used[idx] = 1;
    // 对找到的最近点的所有邻接边进行松弛操作，更新距离
    for (int j = 'A'; j <= 'z'; j++)
    {
        if (dt[idx][j] < inf)
            if (dis[j] > dis[idx] + dt[idx][j])
                dis[j] = dis[idx] + dt[idx][j];
    }
}
// 输出距离谷仓最近的母牛所在点的标记和最短距离
cout << ans << ' ' << jl;
return 0;
}
```

附录

信息学奥赛成长指南

在规划学习路线之前，我们需要先了解信息学奥赛系列相关赛事。

相关赛事

CSP-J/S 非专业级软件能力认证

CSP 是非专业级软件能力认证，是由中国计算机学会（CCF）统一组织的评价计算机非专业人士算法和编程能力的活动，其前身为 NOIP 普及组/提高组竞赛，2019 年后改名为"认证"，实际还是竞赛。

CSP 针对中小学生有两个等级，分别为 CSP-J（入门级，J 表示 Junior，12 岁及以上可以参加）和 CSP-S（提高级，S 表示 Senior，高中生参加），两个级别的难度不同，均涉及算法和编程（部分地区将小学组的赛事分离，设为 CSP-X）。

CSP-J、CSP-S 都分第一轮和第二轮两个阶段。只有第一轮认证成绩优异者才能进入第二轮认证，第二轮认证结束后，CCF 将根据各组的认证成绩和给定的分数线，颁发认证证书。

经过 CSP-S 的两轮考察，最终成绩合格者，可参加 NOIP（通过其他途径也可以参加，但名额较少，较难获得）。CSP-S 或 NOIP 成绩优异者可参加 NOI 省级选拔，省级选拔成绩优异者可参加 NOI 国赛。所以，如果想要参加信奥赛，从 CSP-J/S 开始是最合理的。

NOIP、NOI、省队

NOI 就是我们所说的全国青少年信息学奥林匹克竞赛（简称"国赛"），每年由中国计算机学会在计算机普及较好的城市举行。

要参加 NOI，需要先入选省队，每个省的选拔方案是不一样的，但都离不开考试。

第一个考试 NOIP 是青少年信息学奥林匹克联赛，即省级联赛（用 A 表示），NOIP 一般是在每年的 11 月或 12 月举行。获得 NOIP 参赛资格的方式有两种：一种是 CSP-S 成绩合格，还有一种是由 CCF 认可的指导教师推荐。NOIP 一等奖得主还可参加清华、北大冬令营和 CCF 冬令营，将有机会获得清华、北大第一批优惠录取签约。

还有一个考试就是省队选拔赛（简称"省选"，用 C 表示），各省省选于 3 月或 4 月分设两试进行。大多数省份采用这两种方式的组合，即 A+C 方式（例如 NOIP 占 40%，统一省选占 60%）来选拔省队成员。

还有第三种选拔，就是参加冬令营（用 B 表示）。像上海和四川就采用 A+B 方式（例如 NOIP 占 60%，冬令营占 40%），而广东和山东则采用 A+B+C 方式（例如 NOIP 占 30%，冬令营占 30%，统一省选占 40%）。

所以，无论何种方式，只有在多场考试中取得优异成绩才能进入省队，也才有机会参加全国正赛 NOI，一路走过来，确实是很不容易的。

成长规划

信息学奥赛成长路线见图 A-1。

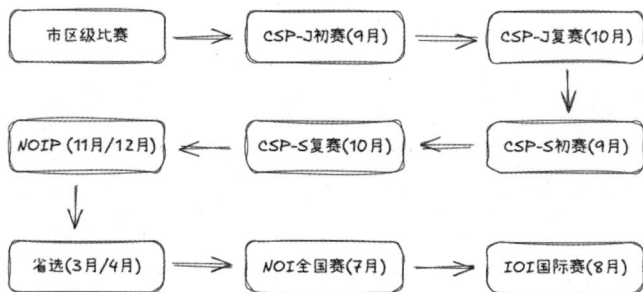

图 A-1 信息学奥赛成长路线

学生在小学阶段，四年级左右就可以开始按照本书学习 C++，每周学习一节的内容，学习半年到一年的时间后就可以尝试参加一些比赛，比如 GESP 等级考试或者市区级的信息学比赛。

满 12 周岁的学生可以参加 CSP-J（2025 年 2 月 13 日，CCF 公布 12 岁以下不能参加 CSP-J/S）。可以争取在初一之前拿到 CSP-J 二等奖，初二冲刺一等奖，初三参加 CSP-S 并争取获得奖项。

如果前面的成就达成了，则可以在高中阶段为冲刺省队/国赛做准备了。学生可能要在高一的时候拿到 NOIP（省级联赛）一等奖，并争取入选省队；高二冲击 NOI（全国赛）银牌以上的成绩，获得清北强基破格资格或保送。

如果未能进入省队，但拿到了 NOIP 一等奖，也可以通过综合评价进入"双一流"名校。

如果天赋一般，只拿到了 NOIP 三等奖，也是可以走综合评价的，不过这种情况下，除了信息学竞赛外，学生还需要兼顾文化课。信息学竞赛只能为你开辟一条特招道路，你需要借助文化课才能通过这条道路。

最后再补充一句话：若竞赛成绩突出，全力冲击 NOI 并锁定强基；若竞赛成绩一般，以高考为核心，用信息学特长辅助升学。